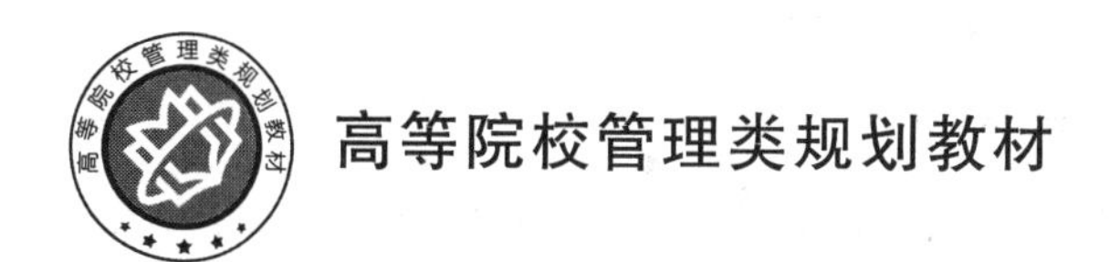

运 筹 学

(第2版)

林齐宁 编著

北京邮电大学出版社
www.buptpress.com

内 容 简 介

本书主要介绍在生产管理中常用的运筹学理论和方法。全书共10章，分别介绍了线性规划与单纯形法，对偶理论与灵敏度分析，运输问题，整数规划，动态规划，图与网络分析，随机服务系统理论概述，生灭服务系统，网络计划方法，库存理论。本书在介绍各种运筹学理论和方法时，尽量结合生产管理的具体应用背景，从而使读者比较容易理解和掌握运筹学解决实际问题的基本原理和方法。

本书可作为工商管理硕士，经济、管理类本科和专科学生的运筹学课程教材和教学参考书，也可供经济和经营管理人员参考。

图书在版编目(CIP)数据

运筹学 / 林齐宁编著. -- 2版. -- 北京 : 北京邮电大学出版社, 2020.11

ISBN 978-7-5635-6256-5

Ⅰ. ①运… Ⅱ. ①林… Ⅲ. ①运筹学—高等学校—教材 Ⅳ. ①O22

中国版本图书馆CIP数据核字(2020)第217547号

策划编辑：姚 顺 刘纳新 **责任编辑**：毋燕燕 **封面设计**：七星博纳

出版发行：北京邮电大学出版社
社 址：北京市海淀区西土城路10号
邮政编码：100876
发 行 部：电话：010-62282185 传真：010-62283578
E-mail：publish@bupt.edu.cn
经 销：各地新华书店
印 刷：保定市中画美凯印刷有限公司
开 本：787 mm×1 092 mm 1/16
印 张：15.75
字 数：387千字
版 次：2002年11月第1版 2020年11月第2版
印 次：2020年11月第1次印刷

ISBN 978-7-5635-6256-5 定价：42.00元

·如有印装质量问题，请与北京邮电大学出版社发行部联系·

第 2 版前言

《运筹学》(第 1 版)在 2002 年 11 月出版后,受到读者普遍欢迎,曾 8 次重印,发行量达 2 万多册。2011 年 12 月重新编写后,改名《运筹学教程》,由清华大学出版社出版。根据目前具体情况,现以《运筹学》(第 2 版)形式由北京邮电大学出版社出版。

本次出版做了如下修改:

(1) 去掉与随机服务系统相关内容的一般服务系统一章内容;

(2) 除第 9 章网络计划方法外,每章增加一节习题讲解与分析;

(3) 修改和完善了部分内容。

由于作者水平有限,《运筹学》(第 2 版)肯定还有不少错误和不妥之处,恳请读者批评指正。

林齐宁

2020 年 6 月

第 1 版前言

运筹学是采用定量的优化方法解决生产管理过程中的具体问题。运筹学的有关理论和方法已在生产管理中得到广泛的应用。因此，运筹学是工商管理硕士，经济、管理类本科和专科学生的必修课，也是许多经营管理人员非常重视和迫切需要了解和掌握的一门课程。

本书介绍了在生产管理中常用的运筹学理论和方法。主要介绍了线性规划与单纯形法，对偶理论与灵敏度分析，运输问题，整数规划，动态规划，图与网络分析，随机服务理论概述，生灭服务系统，存储理论等内容。

本书是在作者编写的《运筹学》讲义的基础上改编而成。其中，习题部分由忻展红老师编写，研究生张跃和韩洁参加了运输问题、整数规划和存储理论等 3 章的部分内容编写工作。

由于作者水平有限，书中肯定有不少错误和不妥之处，恳请读者批评指正。

林齐宁

2002 年 11 月

目　录

绪　论

0.1　运筹学的起源和发展过程

运筹学在英国称为 Operational Research，在美国称为 Operations Research（O. R.）。Operations Research 原意是操作研究、作业研究、运用研究、作战研究，译作运筹学，是借用了《史记》“运筹于帷幄之中，决胜于千里之外”一语中“运筹”二字，既显示其军事的起源，也表明它在我国已早有萌芽。

运筹学是在第二次世界大战期间发展起来的一门新兴学科。在二战期间，英国空军为了应用雷达探测德国飞机的空袭，成立了一个由物理学家、数学家、天文学家和军人组成的作战研究小组，称为空军运筹学小组，专门研究作战防空问题。其主要任务包括防卫战斗机的合理布置等。由于空军运筹学小组的出色工作和成效显著，英国海军也成立了类似的作战研究小组，专门研究运输船队护航问题，反潜深水炸弹的合理爆炸深度等问题，结果均取得良好的效果。如研究反潜深水炸弹的合理爆炸深度后，使德国潜艇被摧毁的数量增加到 400%。

第二次世界大战以后，英、美等国在军队中成立了更加正式的运筹研究组织，继续研究战略、战术及武器运用等问题。此外，运筹学也开始在工业、农业和经济社会等其他领域得到广泛应用。随着运筹学应用范围不断扩大和深入，一些专家、学者也对运筹学理论进行了更加深入的研究。美国运筹学家 P. M. Morse 与 G. E. Kimball 于 1952 年出版了《运筹学方法》一书，并把运筹学定义为：“运筹学是在管理领域，运用数学方法，对需要管理的问题统筹规划，作出决策的一门应用科学。”

从 20 世纪 40 年代后期开始，一些国家先后成立了运筹学专门学会。1948 年，英国首先成立了运筹学会，美国于 1952 年成立了运筹学会，法国于 1956 年成立了运筹学会，日本和印度于 1957 年成立了运筹学会。到 1986 年为止，世界上已有 38 个国家和地区成立了运筹学会或类似组织。1959 年，英、美、法三国发起成立了国际运筹学联合协会（IFORS），以后各国的运筹学会纷纷加入。此外，还有一些其他地区性运筹学会组织，如欧洲运筹学协会（EURO）成立于 1976 年，亚太运筹学协会（APORS）成立于 1985 年。

早在 20 世纪 50 年代中期，我国著名科学家钱学森、许国志等将运筹学从西方引入国内。1956 年在中国科学院力学研究所成立了运筹学小组，1958 年成立了运筹学研究室。1960 年在山东济南召开了全国应用运筹学的经验交流和推广会议，1962 年和 1978 年先后在北京和成都召开了全国运筹学专业学术会议,1980年4月,中国数学会运筹学分会成立。这对运筹学在我国的发展,无疑起到很大的推动作用。1982年中国数学会运筹学分会加入IFORS,1991年,中国运筹学会成立。1999年8月中国运筹学会组织了第15届IFORS大会。著名数学家华罗庚教授任运筹学会第一届理事会理事长,此后,著名数学家越民义、徐光辉、章祥荪、袁亚湘、胡旭东教授先后任运筹学会理事会理事长。目前,运筹学已在我国各个部门得到广泛应用。

中国运筹学会现有专业委员会16个、个人会员1800多人,团体会员30个,集中了全国运筹学最优秀的科研人员。同时,中国运筹学会还主办《运筹学学报》和《运筹与管理》两份杂志。2013年,中国运筹学会创办了新的英文期刊Journal of the OR Society of China (JORSC)。

运筹学的快速发展还要归功于另外两个关键因素。第一个因素是二次大战之后,运筹学的技术得到实质性的进展,最主要的贡献之一为:1947年George Dantzig给出了线性规划的单纯形解法。其后,一系列的运筹学的标准工具,如线性规划、动态规划、排队论、库存理论都得到了完善。

第二个因素是计算机革命。由于计算机的出现,原来依靠手工计算而限制了运筹学发展的运算规模得到革命性的突破。计算机的超强计算能力大大激发了运筹学在建模和算法方面的研究;同时,大量标准的运筹学工具被制作成通用软件(如LINGO等),或编入企业管理软件,如MRPII,ERP等。

随着科学技术和生产的发展,运筹学本身也在不断发展。目前,运筹学已发展成为具有许多分支的研究学科,如线性规划、动态规划、图与网络分析、排队论、存储论等。下面简单介绍一些运筹学的分支学科。

0.1.1 线性规划

在生产和经营管理工作中,如何有效地利用有限的人力和物力取得最优的经济效果,或在预定的目标条件下,如何花费最少的人力和物力去实现目标。这类问题统称为规划问题。规划问题用数学语言描述为:根据研究问题的目标选取适当的一组变量,问题的目标用变量的函数形式表示,该函数称为目标函数,问题的约束条件用一组由选定变量组成的等式或不等式表达,这些等式或不等式称为约束方程。即规划问题由一个或几个目标函数和一组约束方程构成。

最简单的规划问题是线性规划。线性规划只有一个目标函数,且目标函数和约束方程都是线性函数。线性规划建模相对简单,有通用的算法和计算机软件,是运筹学应用最为广泛的一个分支。用线性规划求解的典型问题有生产计划问题,混合配料问题,下料问题,运输问题等。

当线性规划的变量只能取整数时,线性规划转变为整数线性规划,简称整数规划。特别地,当线性规划的变量只能取0或1整数时,整数规划称为0-1整数规划,简称0-1规划。0-1规划的一个典型应用是任务分配问题。

如果规划问题的目标函数或约束方程为非线性函数,则规划问题称为非线性规划。非线性规划是线性规划的进一步发展和继续。由于大多数工程物理量的表达式是非线性的,所以,非线性规划在各类工程中的优化设计有广泛的应用,是优化设计的有力工具。

0.1.2 动态规划

动态规划本质上也是一个规划问题，因为动态规划也有目标函数和约束方程。但是，由于动态规划是一种解决多阶段决策问题的优化方法。多阶段决策有“动态”含义，所以，通常把处理多阶段问题的方法称为动态规划。动态规划是20世纪50年代初由美国数学家贝尔曼(R. Bellman)等人提出的，该方法根据多阶段决策问题的特点，提出了决策多阶段决策问题的最优化原理。利用动态规划的最优性原理，可以解决生产管理和工程技术等领域的许多实际问题，如最优路径，资源分配、生产计划和库存等。由于动态规划的解题思路独特，所以，它在处理某些最优化问题时，比线性规划或非线性规划更有效。

0.1.3 图与网络分析

在日常生活中，我们可见到各种各样的图，如道路交通图，电话网络图等。这些图的共同特征是由一些节点和节点之间的连线组成。当然，对于不同图，节点与节点之间的连线含义不同。在道路交通图中，节点表示道路交叉点，节点之间的连线表示道路；而在电话网络图中，节点表示交换局，节点之间的连线表示中继线。另外，根据研究的具体图与网络对象，节点之间的连线可赋予特定含义的一个或若干个权值，如两点之间的距离，两点之间的流量等。图与网络分析的重要内容有：任意两点之间的最短路径，给定网络的最大通过流量等。图与网络分析在研究各类网络结构和流量优化等领域有重要的应用。

0.1.4 随机服务系统理论

随机服务系统理论是研究随机服务系统的数学理论和方法。在日常生活中，我们经常可见到各种各样的随机服务系统，如在银行办理存、取款业务，在商店购买商品，电话局对电话用户的服务等。在这些系统服务中，经常出现排队现象，所以随机服务系统理论又称排队论。

随机服务系统早已存在，但对随机服务系统的理论研究直到电话发明后才有了进展。丹麦科学家爱尔朗(A. k. Erlang)于1909—1920年发表了一系列根据话务量计算电话机键配置的方法，为随机服务系统理论奠定了基础。

一般来说，一个随机服务系统存在如下两个方面的要求：

(1) 顾客希望服务质量好，如排队等待时间短，损失率低等；

(2) 系统运营方希望设备利用率高。

显然，上述两个方面的要求是相互矛盾的。因此随机服务系统理论研究的第一个任务是在给用户一个经济上能够承受的满意的质量条件下，系统的设备要配备多少？这实际上是一个系统设计问题。随机服务系统理论研究的第二个任务是计算给定一个随机服务系统的有关参数和指标，如顾客的平均等待时间，顾客的平均排队队长等。

随机服务系统理论在通信网、道路交通网的设计，流量分析以及性能评价等领域有重要的应用。

0.1.5 存储论

存储是常见的社会现象。如为了保证企业生产的正常进行,需要存储一定数量的原材料和配件,商店为了确保销售,需要存储一定数量的商品。存储论主要研究最优的存储策略,即确定什么时间进货以及每次进货量等于多少时,才能使系统的总费用最低。

0.2 运筹学的基本特点和研究对象

运筹学是一门应用科学,它广泛应用现代科学技术知识和数学方法,解决生产和经济活动过程中提出的实际问题,为决策者选择最优决策提供定量的依据。

运筹学的最主要特点是优化。它是以整体最优为目标,从系统的观点出发,力图以整个系统最佳的方式来协调各部门之间的利害冲突,从而求出问题的最优解。所以运筹学可看成是一门优化技术,为解决各类问题提供优化方法。

运筹学的另一个特点是定量。它为所研究的问题提供定量的解决方案。如采用运筹学研究资源分配问题时,其求解结果是一个定量的最优资源分配方案。

运筹学研究的主要对象是来自生产管理过程中的具体问题,如资源分配、物资调度,生产计划与控制等。

0.3 运筹学研究解决问题的方法步骤

运筹学在研究解决实际问题时,主要方法步骤有:(1)理清问题、明确目标;(2)建立模型;(3)求解模型;(4)结果分析。

1. 理清问题、明确目标

理清问题、明确目标是解决问题的首要步骤,因为运筹学所解决的问题一般都是生产管理过程中的具体问题,涉及的因素很多,事情发展的后果难以预计,所以要通过调查研究,把问题的实质、影响因素、约束条件以及可能导致的后果理出头绪。明确目标是解决问题的关键。同样的问题,目标不同可能映出不同的方案和结论。

2. 建立模型

就是把要解决的问题的参数、变量和目标等之间的关系用模型表示。如形象模型、数学模型、模拟模型等。为了易于定量解决问题,运筹学中的模型多半是数学模型。由于社会活动的复杂性,很难总结出一套规范的方法来建立模型。所以建立模型是一项创造性的劳动,要依靠运筹工作者发挥其聪明才智及其经验来完成。

3. 求解模型

建立模型之后,对它求解才能得到所要求的答案。现有的各种运筹学中的模型已经研究出多种解法,由于运算量一般都很大,通常需要用计算机计算。所以运筹学能广泛应用与计算机的发展有密切的关系。

4. 结果分析

因模型中有许多实际因素要考虑进去,如社会因素、政策因素等,因此对解出的结果要从其他方面进行评价和研究。

0.4 运筹学与其他学科的关系

运筹学建模和求解等过程都需要利用很多数学知识，所以学习、应用运筹学应该具备较广的数学知识，许多运筹学者来自数学专业就是这个原因，有人甚至认为运筹学是一门应用数学。但是运筹学所解决的问题的本身并非数学问题，而是生产管理过程的具体问题，在利用运筹学理论和方法解决具体问题时，需要涉及管理科学的有关理论，因此，运筹学的发展与管理学科理论的发展有密切的关系。此外，由于运筹学所研究的实际问题通常都是比较复杂，而且规模比较大，在求解这些问题时，必须借助计算机来完成，所以运筹学的发展还与计算机科学的发展有很大关系。

第1章 线性规划

线性规划(linear programming)是运筹学的一个重要分支,它是研究在满足一组线性约束条件下,使某一线性目标函数达到最优的问题。1947年G. B. Dantzig提出了求解一般线性规划方法——单纯形法以后,线性规划的理论趋向成熟,其实际应用领域日益广泛和深入。随着计算机能够处理成千上万个约束条件和决策变量的线性规划之后,线性规划的应用领域更加广泛了。目前,线性规划已成为现代科学管理的重要手段之一,并在国防、科技、工业、农业、商业、交通运输、环境工程、经济计划、管理决策和教育等领域得到广泛应用。

1.1 线性规划模型

1.1.1 问题的提出

本部分我们将以线性规划问题比作"小麻雀",解剖运筹学解决问题4个步骤的前两步(理清问题、明确目标和建立数学模型)的基本思路和过程,并展示运筹学的两个基本特点(优化和定量)与研究对象(生产管理中的一个个具体问题)。

在生产和经营管理工作中,经常需要进行合理的计划或规划。计划或规划的共同特点是,在人力、财力和物力等资源有限的条件下,如何确定方案,使总收入或总利润达到最大;或在规定的任务抑或指标的前提下,如何确定方案,使总成本或总消耗最小。

例1.1 多产品生产计划问题。

某工厂计划用现有的铜、铅两种资源生产甲、乙两种电缆,已知甲、乙两种电缆的单位售价分别为6万元和4万元。生产单位产品甲、乙电缆对铜、铅资源的消耗量及可利用的铜、铅资源量如表1.1所示。

表1.1 甲、乙电缆对铜、铅资源的消耗量及可利用的资源量

	甲电缆	乙电缆	资源量
铜/t	2	1	10
铅/t	1	1	8
单位售价/万元	6	4	

另外，市场对乙电缆的最大需求量为7单位，而对甲电缆的需求量无限制。问该工厂应如何安排生产才能使工厂的总收入最大？

解　根据题意，上述问题是一个典型的多产品生产计划问题，其目标是工厂的总收入最大。为建立该问题的数学模型，我们设 x_1，x_2 分别代表甲、乙两种电缆的生产量，$f(x)$ 为工厂的总收入，则上述问题可用如下数学模型来表示。

$$\text{OBJ:}\quad \max f(x)=6x_1+4x_2$$

$$\text{s.t.}\begin{cases}2x_1+x_2\leqslant 10 & \text{铜资源约束}\\ x_1+x_2\leqslant 8 & \text{铅资源约束}\\ x_2\leqslant 7 & \text{产量约束}\\ x_1,x_2\geqslant 0 & \text{产量不允许为负值}\end{cases}\tag{1.1}$$

方程组(1.1)就是上述问题的线性规划数学模型。其中，OBJ(objective)表示目标，s. t.(subject to)表示满足于。该数学模型表示，在满足铜、铅资源和需求等约束条件下，使工厂的总收入这一目标达到最大。

利用后面将要探讨的线性规划数学模型图解法等方法，我们可以很容易求得方程组(1.1)线性规划数学模型的最优解为

$$x_1=2,x_2=6,\max f(x)=36$$

即甲电缆生产2单位，乙电缆生产6单位时，工厂的总收入达到最大，为36万元。

显然，多产品生产计划问题是生产管理中的一个重要问题，方程组(1.1)线性规划数学模型的最优解体现了优化和定量两个基本特点。

例1.2　配料问题。

某混合饲料加工厂计划从市场上购买甲、乙两种原料生产一种混合饲料。混合饲料对VA、VB_1、VB_2 和VD的最低含量有一定的要求。已知单位甲、乙两种原料VA、VB_1、VB_2 和VD的含量，单位混合饲料对VA、VB_1、VB_2 和VD的最低含量要求以及甲、乙两种原料的单位价格如表1.2所示。

表1.2　甲、乙原料成分含量和单位价格表

	原料甲	原料乙	混合饲料最低含量
VA 含量	0.5	0.5	2
VB_1 含量	1.0	0.3	3
VB_2 含量	0.2	0.6	1.2
VD 含量	0.5	0.2	2
原料单价	0.3	0.5	

问该加工厂应如何搭配使用甲乙两种原料，才能使混合饲料在满足VA、VB_1、VB_2 和VD的最低含量要求条件下，总成本最小？

解　根据题意，上述问题是一个典型的配料生产问题，其目标是混合饲料的总成本最小。为建立该问题的线性规划数学模型，我们设 x_1，x_2 分别代表混合单位饲料对甲、乙两种原料的用量，$f(x)$ 表示单位混合饲料所需要的成本，则上述问题的线性规划数学模型

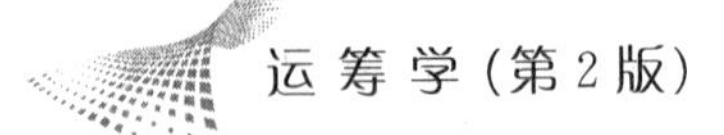

如下：

$$\min f(x)=0.3x_1+0.5x_2$$
$$\text{s.t.}\begin{cases}0.5x_1+0.5x_2\geqslant 2\\1.0x_1+0.3x_2\geqslant 3\\0.2x_1+0.6x_2\geqslant 1.2\\0.5x_1+0.2x_2\geqslant 2\\x_1,x_2\geqslant 0\end{cases}\tag{1.2}$$

方程组(1.2)就是上述问题的线性规划数学模型。该数学模型表示，在满足 VA、VB_1、VB_2 和 VD 的最低含量等要求条件下，确定原料甲和乙的购买量，使生产出来的混合饲料总成本最小。

利用后面将要探讨的线性规划数学模型求解方法，我们可以求得方程组(1.2)线性规划数学模型的最优解为

$$x_1=3.69,\quad x_2=0.77,\quad \min f(x)=1.49$$

即混合单位混合饲料对甲、乙两种原料的用量分别为 3.69 单位和 0.77 单位时，单位混合饲料所需要的成本最小，为 1.49 单位。

显然，混合饲料生产问题也是生产管理中的一个重要问题，方程组(1.2)线性规划数学模型的最优解体现了优化和定量两个基本特点。

例 1.3 下料问题。

某工厂要制作 100 套钢筋架，每套需用 2.9 m、2.1 m 和 1.5 m 的钢筋各一根。这些钢筋均用长 7.4 m 的原材料切割而成。问如何切割原材料才能使原材料最节省？

解 该问题是一个合理下料问题。要解决这一问题，应先列出若干种可能的切割方案，如表 1.3 列出了 8 种可能的切割方案。

表 1.3 各种切割方案

方案	2.9 m	2.1 m	1.5 m	合计	余料
1	2	0	1	7.3	0.1
2	1	2	0	7.1	0.3
3	1	1	1	6.5	0.9
4	1	0	3	7.4	0
5	0	3	0	6.3	1.1
6	0	2	2	7.2	0.2
7	0	1	3	6.6	0.8
8	0	0	4	6	1.4

根据题意，一个典型的下料生产问题其目标是总剩余的废料最小。为建立该问题的线性规划数学模型，我们设 $x_1,x_2,\cdots,x_8$ 分别代表采用切割方案 1～8 的套数，$f(x)$表示总剩余的废料，则上述问题的线性规划数学模型如下：

$$\min \quad f(x)=0.1x_1+0.3x_2+0.9x_3+0x_4+1.1x_5+0.2x_6+0.8x_7+1.4x_8$$

$$\text{s.t.}\begin{cases}2x_1+x_2+x_3+x_4 \geqslant 100\\ 2x_2+x_3+3x_5+2x_6+x_7 \geqslant 100\\ x_1+x_3+3x_4+2x_6+3x_7+4x_8 \geqslant 100\\ x_1,x_2,x_3,x_4,x_5,x_6,x_7,x_8 \geqslant 0\end{cases} \tag{1.3}$$

方程组(1.3)就是上述问题的线性规划数学模型。该数学模型表示在完成规定的规格和数量的钢筋架要求条件下,如何切割原材料,才能使总剩余的废料最少。

同样利用后面将要探讨的线性规划数学模型求解方法,我们可以求得方程组(1.3)线性规划数学模型的最优解为

$$x_1=10,x_2=50,x_4=30,x_3=x_5=x_6=x_7=x_8=0,\min f(x)=16。$$

即只需要90根原材料,其中,方案1需要10根;方案2需要50根;方案4需要30根,可得到规定的100套钢筋架。此时,总剩余的废料最小,为16 m。

显然,下料生产问题的属性及其线性规划数学模型的最优解也体现了运筹学的两个基本特点(优化与定量)和研究对象(生产管理中具体问题)。

通过上述3个实例的讨论,我们展示了线性规划问题的基本特征和建立其数学模型的基本思路和过程。

进一步仔细观察和分析上述3个例子的线性规划数学模型,我们可以看出,3个线性规划数学模型都具有如下共同特征:

(1) 有一组决策变量($x_1,x_2,\cdots,x_n$)表示某一方案。这一组决策变量的具体值就代表一个具体方案;

(2) 有一个目标函数,该目标函数根据其的具体性质取最大值或最小值,当目标为成本型时取最小,而当目标为效益型时取最大;

(3) 有一组约束方程,包括决策变量的非负约束;

(4) 目标函数和约束方程都是线性的。

根据以上分析,我们可以推出如下线性规划数学模型的定义。

定义 1.1 有一个目标函数和一组约束方程,且目标函数和约束方程都是线性的数学模型称为线性规划数学模型。

为了帮助大家进一步加深理解和掌握线性规划的基本概念及其应用,我们把例1.1的多产品生产计划问题的数学模型称为线性规划的背景模型。把该背景模型的条件一般化后可叙述如下:用有限量的几种资源生产若干种产品,如何安排生产,才能使工厂的总收入或利润达到最大。

希望大家记住该背景模型,记住了该背景模型,也就基本理解和掌握了线性规划数学模型的基本特征。后面我们会反复提及和用到该背景模型。

这里所指的背景模型是:能够帮助我们理解和记住一些相对抽象和复杂问题的简单问题模型。如高等数学中二维积分的背景模型可认为是一曲线下的平面面积。如果我们想到二维积分就想到它就是一曲线与坐标轴围成的面积,这样二维积分的基本特征和原理就很容易理解和记住了。

利用一些相对比较简单的问题来阐述一些相对复杂和抽象的运筹学中的一些基本概念和原理是作者力求在本书中体现的第一个特点,如果读者用心体会,相信将会感到运筹学比一般人想象的要容易得多。

1.1.2 线性规划数学模型的一般表示

在上小一节中,我们讨论了3个典型的线性规划问题及其数学模型。对于不同的规划问题,其线性规划数学模型的形式也不同。但是各种形式的线性规划问题的数学模型,均可用如下一般形式来表示。

$$\max(\min) f(x)=c_1x_1+c_2x_2+\cdots+c_nx_n$$

$$\text{s.t.}\begin{cases} a_{11}x_1+a_{12}x_2+\cdots+a_{1n}x_n\leqslant(=,\geqslant)b_1 \\ a_{21}x_1+a_{22}x_2+\cdots+a_{2n}x_n\leqslant(=,\geqslant)b_2 \\ \qquad\vdots \\ a_{m1}x_1+a_{m2}x_2+\cdots+a_{mn}x_n\leqslant(=,\geqslant)b_m \\ x_1,x_2,\cdots,x_n\geqslant 0 \end{cases} \tag{1.4}$$

其中,$x_j(j=1,2,\cdots,n)$称为**决策变量**,共有n个,是线性规划问题中要求解的变量。约束条件共有$m+n$个,即线性规划问题的规模为$m+n$。在$m+n$个约束条件中,前m个约束条件称为约束行,简称为线性规划的m个约束;后n个约束条件称为决策变量的非负约束。

系数$c_j(j=1,2,\cdots,n)$称为**价值系数**,$b_i(i=1,2,\cdots,m)$称为**右端系数**,a_{ij}为**技术系数**。这3个系数建议大家先利用线性规划的背景模型来理解和记忆。在线性规划背景模型中,c_j表示第j种产品的单位价格,b_i表示第i种资源的拥有量,a_{ij}表示生产单位第j种产品对第i种资源的消耗量。

在不同的场合,我们可能用到不同形式的线性规划数学模型。以下我们给出和式、向量式和矩阵式的线性规划数学模型(为了书写方便,我们只给出背景模型的相应线性规划数学模型)。

1. 和式

$$\max f(x)=\sum_{j=1}^{n}c_jx_j$$

$$\text{s.t.}\begin{cases} \sum_{j=1}^{n}a_{ij}x_j\leqslant b_i, & i=1,2,\cdots,m \\ x_j\geqslant 0, & j=1,2,\cdots,n \end{cases} \tag{1.5}$$

2. 向量式

$$\max f(x)=\boldsymbol{CX}$$

$$\text{s.t.}\begin{cases} \sum_{j=1}^{n}\boldsymbol{P}_jx_j\leqslant \boldsymbol{b} \\ \boldsymbol{X}\geqslant \boldsymbol{0} \end{cases} \tag{1.6}$$

其中，$\boldsymbol{C}=(c_1,c_2,\cdots,c_n)$；$\boldsymbol{X}=(x_1,x_2,\cdots,x_n)^{\mathrm{T}}$；$\boldsymbol{P}_j=\begin{pmatrix}a_{1j}\\a_{2j}\\\vdots\\a_{mj}\end{pmatrix}$；$\boldsymbol{b}=\begin{pmatrix}b_1\\b_2\\\vdots\\b_m\end{pmatrix}$；$\boldsymbol{0}=(0,0,\cdots,0)^{\mathrm{T}}$ 表示 $\boldsymbol{0}$ 向量。T 表示转置，下同。

3. 矩阵式

$$\max f(x)=\boldsymbol{CX}$$
$$\text{s.t.}\begin{cases}\boldsymbol{AX}\leqslant\boldsymbol{b}\\\boldsymbol{X}\geqslant\boldsymbol{0}\end{cases}\tag{1.7}$$

其中，$\boldsymbol{C}=(c_1,c_2,\cdots,c_n)$；$\boldsymbol{X}=(x_1,x_2,\cdots,x_n)^{\mathrm{T}}$；$\boldsymbol{b}=(b_1,b_2,\cdots,b_m)^{\mathrm{T}}$；$\boldsymbol{0}=(0,0,\cdots,0)^{\mathrm{T}}$ 表示 $\boldsymbol{0}$ 矩阵；$\boldsymbol{A}=\begin{pmatrix}a_{11}&a_{12}&\cdots&a_{1n}\\a_{21}&a_{22}&\cdots&a_{2n}\\\vdots&\vdots&&\vdots\\a_{m1}&a_{m2}&\cdots&a_{mn}\end{pmatrix}$为技术系数矩阵。

1.2 线性规划图解法

在上一节，我们探讨了线性规划基本概念、数学模型及其常见的几种表示形式。现在，我们来讨论线性规划的求解方法。

图解法简单、形象和直观。为了使大家对线性规划求解的基本思路、基本原理等有直观的理解，我们先探讨线性规划图解法。

上一节例 1.1 的线性规划为

$$\max f(x)=6x_1+4x_2$$
$$\text{s.t.}\begin{cases}2x_1+x_2\leqslant 10\\x_1+x_2\leqslant 8\\x_2\leqslant 7\\x_1,\ x_2\geqslant 0\end{cases}\tag{1.8}$$

线性规划图解法的步骤如下：

(1) 先分别以 x_1 和 x_2 为横坐标和纵坐标建立平面坐标系，然后在该平面坐标系上画出各个约束条件，包括非负约束条件，如图 1.1 所示的 $OABCD$ 凸多边形。凸多边形 OAB-CD 即为给定线性规划的可行域。

(2) 将目标函数 $f(x)=6x_1+4x_2$ 写成 $x_2=-3/2\ x_1+f(x)/4$，分别令 $f(x)=0,12,24,36$，并将 $f(x)$取这些值时的直线在平面坐标系上画出，如图 1.1 所示。

从图 1.1 可以看出，凸多边形 $OABCD$ 中的任意一点(包括其边界点)均为线性规划的可行解。对于给定的某一特定的 $f(x)$值〔如 $f(x)=12$〕，直线 $x_2=-3/2\ x_1+f(x)/4$ 上的目标函数值均为相等。而对不同的 $f(x)$值，其各条直线 $x_2=-3/2\ x_1+f(x)/4$ 为一族相互平行的直线。当这族平行直线与凸多边形 $OABCD$ 的顶点 C 相切时，目标函数 $f(x)$取得最大值。此时,得到最优解(即 C 点的坐标值)为:$x_1=2$,$x_2=6$,目标函数 $f(x)$ 的最大值为$f(x)=36$。

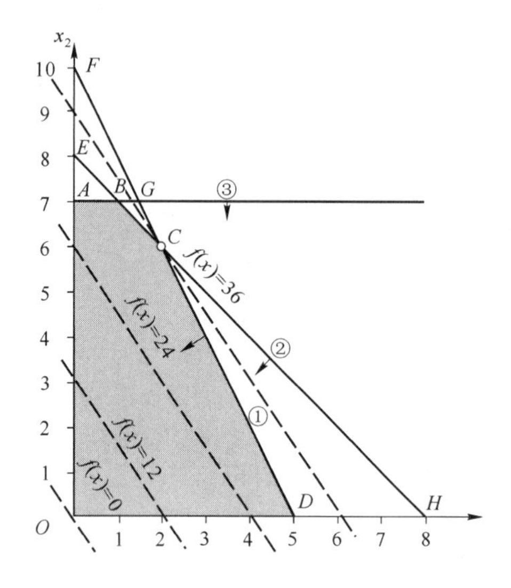

图 1.1　线性规划图解法

显然,图解法只能适用于求解仅含有两个变量的线性规划问题。但是,通过图解法,可以得出如下结论:

(1) 线性规划的可行域为凸集(集合中任意两点连线上的一切点仍然在该集合中),在平面上为凸多边形,在空间上为凸几何体;

(2) 线性规划的最优解一定可在其凸集的某一顶点上达到;

(3) 线性规划若有可行域且其可行域有界,则一定有最优解。

以上三点结论是很有用的,尤其是结论 2,它告诉我们,线性规划的最优解不可能在可行域的内点取得,而一定可在可行域的某个顶点上达到。在一些特殊情况下,线性规划问题的目标函数与其可行域的某一边界平行或重叠,此时该边界的所有点都是线性规划问题的最优解,即该线性规划问题的解为无穷多最优解。即使在这种情况下,凸集的顶点也是其中一个最优解。因此,结论 2 线性规划的最优解可在凸集的某一顶点上达到是正确的。

由于可行域的顶点个数是有限的,所以,在求解线性规划的最优解时,只要在可行域的有限个顶点范围内去寻找。这样,大大地简化了求解线性规划问题的复杂程度,节省了求最优解的时间。

结论 3 说明线性规划解的存在性。显然,线性规划如果没有可行域,或可行域为空集,则为无解。线性规划有可行域且其可行域是封闭的(即有界),则一定有最优解。当然,线性规划有可行域但其可行域不是封闭的(即无界),则可能有最优解,也可能为无界解(后面我们将会讨论)。

事实上,上述 3 个结论是线性规划的 3 个基本定理,可以用严格的数学方法进行证明,有兴趣的读者可参见参考文献[1]。我们以简单、直观的图解法方式给出,相信大家是可以接受的。

1.3 线性规划求解的基本原理和单纯形法

图解法直观、形象和简单，但它只用于求解仅有两个变量的线性规划问题。对于有3个及3个以上变量的线性规划问题，就必须探讨更一般的方法。这种方法就是本节讨论的单纯形法。

1.3.1 线性规划问题的标准形

线性规划的目标函数依具体问题的性质可取max或min，每个约束方程可取$\leqslant$，$=$或$\geqslant$，这样线性规划形式就有很多种。如果分别探讨不同形式线性规划数学模型的求解方法，显然效率比较低。为了提高求解线性规划问题的效率，我们考虑如下问题：

(1) 规定一标准形的线性规划问题数学模型；

(2) 如何把非标准形的线性规划问题数学模型转化为标准形线性规划问题数学模型？

(3) 如何求解标准形线性规划问题数学模型。

如果我们能解决以上3个问题，则就能求解所有形式的线性规划问题数学模型。本小节讨论第1、2个问题。

从1.1节中可知，线性规划数学模型的一般形式如下：

$$\max\ (\min) f(x) = \sum_{j=1}^{n} c_j x_j$$

$$\text{s.t.} \begin{cases} \sum\limits_{j=1}^{n} a_{ij} x_j \leqslant (=,\ \geqslant) b_i, & i = 1,2,\cdots,m \\ x_j \geqslant 0\ (\leqslant,\pm\text{ 不限}), & j = 1,2,\cdots,n \end{cases} \tag{1.9}$$

我们定义线性规划问题数学模型的标准形如下：

$$\max\ f(x) = \sum_{j=1}^{n+m} c_j x_j$$

$$\text{s.t.} \begin{cases} \sum\limits_{j=1}^{n+m} a_{ij} x_j = b_i, & i = 1,2,\cdots,m \\ b_i, x_j \geqslant 0, & i = 1,2,\cdots,m, j = 1,2,\cdots,n+m \end{cases} \tag{1.10}$$

在上述线性规划标准形中，决策变量的个数取$n+m$个是习惯表示法。我们知道，对于线性规划背景模型，有m个约束方程，且每个约束方程的不等式均为“$\leqslant$”。如果我们在每个约束方程的左边加上一个大于等于0的变量，则可将各个约束方程的“$\leqslant$”转变为“$=$”。此时，决策变量就有$n+m$个。由于该线性规划标准形是从线性规划背景模型转变而来的，所以，习惯上取决策变量的个数为$n+m$个。另外，标准形线性规划的每个右端系数$b_i (i=1,2,\cdots,m)$要求大于等于0。

对于任意一个非标准的线性规划，可采用如下变换方法，将其转变为标准形线性规划。

(1) 目标函数为min型，价值系数一律反号。令$g(x) = -f(x) = -\boldsymbol{CX}$，有

$$\min f(x) = \max\ [-\ f(x)] = \max\ g(x)$$

(2) 第 i 个约束的 b_i 为负值,则该行左右两端系数同时反号,同时不等号也要反向;

(3) 第 i 个约束为 $\leqslant$型,在不等式左边增加一个非负的变量 x_{n+i},称为松弛变量;同时令 $c_{n+i}=0$;

(4) 第 i 个约束为$\geqslant$型,在不等式左边减去一个非负的变量 x_{n+i},称为剩余变量;同时令 $c_{n+i}=0$;

(5) 若 $x_j\leqslant 0$,令 $x_j=-x_j'$,代入非标准形,则有 $x_j'\geqslant 0$;

(6) 若 x_j ±不限,令 $x_j=x_j'-x_j''$, $x_j'\geqslant 0, x_j''\geqslant 0$。

例 1.4 试将下列非标准形线性规划化为标准形线性规划。

$$\min f(x)=3x_1-2x_2+4x_3$$

$$\text{s.t.}\begin{cases}2x_1+3x_2+4x_3\geqslant 300\\ x_1+5x_2+6x_3\leqslant 400\\ x_1+x_2+x_3\leqslant 200\\ x_3 \pm\text{不限}, x_1,x_2\geqslant 0\end{cases} \tag{1.11}$$

解 按照前面所述的变换方法进行。

(1) 令 $g(x)=-f(x)$;

(2) 令 $x_3=x_3'-x_3''$,且 $x_3',x_3''\geqslant 0$;

(3) 将第 1 个约束方程的左边减去一个非负的剩余变量 x_4,将第 2、3 个约束方程的左边分别加上一个非负的松弛变量 x_5 和 x_6。

则可将原线性规划变换为如下标准形线性规划。

$$\max g(x)=-3x_1+2x_2-4x_3'+4x_3''+0x_4+0x_5+0x_6$$

$$\text{s.t.}\begin{cases}2x_1+3x_2+4x_3'-4x_3''-x_4=300\\ x_1+5x_2+6x_3'-6x_3''+x_5=400\\ x_1+x_2+x_3'-x_3''+x_6=200\\ x_1,x_2,x_3',x_3'',x_4,x_5,x_6\geqslant 0\end{cases} \tag{1.12}$$

1.3.2 线性规划问题的解和基本定理

本章开始到现在已讨论的内容,相信大部分读者都会感到比较容易理解和掌握。这一节我们将要讨论关于线性规划问题解的一些基本概念和定理,与前面讨论的内容相比,线性规划问题解的一些基本概念略显难一些,其中比较难的概念有线性规划问题的基和基础解等相关概念。为了帮助大家比较容易理解这些概念,我们先从大家熟悉的含两个变量的线性方程组这一简单问题入手,然后逐步过渡到我们所要讨论的线性规划问题的基和基础解等相关概念。

著名数学家笛卡儿曾说过,他最擅长做的两件事是:第一做简单事;第二是将复杂事变为简单事。

本书将从大家熟悉的一些简单问题入手,然后逐步过渡到运筹学一些相对比较抽象和难理解的概念和原理。这是本书作者力求的另一特点。

建议读者先学习做简单事或处理简单问题的方法。因为简单问题往往最容易说明基本概念和基本原理。在利用简单问题理解并掌握相关基本概念和原理后,再去处理相对比较复杂或抽象的问题,并想法把复杂或抽象的问题转变为简单问题。这样往往可以事半功倍,大大提高学习效果和解决问题的效率。建议大家记住,运筹学的第一个特点是优化,优化意味着要讲究效率和方法。希望大家学习运筹学相关知识后,能够有意识地去改进或提高相关的学习效果和工作效率。

让我们先考虑如下线性方程组的解:

$$\begin{cases} x_1+3x_2=5 \\ 2x_1+5x_2=8 \end{cases} \tag{1.13}$$

相信大家都会觉得该线性方程组很容易求解。利用消元法,将上述方程组的方程(1)×2-方程(2),可得 $x_2=2$,代入方程(1),可解得 $x_1=-1$。即方程组(1.13)的解为

$$\begin{cases} x_1=-1 \\ x_2=2 \end{cases} \tag{1.14}$$

再考虑如下线性方程组的解:

$$\begin{cases} x_1+3x_2+x_3=5 \\ 2x_1+5x_2+x_3=8 \end{cases} \tag{1.15}$$

上述线性方程组有3个变量,但只有两个方程。可以解吗?答案是肯定的。此时,我们可将上述线性方程组中的变量 x_3 及其系数当成常数并将其移到方程的右边,则将上述线性方程组变为如下线性方程组:

$$\begin{cases} x_1+3x_2=5-x_3 \\ 2x_1+5x_2=8-x_3 \end{cases} \tag{1.16}$$

显然,方程组(1.16)与方程组(1.13)形式相同,利用解方程组(1.13)相同的方法,可解得方程组(1.16)的解为

$$\begin{cases} x_1=-1+2x_3 \\ x_2=2-x_3 \\ x_3=x_3 \end{cases} \tag{1.17}$$

上述解是一组通解,每对应一 x_3 的具体值,就得到一特解。如令 $x_3=0$,就得到方程组(1.17)的一个特解。

$$\begin{cases} x_1=-1 \\ x_2=2 \\ x_3=0 \end{cases} \tag{1.18}$$

类似地,如果将方程组(1.15)中的变量 x_2 或 x_1 当成常数,分别移到其方程的右边后采用消元法进行求解,则也可得到如下两组解:

$$\begin{cases} x_1=3-2x_2 \\ x_3=2-x_2 \\ x_2=x_2 \end{cases} \tag{1.19}$$

与

$$\begin{cases} x_2=\dfrac{3}{2}-\dfrac{1}{2}x_1 \\ x_3=\dfrac{1}{2}+\dfrac{1}{2}x_1 \\ x_1=x_1 \end{cases} \tag{1.20}$$

同样,如果分别令方程组(1.19)中 $x_2=0$ 和方程组(1.20)中 $x_1=0$,则可得到方程组(1.15)的另外两个特解。

$$\begin{cases} x_1=3 \\ x_3=2 \\ x_2=0 \end{cases} \tag{1.21}$$

与

$$\begin{cases} x_2=\dfrac{3}{2} \\ x_3=\dfrac{1}{2} \\ x_1=0 \end{cases} \tag{1.22}$$

仔细观察和思考方程组(1.15)的3组通解(1.17)、(1.19)和(1.20)或3组特解(1.18)、(1.21)和(1.22)是如何得到的,以及能够得到这些通解或特解的条件是什么?根据求解线性方程组克莱姆条件可知,能够得到方程组(1.15)的通解(1.17)或特解(1.18)的条件是方程组(1.15)中的变量 x_1 和 x_2 的系数矩阵行列式 $|\boldsymbol{B}_1|$ 不等于0,即

$$|\boldsymbol{B}_1|=\begin{vmatrix} 1 & 3 \\ 2 & 5 \end{vmatrix}=-1\neq 0 \tag{1.23}$$

或变量 x_1 和 x_2 的系数矩阵 $\boldsymbol{B}_1$ 是非奇异矩阵,或变量 x_1 和 x_2 的系数列向量是线性无关。显然,这3个条件是等价的。

同样,由于方程组(1.15)中的变量 x_1 和 x_3 的系数矩阵行列式 $|\boldsymbol{B}_2|$ 不等于0。即

$$|\boldsymbol{B}_2|=\begin{vmatrix} 1 & 1 \\ 2 & 1 \end{vmatrix}=-1\neq 0 \tag{1.24}$$

所以我们才能得到方程组(1.15)的通解(1.19)或特解(1.21)。

由于方程组(1.15)中的变量 x_2 和 x_3 的系数矩阵行列式 $|\boldsymbol{B}_3|$ 不等于0,即

$$|\boldsymbol{B}_3|=\begin{vmatrix} 3 & 1 \\ 5 & 1 \end{vmatrix}=-2\neq 0 \tag{1.25}$$

所以我们才能得到方程组(1.15)的通解(1.20)或特解(1.22)。

一般地,对于具有 $n+m$ 个变量,而只有 m 个方程的方程组,若其中任意 m 个变量的系数所构成的矩阵是非奇异的,则可将这 m 个变量留在方程左边,而将其余的 n 个变量移到方程右边,且利用线性代数中的克莱姆法则,可求得留在方程左边 m 个变量的解,即求得关于方程右边 n 个变量的 m 个函数表达式或通解。当令方程右边的 n 个变量等于0时,就得到其相应的特解。显然,特解是通解函数表达式的最简单形式。

上述结论也可用另一种叙述方式表达。设具有 $n+m$ 个变量,而只有 m 个方程的系数矩阵为

$$\boldsymbol{A}=\begin{pmatrix} a_{11} & a_{12} & \cdots & a_{1n+m} \\ a_{21} & a_{22} & \cdots & a_{2n+m} \\ \vdots & \vdots & & \vdots \\ a_{m1} & a_{m2} & \cdots & a_{mn+m} \end{pmatrix} \tag{1.26}$$

若系数矩阵 $\boldsymbol{A}$ 中任意 m 个列向量所构成的系数矩阵是非奇异的,则可将这 m 个列向量所

对应的变量留在方程左边，而将其余的 n 个变量移到方程右边，且利用线性代数中的克莱姆法则，同样可求得留在方程左边 m 个变量关于方程右边 n 个变量的 m 个函数表达式。

事实上，将上面讨论的方程组(1.15)加上一目标函数和变量非负约束条件后就变成一标准形线性规划。如

$$\max f(x)=2x_1+x_2+3x_3$$
$$\text{s.t.}\begin{cases}x_1+3x_2+x_3=5\\2x_1+5x_2+x_3=8\\x_1\geqslant 0,x_2\geqslant 0,x_3\geqslant 0\end{cases}\tag{1.27}$$

对于上述标准形线性规划(1.27)，由于其系数矩阵行列式 $|\boldsymbol{B}_1|$、$|\boldsymbol{B}_2|$、$|\boldsymbol{B}_3|$ 不等于 0〔见式(1.23)，式(1.24)和式(1.25)〕，所以，我们把 $\boldsymbol{B}_1$、$\boldsymbol{B}_2$ 和 $\boldsymbol{B}_3$ 称为线性规划(1.27)的基。因为利用其中任何一个基 $\boldsymbol{B}_1$、$\boldsymbol{B}_2$ 或 $\boldsymbol{B}_3$，都能得到线性规划(1.27)的一组通解和特解〔见式(1.17)～式(1.22)〕。

对于线性规划(1.27)的基 $\boldsymbol{B}_1$：

$$\begin{matrix} & x_1 \ x_2 \\ \boldsymbol{B}_1= & \begin{pmatrix}1 & 3\\2 & 5\end{pmatrix}\end{matrix}\tag{1.28}$$

我们称对应的变量 x_1 和 x_2 为基变量，其余的变量 x_3 为非基变量，令非基变量 x_3 等于 0 时，得到的解(1.18)为线性规划(1.27)的基础解，但由于该基础解中的基变量 $x_1=-1<0$，不满足线性规划(1.27)的变量非负约束条件，因此，该基础解(1.18)是线性规划(1.27)的基础非可行解。

而对于线性规划(1.27)的基 $\boldsymbol{B}_2$：

$$\begin{matrix} & x_1 \ x_3 \\ \boldsymbol{B}_2= & \begin{pmatrix}1 & 1\\2 & 1\end{pmatrix}\end{matrix}\tag{1.29}$$

我们称对应的变量 x_1 和 x_3 为基变量，其余的变量 x_2 为非基变量，令非基变量 x_2 等于 0 时，得到的解(1.21)为线性规划(1.27)的基础解。由于该基础解中的基变量 $x_1=3$ 和 $x_3=2$，其值均大于 0，满足线性规划(1.27)的变量非负约束条件，因此，该基础解(1.21)是线性规划(1.27)的基础可行解。

同样，对于线性规划(1.27)的基 $\boldsymbol{B}_3$：

$$\begin{matrix} & x_2 \ x_3 \\ \boldsymbol{B}_3= & \begin{pmatrix}3 & 1\\5 & 1\end{pmatrix}\end{matrix}\tag{1.30}$$

我们称对应的变量 x_2 和 x_3 为基变量，其余的变量 x_1 为非基变量，令非基变量 x_1 等于 0 时，得到的解(1.22)为线性规划(1.27)的基础解。由于该基础解中的基变量 $x_2=3/2$ 和 $x_3=1/2$，其值均大于 0，满足线性规划(1.27)的变量非负约束条件，因此，该基础解(1.22)是线性规划(1.27)的基础可行解。

有了以上简单实例和过渡性的线性代数准备知识后，我们就能比较容易地理解下面一些比较抽象的线性规划解的概念。

设标准形线性规划

$$\max f(x) = \sum_{j=1}^{n+m} c_j x_j$$

$$\text{s.t.} \begin{cases} \sum_{j=1}^{n+m} a_{ij} x_j = b_i, & i = 1,2,\cdots,m \\ b_i, x_j \geqslant 0, & i = 1,2,\cdots,m; j = 1,2,\cdots,n+m \end{cases} \tag{1.31}$$

的系数矩阵为 $\boldsymbol{A}$(m 行,$n+m$ 列)。若矩阵 $\boldsymbol{A}$ 中的任意 m 个列向量所构成的子矩阵 $\boldsymbol{B}$ 是非奇异的,也即 $|\boldsymbol{B}| \neq 0$,则称 $\boldsymbol{B}$ 为该线性规划问题的一个**基**。不失一般性,设

$$\boldsymbol{B} = \begin{pmatrix} a_{11} & \cdots & a_{1m} \\ \vdots & & \vdots \\ a_{m1} & \cdots & a_{mm} \end{pmatrix} = (\boldsymbol{P}_1, \boldsymbol{P}_2, \cdots, \boldsymbol{P}_m) \neq \boldsymbol{0} \tag{1.32}$$

其中,$\boldsymbol{P}_1, \boldsymbol{P}_2, \cdots, \boldsymbol{P}_m$ 称为基向量,与基向量对应的变量称为**基变量**,记为 $\boldsymbol{X}_{\mathbf{B}} = (x_1, x_2, \cdots, x_m)^{\mathrm{T}}$,其余的变量称为**非基变量**,记为 $\boldsymbol{X}_{\mathbf{N}} = (x_{m+1}, x_{m+2}, \cdots, x_{m+n})^{\mathrm{T}}$,故有

$$\boldsymbol{X} = (\boldsymbol{X}_{\mathbf{B}}, \boldsymbol{X}_{\mathbf{N}}) \tag{1.33}$$

利用基 $\boldsymbol{B}$ 和克莱姆法则,可求得 m 个基变量 $\boldsymbol{X}_{\mathbf{B}} = (x_1, x_2, \cdots, x_m)^{\mathrm{T}}$ 关于 n 个非基变量 $\boldsymbol{X}_{\mathbf{N}} = (x_{m+1}, x_{m+2}, \cdots, x_{m+n})^{\mathrm{T}}$的 m 个表达式。令 n 个非基变量均等于 $\boldsymbol{0}$,则可求得 m 个基变量的唯一解。我们把该解与等于 $\boldsymbol{0}$ 的 n 个非基变量一起称为线性规划(1.31)与基 $\boldsymbol{B}$ 对应的基础解。即

$$\boldsymbol{X} = (\boldsymbol{X}_{\mathbf{B}}, \boldsymbol{X}_{\mathbf{N}}) = (x_1, x_2, \cdots, x_m, 0, 0, \cdots, 0)^{\mathrm{T}} \tag{1.34}$$

其中,$\boldsymbol{X}_{\mathbf{B}} = (x_1, x_2, \cdots, x_m)^{\mathrm{T}} = \boldsymbol{B}^{-1}\boldsymbol{b}$,($\boldsymbol{b}$ 为标准形线性规划的方程右端系数列矩阵)。

由此可见,线性规划基础解要满足如下 3 个条件:

(1) 非零分量的个数$\leqslant m$;

(2) m 个基变量所对应的系数矩阵为非奇异的;

(3) 满足 m 个约束条件。

基与基础解是线性规划的两个重要的基本概念。有了这两个基本概念后,下面我们再介绍其他与线性规划解有关的概念。

可行解与非可行解:满足线性规划的所有约束方程,包括非负约束方程的解称为线性规划的可行解。线性规划的所有可行解的集合称为可行域。不满足线性规划的任一约束方程,包括非负约束方程的解称为线性规划的非可行解。

基础可行解:满足非负约束条件(基础解的非零分量都大于等于 0)的基础解称为基础可行解。不满足非负约束条件的基础解称为基础非可行解。

可行基:对应于基础可行解的基称为可行基。

最优解:使目标函数达到最优的可行解称为最优解。当最优解的基变量组成不止一个时,线性规划有无穷多最优解。因为两个基础可行最优解可以组成无穷多个最优解。此时,最优解为可行域的某一边界。

退化解:基础可行解的非零分量个数小于 m 时,称为退化解。

标准形线性规划(1.31)的解空间与各种解之间的相互关系示意图如图 1.2 所示。

对于某一线性规划的任意一个解 $\boldsymbol{X}$,我们如何判定 $\boldsymbol{X}$ 为基础解,或是基础可行解、基础非可行解、非可行解、可行解呢?为此,我们可按如下步骤进行。

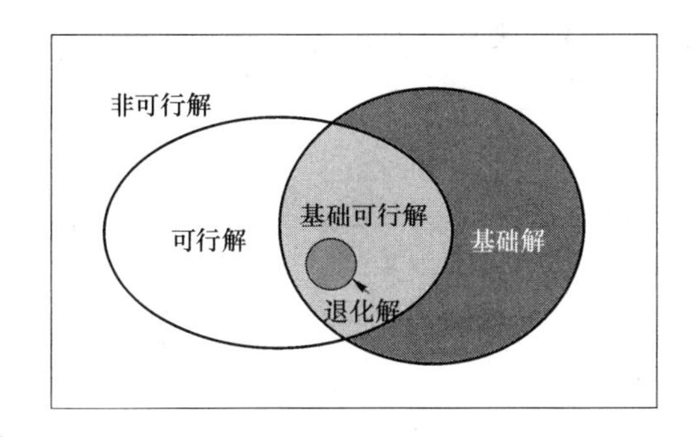

图 1.2 线性规划标准形问题各种解的关系

(1) 写出给定线性规划问题的标准形线性规划。

(2) 根据基础解的 3 个条件判定 **X** 是否为基础解。当 3 个条件均被满足时,**X** 才是基础解;否则 **X** 不是基础解。若 **X** 是基础解,转步骤 3;否则,转步骤 4。

(3) **X** 是否满足非负约束,即其基变量值是否都大于 0? 若是,**X** 是基础可行解;否则 **X** 是基础非可行解。

(4) 将 **X** 代入给定线性规划的所有约束方程,包括非负约束,若 **X** 满足所有约束方程,则 **X** 为可行解,否则 **X** 为非可行解。

例 1.5 设有如下线性规划问题:

$$\max f(x)=6x_1+4x_2$$

$$\text{s.t.}\begin{cases}2x_1+x_2\leqslant 10\\ x_1+x_2\leqslant 8\\ x_2\leqslant 7\\ x_1,x_2\geqslant 0\end{cases}\tag{1.35}$$

试判定表 1.4 中的各解是基础可行解,或是基础非可行解、可行解、非可行解(其中,x_3,x_4,x_5 分别是第 1~3 个约束方程的松弛变量)。

表 1.4 线性规划问题的解

序号	非基变量	基变量		
1	x_1,x_2	$x_3=10$	$x_4=8$	$x_5=7$
2	x_1,x_3	$x_2=10$	$x_4=-2$	$x_5=-3$
3	x_1,x_4	$x_2=8$	$x_3=2$	$x_5=-1$
4	x_1,x_5	$x_2=7$	$x_3=3$	$x_4=1$
5	x_2,x_3	$x_1=5$	$x_4=3$	$x_5=7$
6	x_2,x_4	$x_1=8$	$x_3=-6$	$x_5=7$
7	x_3,x_4	$x_1=2$	$x_2=6$	$x_5=1$
8	x_3,x_5	$x_1=1.5$	$x_2=7$	$x_4=-0.5$
9	x_4,x_5	$x_1=1$	$x_2=7$	$x_3=1$
10	$x_1=2$,$x_2=2$,$x_3=4$,$x_4=4$,$x_5=5$			
11	$x_1=5$,$x_2=2$,$x_3=-2$,$x_4=1$,$x_5=5$			

解 (1) 列出标准化后的线性规划模型:

$$\max f(x)=6x_1+4x_2$$

$$\text{s.t.}\begin{cases}2x_1+x_2+x_3 \qquad\qquad =10\\ x_1+x_2+ \qquad x_4 \qquad =8\\ \qquad x_2+ \qquad\qquad x_5=7\\ x_1,\cdots,x_5\geqslant 0\end{cases} \tag{1.36}$$

(2) 列出技术系数矩阵:

$$\begin{matrix} & x_1 & x_2 & x_3 & x_4 & x_5 \end{matrix}$$

$$\boldsymbol{A}=\begin{pmatrix}2 & 1 & 1 & 0 & 0\\ 1 & 1 & 0 & 1 & 0\\ 0 & 1 & 0 & 0 & 1\end{pmatrix} \tag{1.37}$$

(3) 对每一个解进行判定:

① 对于第1个解,非零分量为3个,3个基变量 x_3,x_4,x_5 所对应的系数矩阵为非奇异,另外,将该解分别代入3个约束方程后可知均满足,即基础解的3个条件均满足,且满足非负约束条件,所以它是基础可行解。

② 对于第2个解,非零分量为3个,3个基变量 x_2,x_4,x_5 所对应的系数矩阵为非奇异,另外,将该解分别代入3个约束方程后可知均满足,即基础解的3个条件均满足,但不满足非负约束条件,所以它是基础非可行解。

③ 同理,可判定第4、5、7、9个解是基础可行解;而第3、6、8个解是基础非可行解。

④ 对于第10个解,非零分量个数有5个(大于 m,$m=3$),所以它不是基础解;但将该解代入所有约束方程后可知均满足,所以它是可行解。

⑤ 对于第11个解,非零分量个数有5个(大于 m,$m=3$),所以它不是基础解;另外,分量 $x_3=-3$,即不满足所有约束条件,所以它是非可行解。

为了进一步说明各个解的直观几何意义,我们利用图解法标出上述11个解在图中的位置,分别是点 O、F、E、A、D、H、C、G、B、K 和 J。如图1.3所示。从图1.3可知,C 点所对应的基础可行解为最优解。

线性规划问题的基、基变量、非基变量、基础解、基础可行解和基础非可行解等概念是线性规划问题非常重要的基本概念,也是本章中我们遇到的第一个难点。这些解的基本概念在线性规划基本理论中占有重要的地位。我们以大家最熟悉的两个变量两个线性方程组求解开始,逐步引出这些解的概念,并通过实例1.5使读者进一步加深对这些解的概念理解,相信读者应该能够比较好地掌握这些解的基本概念。

下面我们不加证明地给出关于线性规划问题解的一些基本定理(见文献[3]):

定理1 若线性规划问题存在可行域,则其可行域是凸集。

定理2 线性规划问题可行域的顶点与其基础可行解一一对应。

定理3 若线性规划问题存在可行域,则它必有基础可行解。

定理4 若线性规划问题存在可行域且其可行域有界,则它必有最优解。

定理5 若线性规划问题存在最优解,则其最优解一定可以在其可行域的某个顶点上取得。

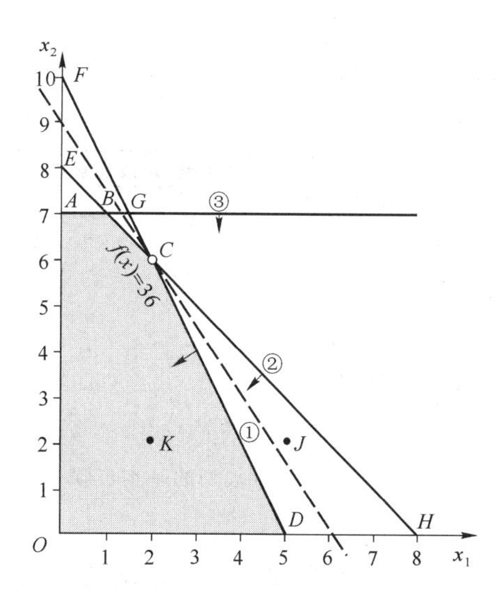

图 1.3　线性规划问题解的几何意义

1.3.3　单纯形法的基本原理

1. 单纯形法的基本思路和步骤

从图解法得出的结论可知,线性规划问题如果存在最优解,则其最优解一定可在线性规划可行域的某个顶点上达到。对于任意一个有界的线性规划可行域,其顶点个数是有限的。因此,求解线性规划问题最优解的基本思路是:在线性规划可行域的有限个顶点上去寻找最优解。

另外,从线性规划的基本定理可知,线性规划可行域的顶点与其基础可行解一一对应。所以,求线性规划的最优解,就要在线性规划有限的基础可行解范围内去寻找。

虽然,线性规划的基础可行解的个数是有限的,我们可通过比较所有的基础可行解来求得最优解。但是,线性规划基础可行解的数目与约束方程个数、决策变量数目有很大关系,当约束方程个数和决策变量的数目增大时,其基础可行解的数目将迅速增加。当基础可行解的数目较大时,采用比较所有基础可行解来求得最优解的方法计算量较大,一般不宜采用。

求解线性规划的常用算法是单纯形法。该方法一般情况不需要求得所有基础可行解就能获得最优解。当然,在最坏的情况下,也有可能要求得所有基础可行解后才获得最优解。

单纯形算法的基本思路是:从一个基础可行解出发,设法得到另一个更好的基础可行解,直到目标函数达到最优时,基础可行解即为最优解。单纯形法的基本步骤有三步,分别为:

(1) 求一个基础可行解,称为初始基础可行解,求初始基础可行解的方法必须简单实用,且具有通用性;

(2) 最优检验。即检验任一基础可行解是否为最优解。若是,则停止计算;否则,转步骤(3);

(3) 确定改善方向,求得另一个更好的基础可行解;转步骤(2),直到求得最优解为止。

上述求解线性规划的 3 个基本步骤可用图 1.4 来表示。我们通常把这 3 个基本步骤称为最优化三部曲。事实上,这三部曲对求解其他最优化问题(如非线性规划等)也是适用的。

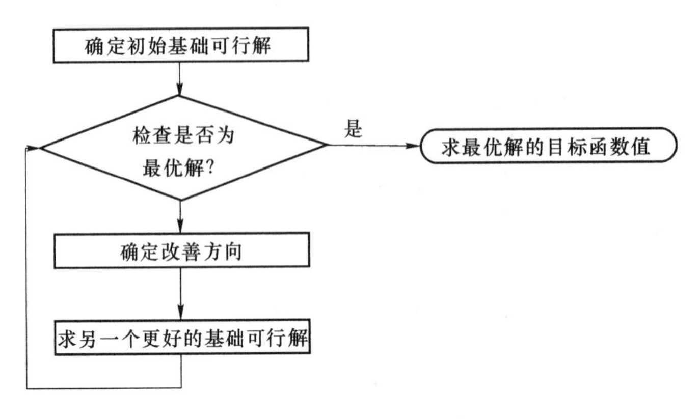

图 1.4 求解线性规划的基本步骤

2. 单纯形法的基本原理

为了使大家比较直观容易地理解利用单纯形法求解线性规划问题3个步骤的基本原理,下面先以解线性方程组的方法来求解一具体的线性规划。

例 1.6 求解下列线性规划问题。

$$\max\ f(x)=2x_1+3x_2$$

$$\text{s.t}\begin{cases} x_1+2x_2\leqslant 8 \\ 4x_1\qquad\quad\leqslant 16 \\ \qquad 4x_2\leqslant 12 \\ x_1,x_2\geqslant 0 \end{cases} \tag{1.38}$$

显然,该线性规划可看成是某工厂用3种有限量的资源生产两种产品(产品Ⅰ和产品Ⅱ)的多产品生产计划优化问题。

解 (1) 标准化

分别在第1、2和3个约束方程的左边引入松弛变量 x_3、x_4 和 x_5,则可把上述的线性规划问题化为如下标准形线性规划:

$$\max\ f(x)=2x_1+3x_2+0x_3+0x_4+0x_5$$

$$\text{s.t}\begin{cases} x_1+2x_2+x_3=8 \\ 4x_1+x_4=16 \\ 4x_2+x_5=12 \\ x_1,x_2,x_3,x_4,x_5\geqslant 0 \end{cases} \tag{1.39}$$

(2) 选择初始基础可行解

式(1.39)的系数矩阵为

$$\boldsymbol{A}=(\boldsymbol{P}_1,\boldsymbol{P}_2,\boldsymbol{P}_3,\boldsymbol{P}_4,\boldsymbol{P}_5)=\begin{pmatrix}1&2&1&0&0\\4&0&0&1&0\\0&4&0&0&1\end{pmatrix} \tag{1.40}$$

从系数矩阵 $\boldsymbol{A}$ 中可知,x_3、x_4 和 x_5 的系数列向量 $\boldsymbol{P}_3$、$\boldsymbol{P}_4$ 和 $\boldsymbol{P}_5$ 是线性独立,这些向量可构成一个基 $\boldsymbol{B}_0$(初始基)。

对应于基 $\boldsymbol{B}_0$ 的变量 x_3、x_4 和 x_5 为基变量,其他两个变量 x_1 和 x_2 为非基变量。即

$$\boldsymbol{X}_{\mathbf{B}_0}=(x_3,x_4,x_5)^{\mathrm{T}},\quad \boldsymbol{X}_{\mathbf{N}_0}=(x_1,x_2)^{\mathrm{T}} \tag{1.41}$$

$$B_0=(P_3,P_4,P_5)=\begin{pmatrix}1&0&0\\0&1&0\\0&0&1\end{pmatrix} \tag{1.42}$$

从式(1.39)可得

$$\begin{cases}x_3=8-x_1-2x_2\\x_4=16-4x_1\\x_5=12-4x_2\end{cases} \tag{1.43}$$

令非基变量 $x_1=x_2=0$,可得一初始基础可行解：

$$X^{(0)}=(0,0,8,16,12)^{\mathrm{T}}$$

此时,对应于 $X^{(0)}$ 的目标函数 $f(X^{(0)})=0+2x_1+3x_2=0$。

该初始基础可行解表示工厂没有安排生产产品Ⅰ和产品Ⅱ,所有资源都没有被利用,所以工厂的盈利为0。

(3) 最优检验

从直观看,工厂没有生产,盈利为0,显然不是最优解。将式(1.43)代入方程组(1.39)的目标函数后可得

$$f(X)=0+2x_1+3x_2 \tag{1.44}$$

从目标函数(1.44)可知,非基变量 x_1 和 x_2 的系数都是正数,所以,如果将非基变量从等于0变为大于0,即从非基变量变为基变量,则目标函数值就会增大。从经济意义上讲,安排生产产品Ⅰ或产品Ⅱ,可使工厂的利润增加。所以基础可行解 $X^{(0)}$ 不是最优解。

(4) 求另一个更好的基础可行解

① 确定换入变量及其值

确定换入变量就是要从所有非基变量中,选择一个非基变量作为换入变量,即要把该非基变量变换为基变量。

从直观看,工厂安排生产时,首先考虑安排利润较大的产品Ⅱ进行生产;从目标函数(1.44)可知,非基变量 x_2 的系数大于 x_1 的系数,所以,可确定 x_2 为换入变量。

从追求目标函数利润最大的角度出发,我们希望产品Ⅱ的产量(即换入变量 x_2 的值)尽量大。但是,由于资源量是有限的,换入变量 x_2 的值不能无限增大。它必须满足如下一组不等式(即保证其余变量都是非负的)。

$$\begin{cases}x_3=8-x_1-2x_2\geqslant 0\\x_4=16-4x_1\geqslant 0\\x_5=12-4x_2\geqslant 0\end{cases} \tag{1.45}$$

当另一个非基变量 x_1 仍然为0时,由式(1.45)可得到换入变量 x_2 的值为

$$x_2=\min\{8/2,-,12/4\}=3 \tag{1.46}$$

其中,-表示式(1.45)中的第2个方程对换入变量 x_2 的值无约束。

② 确定换出变量

由于基变量的个数只能等于约束方程的个数 m,在本例中,$m=3$,所以,当有一个非基变量作为换入变量变为基变量时,就必须有一个基变量作为换出变量变为非基变量。即从所有基变量中,将其中一个大于0的基变量变为等于0的非基变量,该非基变量就是换出变量。从式(1.45)可知,当 $x_2=3$ 时,$x_5=0$,所以 x_5 为换出变量。由此得到线性规划(1.39)

的一个新的基 $\boldsymbol{B}_1$ 和一组新的基变量、非基变量。

$$\boldsymbol{B}_1=(\boldsymbol{P}_3,\boldsymbol{P}_4,\boldsymbol{P}_2)=\begin{pmatrix}1&0&2\\0&1&0\\0&0&4\end{pmatrix} \tag{1.47}$$

$$\boldsymbol{X}_{\mathbf{B}_1}=(x_3,x_4,x_2)^{\mathrm{T}},\quad \boldsymbol{X}_{\mathbf{N}_1}=(x_1,x_5)^{\mathrm{T}} \tag{1.48}$$

即对于新的基 $\boldsymbol{B}_1$,变量 x_3,x_4 和 x_2 为基变量,变量 x_1 和 x_5 为非基变量。

③ 求另一个更好的基础可行解

将式(1.39)约束方程中对应于基 $\boldsymbol{B}_1$ 的非基变量 x_1 和 x_5 移到方程的右边后可得

$$\begin{cases}x_3+2x_2=8-x\\ \qquad\ x_4=16-4x_1\\ \qquad 4x_2=12-x_5\end{cases} \tag{1.49}$$

利用消元法,由方程组(1.49),可得

$$\begin{cases}x_3=2-x_1+\dfrac{1}{2}x_5\\ x_4=16-4x_1\\ x_2=3-\dfrac{1}{4}x_5\end{cases} \tag{1.50}$$

令非基变量 $x_1=x_5=0$,则由式(1.50)可得另一个基础可行解

$$\boldsymbol{X}^{(1)}=(0,3,2,16,0)^{\mathrm{T}}$$

此时,对应于 $\boldsymbol{X}^{(1)}$ 的目标函数为 $f(\boldsymbol{X}^{(1)})=0+2x_1+3x_2=9$。

显然,基础可行解 $\boldsymbol{X}^{(1)}$ 的目标函数值优于初始基础可行解 $\boldsymbol{X}^{(0)}$ 的目标函数值,即基础可行解 $\boldsymbol{X}^{(1)}$ 优于初始基础可行解 $\boldsymbol{X}^{(0)}$。

步骤(2)～(4)以求解线性方程组的方式展示了求解线性规划三部曲的一个具体过程,希望读者理解其基本原理和步骤。

以下步骤是重复(3)和(4)两个步骤。

(5) 最优检验

将方程组(1.50)代入式(1.39)中的目标函数后可得

$$f(x)=9+2x_1-3/4x_5 \tag{1.51}$$

从目标函数式(1.51)可知,非基变量 x_1 系数为正数,所以,如果将非基变量 x_1 从等于 0 变为大于 0,即从非基变量变为基变量,则目标函数值就会增大。即基础可行解 $\boldsymbol{X}^{(1)}$ 还不是最优解。

(6) 求另一个更好的基础可行解

① 确定换入变量及其值

从目标函数式(1.51)可知,只有非基变量 x_1 的系数为正数,所以,可确定 x_1 为换入变量。

类似于前面确定换入变量 x_2 的值,换入变量 x_1 的值也不能无限增大。它必须满足如下一组不等式:

$$\begin{cases}x_3=2-x_1+\dfrac{1}{2}x_5\geqslant 0\\ x_4=16-4x_1\geqslant 0\\ x_2=3-\dfrac{1}{4}x_5\geqslant 0\end{cases} \tag{1.52}$$

当另一个非基变量 x_5 仍然为0时,可得到换入变量 x_1 的值为

$$x_1 = \min(2, 16/4, -) = 2 \tag{1.53}$$

② 确定换出变量

从式(1.52)可知,当 $x_1=2$ 时,$x_3=0$,所以 x_3 为换出变量。由此得到线性规划(1.39)的一个新的基 $\boldsymbol{B}_2$ 和一组新的基变量与非基变量。

$$\boldsymbol{B}_2 = (\boldsymbol{P}_1, \boldsymbol{P}_4, \boldsymbol{P}_2) = \begin{pmatrix} 1 & 0 & 2 \\ 4 & 1 & 0 \\ 0 & 0 & 4 \end{pmatrix} \tag{1.54}$$

$$\boldsymbol{X}_{\mathbf{B}_2} = (x_1, x_4, x_2)^{\mathrm{T}}, \quad \boldsymbol{X}_{\mathbf{N}_2} = (x_3, x_5)^{\mathrm{T}} \tag{1.55}$$

即对于新的基 $\boldsymbol{B}_2$,变量 x_1,x_4 和 x_2 为基变量,变量 x_3 和 x_5 为非基变量。

③ 求另一个更好的基础可行解

将式(1.39)约束方程中对应于基 $\boldsymbol{B}_2$ 的非基变量 x_3 和 x_5 移到方程的右边后可得

$$\begin{cases} x_1 + 2x_2 = 8 - x_3 \\ 4x_1 + x_4 = 16 \\ 4x_2 = 12 - x_5 \end{cases} \tag{1.56}$$

利用消元法,可得

$$\begin{cases} x_1 = 2 - x_3 + \dfrac{1}{2}x_5 \\ x_4 = 8 + 4x_3 - 2x_5 \\ x_2 = 3 - \dfrac{1}{4}x_5 \end{cases} \tag{1.57}$$

令非基变量 $x_3=x_5=0$,则由式(1.57)可得另一个基础可行解

$$\boldsymbol{X}^{(2)} = (2, 3, 0, 8, 0)^{\mathrm{T}}$$

此时,对应于基础可行解 $\boldsymbol{X}^{(2)}$ 的目标函数为 $f(\boldsymbol{X}^{(2)}) = 0 + 2x_1 + 3x_2 = 13$。

显然,基础可行解 $\boldsymbol{X}^{(2)}$ 又优于基础可行解 $\boldsymbol{X}^{(1)}$。

(7) 最优检验

将式(1.57)代入式(1.39)中的目标函数后可得

$$f(x) = 13 - 2x_3 + 1/4x_5 \tag{1.58}$$

从目标函数式(1.58)可知,仍有一个非基变量 x_5 系数为正数,所以,基础可行解 $\boldsymbol{X}^{(2)}$ 还不是最优解。

(8) 求另一个更好的基础可行解

① 确定换入变量及其值

从目标函数式(1.58)可知,只有非基变量 x_5 的系数为正数,所以,可确定 x_5 为换入变量。

类似于前面确定换入变量 x_2 的值,换入变量 x_5 的值也不能无限增大。它必须满足如下一组不等式。

$$\begin{cases} x_1 = 2 - x_3 + \dfrac{1}{2}x_5 \geqslant 0 \\ x_4 = 8 + 4x_3 - 2x_5 \geqslant 0 \\ x_2 = 3 - \dfrac{1}{4}x_5 \geqslant 0 \end{cases} \tag{1.59}$$

当另一个非基变量 x_3 仍然为0时,可得到换入变量 x_5 的值为

$$x_5=\min[-,8/2,3/(1/4)]=4 \tag{1.60}$$

② 确定换出变量

从式(1.59)可知,当 $x_5=4$ 时,$x_4=0$,所以 x_4 为换出变量. 由此得到线性规划(1.39)的一个新的基 $\boldsymbol{B}_3$ 和一组新的基变量与非基变量。

$$\boldsymbol{B}_3=(\boldsymbol{P}_1,\boldsymbol{P}_5,\boldsymbol{P}_2)=\begin{pmatrix}1&0&2\\4&0&0\\0&1&4\end{pmatrix} \tag{1.61}$$

$$\boldsymbol{X}_{\mathbf{B}_3}=(x_1,x_5,x_2)^{\mathrm{T}},\quad \boldsymbol{X}_{\mathbf{N}_3}=(x_3,x_4)^{\mathrm{T}} \tag{1.62}$$

即对于新的基 $\boldsymbol{B}_3$,变量 x_1,x_5 和 x_2 为基变量,变量 x_3 和 x_4 为非基变量。

③ 求另一个更好的基础可行解

将式(1.39)约束方程中对应于基 $\boldsymbol{B}_3$ 的非基变量 x_3 和 x_4 移到方程的右边后可得

$$\begin{cases}x_1+2x_2 \qquad =8-x_3\\4x_1 \qquad\qquad =16-x_4\\ \qquad 4x_2+x_5=12\end{cases} \tag{1.63}$$

利用消元法,可得

$$\begin{cases}x_1=4-\dfrac{1}{4}x_4\\x_5=4+2x_3-\dfrac{1}{2}x_4\\x_2=2-\dfrac{1}{2}x_3+\dfrac{1}{8}x_4\end{cases} \tag{1.64}$$

令非基变量 $x_3=x_4=0$,则由式(1.64)可得另一个基础可行解

$$\boldsymbol{X}^{(3)}=(4,2,0,0,4)^{\mathrm{T}}$$

此时,对应于 $\boldsymbol{X}^{(3)}$ 的目标函数为 $f(\boldsymbol{X}^{(3)})=0+2x_1+3x_2=14$。

显然,基础可行解 $\boldsymbol{X}^{(3)}$ 又优于基础可行解 $\boldsymbol{X}^{(2)}$。

(9) 最优检验

将式(1.64)代入式(1.39)中的目标函数后可得

$$f(x)=14-3/2x_3-1/8x_4 \tag{1.65}$$

从目标函数式(1.65)可知,所有非基变量 x_3 和 x_4 的系数均为负数。此时,将任一非基变量 x_3 或 x_4 从等于0变为大于0,其目标函数将减小,所以,基础可行解 $\boldsymbol{X}^{(3)}$ 就是所求的最优解,对应的最优目标函数值为14。

3. 求初始基础可行解

上一小节中,我们以求解线性方程组的方式说明了求解一具体的线性规划详细过程,这些过程展示了求解线性规划的基本原理和3个基本步骤。下面,我们将用一般的方式叙述求解某一线性规划的3个步骤。

对于目标函数为最大,每个约束方程均为"≤"形式的线性规划背景模型,通过标准化,即每个约束方程均引入一个松弛变量后,取每个约束方程的松弛变量为基变量,其他变量为非基变量,则可得到一个初始可行基。此时,若令所有非基变量为0,则可得到一个初始基础可行解。对于非目标函数为最大,每个约束方程不都是"≤"形式的线性规划模型,其初始基础可行解的确定方法我们以后再讨论。

设线性规划问题为

$$\max f(x)=\sum_{j=1}^{n}c_jx_j$$

$$\text{s.t.}\begin{cases}\sum_{j=1}^{n}a_{ij}x_j\leqslant b_i, & i=1,2,\cdots,m\\ x_j\geqslant 0, & j=1,2,\cdots,n\end{cases}\tag{1.66}$$

另设 $b_i\geqslant 0\ (i=1,2,\cdots,m)$。标准化后，若对 x_j 和 a_{ij} 重新编号，则约束方程可化为

$$\begin{cases}x_i+\sum_{j=m+1}^{n+m}a_{ij}x_j=b_i, & i=1,2,\cdots,m\\ x_j\geqslant 0, & j=1,2,\cdots,n+m\end{cases}\tag{1.67}$$

观察式(1.67)约束方程中变量 $x_1,x_2,\cdots,x_m$ 的系数，可知，这 m 个变量的系数构成一个可行基，即

$$\boldsymbol{B}=(\boldsymbol{P}_1,\ \boldsymbol{P}_2,\ \cdots,\boldsymbol{P}_m)=\begin{pmatrix}1 & 0 & \cdots & 0\\ 0 & 1 & \cdots & 0\\ \vdots & \vdots & & \vdots\\ 0 & 0 & \cdots & 1\end{pmatrix}\tag{1.68}$$

以 $\boldsymbol{B}$ 作为初始可行基，变量 $x_1,x_2,\cdots,x_m$ 作为初始基变量，其余变量作为初始非基变量。从式(1.67)可得

$$x_i=b_i-\sum_{j=m+1}^{n+m}a_{ij}x_j,\quad i=1,2,\cdots,m\tag{1.69}$$

令 $x_{m+1}=x_{m+1}=\cdots=x_{n+m}=0$，则有

$$x_i=b_i,\quad i=1,2,\cdots,m\tag{1.70}$$

及初始基础可行解

$$\boldsymbol{X}^{(0)}=(b_1,\ b_2,\ \cdots,b_m,0,0,\cdots,0)^{\mathrm{T}}\tag{1.71}$$

4. 最优检验

对于标准化线性规划问题(1.67)，经过若干次迭代后，如果对 x_j 及 a_{ij} 重新编号，则约束方程可化为

$$x_i=b'_i-\sum_{j=m+1}^{n+m}a'_{ij}x_j\quad i=1,2,\cdots,m\tag{1.72}$$

其中，b'_i 和 a'_{ij} 表示经过若干次迭代后，当前的右端系数和技术系数，以便区别于原始的右端系数 b_i 和技术系数 a_{ij}。变量 $x_1,x_2,\cdots,x_m$ 为对应某一可行基的 m 个基变量。

将式(1.72)代入式(1.67)的目标函数后可得

$$\begin{aligned}f(x)&=\sum_{i=1}^{m}c_ix_i+\sum_{j=m+1}^{n+m}c_jx_j\\&=\sum_{i=1}^{m}c_i(b'_i-\sum_{j=m+1}^{n+m}a'_{ij}x_j)+\sum_{j=m+1}^{n+m}c_jx_j\\&=\sum_{i=1}^{m}c_ib'_i-\sum_{i=1}^{m}c_i\sum_{j=m+1}^{n+m}a'_{ij}x_j+\sum_{j=m+1}^{n+m}c_jx_j\\&=\sum_{i=1}^{m}c_ib'_i+\sum_{j=m+1}^{n+m}(c_j-\sum_{i=1}^{m}c_ia'_{ij})x_j\\&=z_0+\sum_{j=m+1}^{n+m}(c_j-z_j)x_j\end{aligned}\tag{1.73}$$

其中，

$$z_0 = \sum_{i=1}^{m} c_i b'_i \tag{1.74}$$

为令所有非基变量等于0时的目标函数值。

$$z_j = \sum_{i=1}^{m} c_i a'_{ij} \tag{1.75}$$

为非基变量 x_j 的机会成本。

由此可见，对应于某一个可行基，m 个基变量可分别用非基变量表示成函数形式，将这 m 个基变量的函数代入目标函数后，目标函数可化为两个部分。第一部分为 z_0，为常数；第二部分为非基变量及其系数。如果第二部分的所有非基变量的系数都小于等于0，则目标函数已达最大，对应的基础可行解就是最优解。否则，只要有一个非基变量的系数大于0，则目标函数还没有达到最大，对应的基础可行解不是最优解。

注意：在上述推导时，为了方便而不失一般性，我们假设基变量为 $x_1, x_2, \cdots, x_m$，所以，式(1.66)中的价值系数下标和右端系数的下标是一样的，同样式(1.67)中的价值系数下标和技术系数的第一个下标是一样的。但在一般情况下，这两个下标可能会不同，因此，在一般情况下，目标函数值OBJ计算公式和机会成本计算公式可写成

$$\text{OBJ} = z_0 = \sum_{\substack{i1=1,\cdots,m \\ i\in I}} c_i b'_{i1} \tag{1.76}$$

和

$$z_j = \sum_{\substack{i1=1,\cdots,m \\ i\in I}} c_i a'_{i1j} \tag{1.77}$$

其中，I 为基变量的下标集。

此外，我们把非基变量的系数称为检验数，用符号 σ_j 表示。

$$\sigma_j = c_j - z_j = c_j - \sum_{\substack{i1=1,\cdots,m \\ i\in I}} c_i a'_{i1j}, \quad j \in J \tag{1.78}$$

其中，J 表示非基变量的下标集。当然，基变量的检验数也可按式(1.78)计算。只是基变量的检验数肯定为0，按式(1.78)计算的基变量检验数也是0。这是由于对于某一可行基得到的约束方程(1.67)，基变量的技术系数矩阵为单位矩阵，即基变量的技术系数满足：

$$a_{ij} = 1, \quad i = j$$
$$a_{ij} = 0, \quad i \neq j$$

因此，按式(1.78)计算的基变量检验数为

$$\sigma_i = c_i - z_i = c_i - \sum_{\substack{i1=1,\cdots,m \\ i\in I}} c_i a'_{i1i} = c_i - c_i = 0 \tag{1.79}$$

对应于某一基础可行解的各决策变量的机会成本 $z_j(j=1,2,\cdots,n+m)$ 的含义是，当某一决策变量在现有基础可行解的基础上增加一个单位时，由于资源总量是有限的，其他决策变量所占用的资源减少为该决策变量所付出的代价。

由于基变量的检验数为0，所以，某一基变量的机会成本等于该基变量的价值系数。

对应于某一基础可行解的各非基变量的机会成本 $z_j(j\in J)$，当某一非基变量的机会成本小于该非基变量的价值系数，此时其检验数大于0。这表示该非基变量从等于0到生产1

个单位时，其他基变量所占用的资源减少为该非基变量所付出的代价小于该非基变量的价值系数。因此，当把该非基变量变换为基变量时，对目标函数是有利的，它将使目标函数增大。即说明有必要把该非基变量变换为基变量。反之，当某一非基变量的机会成本大于该非基变量的价值系数，此时其检验数小于0。这表示该非基变量从等于0到生产1个单位时，其他基变量所占用的资源减少为该非基变量所付出的代价大于该非基变量的价值系数。因此，当把该非基变量变换为基变量时，对目标函数是不利的，它将使目标函数减小，即说明没有必要把该非基变量变换为基变量。

若对应于某一基础可行解的各非基变量的机会成本 $z_j\,(j\in J)$ 均大于等于各自的价值系数，即各非基变量的检验数 $\sigma_j\,(j\in J)$ 均小于等于0，则说明将任何一个非基变量变换为基变量对目标函数都是不利的，所以，给定的基础可行解已经是最优解。

综上所述，对于标准形线性规划，我们可得到最优检验条件为

若

$$\boldsymbol{X}=(b_1',\ b_2',\ \cdots,b_m',0,0,\cdots,0)^{\mathrm{T}} \tag{1.80}$$

为一基础可行解，且对于一切 $j\in J$，有 $\sigma_j\leqslant 0$，则 $\boldsymbol{X}$ 为最优解。

5. 求另一个更好的基础可行解

若某一基础可行解经过最优检验表明不是最优解，则需要设法求得另一个更好的基础可行解。求另一个更好的基础可行解的主要步骤如下：

(1) 确定换入变量；

(2) 确定换出变量；

(3) 通过基变换或初等变换求得另一个更好的基础可行解。

我们已在前面例子中说明了这种初等变换方法的基本思路。下一小节我们将用单纯形表进一步说明这种初等变换方法。

1.3.4　单纯形法表及单纯形法

用单纯形法求解标准形线性规划时，通常采用表格形式进行计算，这种表格称为单纯形表。单纯形表中列出计算所需要的有关数据及其相应的计算结果。在单纯形表中，可进行最优检验，当某一基础可行解不是最优解时，可确定改善方向求得另一个更好的基础可行解，直到求得最优解为止。

单纯形表如表1.5所示，分为Ⅰ，Ⅱ，Ⅲ，Ⅳ 4栏。

Ⅰ栏由下列5部分组成：

(1) 第1行为决策变量 x_j，为了清晰，x_j 按下标号大小次序排列；

(2) 第2行各元素是对应于各个决策变量 x_j 的价值系数 c_j；

(3) 方框内的数据是对应于约束方程组各个变量的技术系数 a_{ij}，也就是进行第 j 项活动对第 i 个约束条件的相应系数；

(4) 倒数第2行的元素 z_j 称为机会费用，它表示在现有基础可行解的基础上为引进一单位非基变量 x_j 应该付出的代价，其含义已在 z_j 计算公式(1.77)中说明；

表 1.5　单纯形表

Ⅳ	Ⅲ	Ⅱ	Ⅰ							
$\mathbf{C_B}$	$\mathbf{X_B}$	$\mathbf{b}$	x_1	x_2	$\cdots$	x_n	x_{n+1}	x_{n+2}	$\cdots$	x_{n+m}
			c_1	c_2	$\cdots$	c_n	c_{n+1}	c_{n+2}	$\cdots$	c_{n+m}
c_{n+1}	x_{n+1}	b_1	a_{11}	a_{12}	$\cdots$	a_{1n}	1	0	$\cdots$	0
c_{n+2}	x_{n+2}	b_2	a_{21}	a_{22}	$\cdots$	a_{2n}	0	1	$\cdots$	0
$\vdots$	$\vdots$	$\vdots$	$\vdots$	$\vdots$	$\vdots$	$\vdots$	$\vdots$	$\vdots$		$\vdots$
c_{n+m}	x_{n+m}	b_m	a_{m1}	a_{m2}	$\cdots$	a_{mn}	0	0	$\cdots$	1
	OBJ		z_1	z_2	$\cdots$	z_n	z_{n+1}	z_{n+2}	$\cdots$	z_{n+m}
			c_1-z_1	c_2-z_2	$\cdots$	c_n-z_n	$c_{n+1}-z_{n+1}$	$c_{n+2}-z_{n+1}$	$\cdots$	$c_{n+m}-z_{n+1}$

(5) 最末一行的元素 c_j-z_j 称为检验数,因为 c_j 为变量 x_j 的单位收益,z_j 为在现有基础可行解基础上增加一单位变量 x_j 应该付出的代价,所以 c_j-z_j 的值可以理解为现有可行解基础上增加一单位变量 x_j 的纯收益。

Ⅱ栏由两部分组成,b_i 表示约束条件右端项的参数值,符号 OBJ 表示现有基础可行解时的目标函数值。

Ⅲ栏列出现有基础可行解时的各个基变量 $\mathbf{X_B}$ 的名称,其次序则与 b_i 值所在行的基变量相对应,在迭代过程中,应该随着基变量的变化而更改。

Ⅳ栏各元素以 c_{n+i} 表示,它对应于基变量 x_{n+i} 在目标函数中的价值系数,在迭代过程中当基变量变换时,c_{n+i} 的值也将随着变换($i=1,2,\cdots,m$)。

表 1.5 中的数据大部分可由给定的线性数学模型取得,其他数据如 OBJ,z_j 和 c_j-z_j 的值则通过式(1.76)～式(1.78)计算取得。

例 1.7　试列出下面线性规划问题的初始单纯形表。

$$\max f(x)=40x_1+45x_2+24x_3$$

$$\text{s. t.}\begin{cases}2x_1+3x_2+\ \ x_3\leqslant 100\\3x_1+3x_2+2x_3\leqslant 120\\x_1,x_2,x_3\geqslant 0\end{cases}\tag{1.81}$$

解　在上述线性规划的两个约束方程的左边分别加上松弛变量 x_4 和 x_5,可得到如下标准形线性规划:

$$\max f(x)=40x_1+45x_2+24x_3+0x_4+0x_5$$

$$\text{s. t.}\begin{cases}2x_1+3x_2+\ \ x_3+x_4\qquad =100\\3x_1+3x_2+2x_3+\qquad x_5=120\\x_1,x_2,x_3,x_4,x_5\geqslant 0\end{cases}\tag{1.82}$$

根据表 1.5 的单纯形格式,可得到该线性规划的初始单纯形表,如表 1.6 所示。

表 1.6　初始单纯形表

$\mathbf{C_B}$	$\mathbf{X_B}$	$\mathbf{b}$	x_1		x_2	x_3	x_4	x_5
			40		45	24	0	0
0	x_4	100	2	$\cdots$	3	1	1	0
0	x_5	120	3	$\cdots$	3	2	0	1
OBJ=0		z_j	0		0	0	0	0
		c_j-z_j	40		45	24	0	0

表1.6中，由于基变量 x_4 和 x_5 的价值系数均为0，所以，在该初始单纯形表中，所有变量的机会成本均为0，各变量的检验数等于相应的价值系数。

单纯形法是利用单纯形表求线性规划最优解的方法，其主要步骤如下。

1. 求初始基础可行解

将线性规划模型标准化，建立初始单纯形表，求初始基础可行解。如例1.7的初始单纯形如表1.6所示，从该初始单纯形中可得初始基础可行解为

$$\boldsymbol{X}^{(0)}=(0,0,0,100,120)^{\mathrm{T}} \tag{1.83}$$

2. 最优检验

若所有检验数 $\sigma_j=c_j-z_j\leqslant 0, j\in J$，则为最优解，停止。否则转步骤3。如在表1.6中，初始基础可行解 $\boldsymbol{X}^{(0)}$ 所对应的3个非基变量的检验数均大于0，所以该初始基础可行解 $\boldsymbol{X}^{(0)}$ 不是最优解。

3. 求另一个更好的基础可行解

(1) 确定换入变量 x_k，若

$$\sigma_k=\max_{j\in J}(\sigma_j>0) \tag{1.84}$$

则 x_k 为换入变量；

(2) 确定换出变量 x_{l^*}，若

$$\theta_l=\min_{i=1,m}\left(\frac{b_i'}{a_{ik}'}\middle| a_{ik}'>0\right)=\frac{b_l'}{a_{lk}'} \tag{1.85}$$

则在单纯形表的基变量 $\mathbf{X_B}$ 所在列中，与右端系数 b_l' 同一行的基变量 x_{l^*} 为换出变量。

在上述确定换出变量 x_{l^*} 的计算式中，b_i' 和 a_{ik}' 表示迭代到某一步的右端系数和技术系数，以便区别于原始的右端系数和技术系数。当然，在初始单纯形表中，b_i' 和 a_{ij}' 就是原始的右端系数和技术系数。

确定换出变量的 x_{l^*} 的公式称为最小规则。在这一规则中，我们注意到，如果换入变量所在列的技术系数 a_{ik}' 均小于等于0时，则找不到换出变量 x_{l^*}。此时，说明原线性规划为无界解。关于无界解的实例和有关概念我们将在下一小节中进一步说明。

由此可见，在确定换出变量 x_l 这一步骤时，需要加入如下判断过程：

若换入变量所在列的技术系数 a_{ik}' 均小于等于0时，即找不到换出变量 x_l，则原线性规划为无界解，停止计算。否则，转步骤(3)。

(3) 初等变换，得到另一更好的基础可行解。

在单纯形表中，入变量 x_k 所在的列称为主列，而出变量 x_{l^*} 所在的行 l 称为主行，主列和主行相交叉的技术系数 a_{lk}' 称为主元。求另一更好的基础可行解就是在单纯形表中，利用初等变换，将主元 a_{lk}' 变换为1，主元 a_{lk}' 所在列的其余元变换为0。从而得到新的单纯形表。在新的单纯形表中，更换基变量(即用入变量 x_k 替换出变量 x_{l^*})及其价值系数，得到另一更好的基础可行解及其目标函数值等数据。转步骤(2)。

下面我们结合实例求解进一步说明如何利用单纯形法求解线性规划。

例1.8 用单纯形法求解如下线性规划的最优解。

$$\max f(x)=40x_1+45x_2+24x_3$$

$$\text{s.t.}\begin{cases}2x_1+3x_2+x_3\leqslant 100\\3x_1+3x_2+2x_3\leqslant 120\\x_1,x_2,x_3\geqslant 0\end{cases} \tag{1.86}$$

解 (1) 标准化,得初始基础可行解

对上述线性规划引入松弛变量 x_4 和 x_5 后,可将其标准化并得到初始单纯形表,如表1.7第1行和序号为1的部分。从该初始单纯形表中可得初始基础可行解为

$$\boldsymbol{X}^{(0)}=(x_1,x_2,x_3,x_4,x_5)^{\mathrm{T}}=(0,0,0,100,120)^{\mathrm{T}} \tag{1.87}$$

其中,x_1,x_2,x_3 为非基变量,x_4,x_5 为基变量。与 $\boldsymbol{X}^{(0)}$ 相对应的目标函数值为

$$f(\boldsymbol{X}^{(0)})=40x_1+45x_2+24x_3+0x_4+0x_5=0 \tag{1.88}$$

(2) 最优检验

从表1.7序号为1的最后一行检验行可知,非基变量 x_1,x_2,x_3 的检验数均为正数,所以,$\boldsymbol{X}^{(0)}$ 不是最优解。

(3) 求另一个更好的基础可行解

① 确定换入变量 x_k。因为

$$\begin{aligned}\sigma_k&=\max_{j\in J}(\sigma_j>0)\\&=\max(\sigma_1,\sigma_2,\sigma_3)=\max(40,45,24)=45=\sigma_2\end{aligned} \tag{1.89}$$

所以 $k=2$,x_2 为换入变量。在初始单纯形表中,第2列技术系数为主列。显然,上述确定换入变量的计算结果可从单纯表中的检验行直接获得。

表1.7 例1.8单纯形表的迭代过程

序号	$\boldsymbol{C}_B$	$\boldsymbol{X}_B$	$\boldsymbol{b}$	x_1	x_2	x_3	x_4	x_5	b_i'/a_{ik}'
				40	45	24	0	0	
1	0	x_4	100	2	(3)	1	1	0	(100/3)
	0	x_5	120	3	3	2	0	1	40
	OBJ=0			0	0	0	0	0	
				40	45	24	0	0	
2	45	x_2	100/3	2/3	1	1/3	1/3	0	50
	0	x_5	20	(1)	0	1	−1	1	(20)
	OBJ=1 500			30	45	15	15	0	
				10	0	9	−15	0	
3	45	x_2	20	0	1	−1/3	1	−2/3	
	40	x_1	20	1	0	1	−1	1	
	OBJ=1 700			40	45	25	5	10	
				0	0	−1	−5	−10	

② 确定换出变量 x_{l*}。因为

$$\begin{aligned}\theta_l&=\min_{i=1,m}\left(\frac{b_i'}{a_{ik}'}\,\middle|\,a_{ik}'>0\right)\\&=\min\left(\frac{b_1'}{a_{12}'},\frac{b_2'}{a_{22}'}\right)=\min\left(\frac{100}{3},\frac{120}{3}\right)=\frac{100}{3}=\frac{b_1'}{a_{12}'}\end{aligned} \tag{1.90}$$

从表1.7序号为1的初始单纯形表中可知,与右端系数 $b_1'=100$ 同一行的基变量是 x_4,所以 x_4 为换出变量。

上述确定换出变量的计算过程就是将相对应单纯表(本步迭代相对应的单纯表为

表 1.7 中序号为 1 的初始单纯形表部分)的各个右端系数与换入变量 x_k 所在主列(本步迭代 x_2 为换入变量,所以为第 2 列)的各个对应技术系数之比(计算结果列在表 1.7 中序号为 1 的初始单纯形表的最后一列),并取与其最小值相对应的右端系数所在行 l 为换出行(主行),换出行的基变量为换出变量。对于本步迭代,换出行(主行)$l=1$,所以 x_4 为换出变量。

③ 初等变换,得到另一更好的基础可行解 $\boldsymbol{X}^{(1)}$。

在初始单纯形表中,将主列和主行相交叉的主元 a'_{12}变换为 1,即利用初等变换,将初始单纯表中的第 1 行的右端系数和技术系数同除以 3(等价于将第 1 个约束方程两边同除以 3),得到表 1.7 序号为 2 的第 1 行;将主元 a'_{12}所在列的其他技术系数变换为 0。对于本步迭代,与主元 a'_{12}所在列的其他技术系数只有 $a'_{22}=3$ 一个。为了把 $a'_{22}=3$ 变换为 0,在初始单纯表中,将第 1 行的右端系数和技术系数同乘以 -1 后加到第 2 行相对应的右端系数和技术系数,得到表 1.7 序号为 2 的第 2 行。从表 1.7 序号为 2 的第 2 行中可见,与初始单纯形中相对应的技术系数 a'_{22}已被变换为 0。事实上,这个初等变换等价于将第 1 个约束方程两边同乘以 -1 后加到第 2 个约束方程。

表 1.7 序号为 2 的基变量变换为 x_2 和 x_5,即用换入变量 x_2 替代初始单纯形表中的换出变量 x_4。另外,基变量的价值系数也要做相应替换,即用换入变量 x_2 的价值系数$c_2=45$ 替代初始单纯形表中的换出变量 x_4 的价值系数 $c_4=0$。

表 1.7 序号为 2 的倒数第 2 行为各个变量的机会成本。根据机会成本计算式(1.77)可得(此时,基变量的下标集 $I=\{2,5\}$)

$$z_1=c_2\times a'_{11}+c_5\times a'_{21}=45\times 2/3+0\times 1=30$$
$$z_2=c_2\times a'_{12}+c_5\times a'_{22}=45\times 1+0\times 0=45$$
$$z_3=c_2\times a'_{13}+c_5\times a'_{23}=45\times 1/3+0\times 1=15$$
$$z_4=c_2\times a'_{14}+c_5\times a'_{24}=45\times 1/3+0\times(-1)=15$$
$$z_5=c_2\times a'_{15}+c_5\times a'_{25}=45\times 0+0\times 1=0$$

表 1.7 序号为 2 的倒数第 1 行为各个变量的检验数。根据检验数计算式(1.78)可得

$$\sigma_1=c_1-z_1=40-30=10,\quad \sigma_2=c_2-z_2=45-45=0$$
$$\sigma_3=c_3-z_3=24-15=9,\quad \sigma_4=c_4-z_4=0-15=-15$$
$$\sigma_5=c_5-z_5=0-0=0$$

从表 1.7 序号为 2 的单纯形表中,我们可得到另一个基础可行解为

$$\boldsymbol{X}^{(1)}=(x_1,x_2,x_3,x_4,x_5)^{\mathrm{T}}=(0,100/3,0,0,20)^{\mathrm{T}} \tag{1.91}$$

其中,x_1,x_3,x_4 为非基变量,x_2,x_5 为基变量。与 $\boldsymbol{X}^{(1)}$ 相对应的目标函数值为

$$f(\boldsymbol{X}^{(1)})=40x_1+45x_2+24x_3+0x_4+0x_5=45\times 100/3+0\times 20=1\,500 \tag{1.92}$$

显然,基础可行解 $\boldsymbol{X}^{(1)}$ 优于基础可行解 $\boldsymbol{X}^{(0)}$。

(4) 最优检验

从表 1.7 序号为 2 的最后一行检验行可知,非基变量 x_4 的检验已为负数,但是,非基变量 x_1,x_3 的检验数为正数,所以,$\boldsymbol{X}^{(1)}$ 还不是最优解。

(5) 求另一个更好的基础可行解

① 确定换入变量 x_k。因为

$$\sigma_k=\max_{j\in J}(\sigma_j>0)=\max(\sigma_1,\sigma_3)=\max(10,9)=10=\sigma_1 \tag{1.93}$$

所以 $k=1$,x_1 为换入变量。在表1.7序号为2的单纯形表中,第1列技术系数为主列。显然,上述确定换入变量的计算结果可从表1.7序号为2的单纯表中的检验行直接获得。

② 确定换出变量 x_{l*}。因为

$$\begin{aligned}\theta_l &= \min_{i=1,m}\left(\frac{b_i'}{a_{ik}'}\mid a_{ik}'>0\right)\\ &=\min\left(\frac{b_1'}{a_{11}'},\frac{b_2'}{a_{21}'}\right)=\min\left(\frac{100}{3}\div\frac{2}{3},\frac{20}{1}\right)\\ &=\min(50,20)=20=\frac{b_2'}{a_{21}'}\end{aligned}\tag{1.94}$$

从表1.7序号为2的单纯表中可知,与右端系数 b_2' 同一行的基变量是 x_5,所以 x_5 为换出变量。

上述确定换出变量的计算过程就是将相对应单纯表(本步迭代相对应的单纯表为表1.7中序号为2的单纯形表部分)的各个右端系数与换入变量 x_1 所在主列(第1列)的各个对应技术系数之比(计算结果列在表1.7中序号为2的单纯形表的最后一列),并取与其最小值相对应的右端系数所在行 l 为换出行(主行),换出行的基变量为换出变量。对于本步迭代,换出行(主行)$l=2$,所以 x_5 为换出变量。

③ 初等变换,得到另一更好的基础可行解 $\boldsymbol{X}^{(2)}$。

在表1.7中序号为2的单纯形表中,将主列和主行相交叉的主元 a_{21}' 变换为1,从该单纯表中可知,主元 a_{21}' 已经等于1,不必对该主元进行初等变换。所以表1.7序号为3的第2行与表1.7序号为2的第2行相同;将主元 a_{21}' 所在列的其他技术系数变换为0。对于本步迭代,与主元 a_{12}' 所在列的其他技术系数只有 $a_{11}'=2/3$ 一个。为了把 $a_{11}'=2/3$ 变换为0,在该单纯表中,将第2行的右端系数和技术系数同乘以 $-2/3$ 后加到第1行相对应的右端系数和技术系数,得到表1.7序号为3的第1行。从表1.7序号为3的第1行中可见,与序号为2的单纯形表中相对应的技术系数 a_{11}' 已被变换为0。事实上,这个初等变换等价于将经过上一次初等变换后第2个约束方程两边同乘以 $-2/3$ 后加到经过上一次初等变换后第1个约束方程。

表1.7序号为3的基变量变换为 x_2 和 x_1,即用换入变量 x_1 替代序号为2的单纯形表中的换出变量 x_5。另外,基变量的价值系数也要做相应替换,即用换入变量 x_1 的价值系数 $c_1=40$ 替代序号为2的单纯形表中的换出变量 x_5 的价值系数 $c_5=0$。

表1.7序号为3的倒数第2行为各个变量的机会成本。根据机会成本计算式(1.77)可得(此时,基变量的下标集 $I=\{2,1\}$)

$$z_1=c_2\times a_{11}'+c_1\times a_{21}'=45\times0+40\times1=40$$

$$z_2=c_2\times a_{12}'+c_1\times a_{22}'=45\times1+40\times0=45$$

$$z_3=c_2\times a_{13}'+c_1\times a_{23}'=45\times(-1/3)+40\times1=25$$

$$z_4=c_2\times a_{14}'+c_1\times a_{24}'=45\times1+40\times(-1)=5$$

$$z_5=c_2\times a_{15}'+c_1\times a_{25}'=45\times(-2/3)+40\times1=10$$

表1.7序号为3的倒数第1行为各个变量的检验数。根据检验数计算式(1.78)可得

$$\sigma_1=c_1-z_1=40-340=0,\ \sigma_2=c_2-z_2=45-45=0$$

$$\sigma_3=c_3-z_3=24-25=-1,\ \sigma_4=c_4-z_4=0-5=-5$$

$$\sigma_5=c_5-z_5=0-10=-10$$

从表1.7序号为3的单纯形表中，我们可得到另一个基础可行解为

$$X^{(2)}=(x_1,x_2,x_3,x_4,x_5)^{\mathrm{T}}=(20,20,0,0,0)^T \tag{1.95}$$

其中，x_3,x_4,x_5 为非基变量，x_1,x_2 为基变量。与 $X^{(2)}$ 相对应的目标函数值为

$$f(X^{(2)})=40x_1+45x_2+24x_3+0x_4+0x_5=40\times20+45\times20=1\,700 \tag{1.96}$$

显然，基础可行解 $X^{(2)}$ 优于基础可行解 $X^{(1)}$。

(6) 最优检验

从表1.7序号为3的最后一行检验行可知，非基变量 x_3,x_4,x_5 的检验均为负数，所以，$X^{(2)}$ 是最优解。停止计算。最优解的目标函数值为1 700，即

$$X^*=X^{(2)}=(x_1,x_2,x_3,x_4,x_5)^{\mathrm{T}}=(20,20,0,0,0)^T \tag{1.97}$$

$$f(X^*)=f(X^{(2)})=1\,700 \tag{1.98}$$

为了方便，我们把求解线性规划背景模型的单纯形算法步骤再总结如下：

1. 求初始基础可行解

将线性规划模型标准化，建立初始单纯形表，求初始基础可行解。

2. 最优检验

对任一基础可行解 X，若其所有检验数

$$\sigma_j=c_j-z_j\leqslant0,j\in J \tag{1.99}$$

则 X 为最优解，即 $X^*=X$，计算最优解所对应的最优目标函数值 $f(X^*)$，算法停止。否则转步骤3。

3. 求另一个更好的基础可行解

(1) 确定换入变量 x_k，若

$$\sigma_k=\max_{j\in J}(\sigma_j>0) \tag{1.100}$$

则 x_k 为换入变量。

(2) 确定换出变量 x_{l*}，计算

$$\theta_l=\min_{i=1,m}\left(\frac{b_i'}{a_{ik}'}\,|\,a_{ik}'>0\right)=\frac{b_l'}{a_{lk}'} \tag{1.101}$$

若 θ_l 为空集，则为无界解，算法停止。否则与右端系数 b_l' 同一行的基变量 x_{l*} 为换出变量。转步骤(3)

(3) 初等变换，得到另一个更好的基础可行解

在单纯形表中，利用初等变换，将入变量 x_k 所在列 k，出变量 x_{l*} 所在行 l 的主元技术系数 a_{lk}' 变换为1，主元 a_{lk}' 所在列的其余元变换为0。从而得到新的单纯形表。在新的单纯形表中，更换基变量(用入变量 x_k 替换出变量 x_{l*})及其价值系数，得到另一个更好的基础可行解，并计算与该基础可行解对应的目标函数值，机会成本和检验数。转步骤(2)。

在例1.6中，我们直接采用线性代数和直观分析的方法求解了如下线性规划的最优解

$$\max f(x)=2x_1+3x_2$$
$$\text{s.t}\begin{cases}x_1+2x_2\leqslant8\\4x_1\leqslant16\\4x_2\leqslant12\\x_1,x_2\geqslant0\end{cases} \tag{1.102}$$

为了比较，我们把该线性规划的单纯形表迭代过程列在表1.8。其中，序号1为初始单纯形

表,序号 2～4 为各步骤迭代后的单纯形表。最后一列为按最小比例原则确定换出变量。大家可与前面解线性方程组方法的求解过程对比,以便加深对单纯形法的理解。

表 1.8　例 1.6 单纯形表迭代过程

序号	C_B	X_B	b	x_1	x_2	x_3	x_4	x_5	b'_i/a'_{ik}
				2	3	0	0	0	
	0	x_3	8	1	2	1	0	0	4
	0	x_4	16	4	0	0	1	0	—
1	0	x_5	12	0	(4)	0	0	1	(3)
	OBJ＝0			0	0	0	0	0	
				2	3	0	0	0	
	0	x_3	2	(1)	0	1	0	－1/2	(2)
	0	x_4	16	4	0	0	1	0	4
2	3	x_2	3	0	1	0	0	1/4	—
	OBJ＝9			0	3	0	0	3/4	
				2	0	0	0	－3/4	
	2	x_1	2	1	0	1	0	－1/2	—
	0	x_4	8	0	0	－4	1	(2)	(4)
3	3	x_2	3	0	1	0	0	1/4	12
	OBJ＝13			2	3	2	0	－1/4	
				0	0	－2	0	1/4	
	2	x_1	4	1	0	0	1/4	0	
	0	x_5	4	0	0	－2	1/2	1	
4	3	x_2	2	0	1	1/2	－1/8	0	
	OBJ＝14			2	3	3/2	1/8	0	
				0	0	－3/2	－1/8	0	

1.4　单纯形法的进一步讨论

1.4.1　人工变量法

在上一节中,我们所涉及的线性规划模型都是线性规划的背景模型,即目标函数为最大,每个约束方程都是“≤”型,右端系数都是大于等于 0。对于这样一类的线性规划,每个约束方程引入一个松弛变量将其标准化后,约束方程的系数矩阵含有单位矩阵,以此单位矩阵作为初始可行基,很容易得到一个初始基础可行解。但是,对于下面例 1.9 的线性规划,将其标准化后,其约束方程的系数矩阵不存在单位矩阵,因此无法直观和方便地得到一个初始基础可行解。

例 1.9 求解如下线性规划问题。

$$\min\ f(x)=10x_1+8x_2+7x_3$$
$$\text{s.t.}\begin{cases}2x_1+x_2\geqslant 6\\ x_1+x_2+x_3\geqslant 4\\ x_1,x_2,x_3\geqslant 0\end{cases}\tag{1.103}$$

解 令 $g(x)=-f(x)$，第 1 个和第 2 个约束方程分别减去一个剩余变量 x_4 和 x_5，则可将上述线性规划转化为如下标准形线性规划。

$$\max\ g(x)=-10x_1-8x_2-7x_3+0x_4+0x_5$$
$$\text{s.t.}\begin{cases}2x_1+x_2-x_4=6\\ x_1+x_2+x_3-x_5=4\\ x_1,x_2,x_3,x_4,x_5\geqslant 0\end{cases}\tag{1.104}$$

上述标准形线性规划的系数矩阵为

$$\boldsymbol{A}=\begin{pmatrix}2&1&1&-1&0\\1&1&0&0&-1\end{pmatrix}\tag{1.105}$$

从系数矩阵 **A** 可知，它不含有一个单位矩阵，或从 **A** 中，无法直观得到一个初始可行基，即从上述标准形线性规划中，我们无法直观得到一个初始基础可行解。有些读者可能会问，剩余变量 x_4 和 x_5 的系数矩阵是否可构成一个可行基呢？x_4 和 x_5 是否可作为初始基变量呢？答案是否定的。剩余变量 x_4 和 x_5 的系数矩阵的确可构成一个基（其系数行列式不等于 0），但它不是一个可行基。因为若取 x_4 和 x_5 的系数矩阵为初始基，即取 x_4 和 x_5 为初始基变量，则当其他非基变量等于 0 时，$x_4=-6$，$x_5=-4$。显然它不是一个可行解。所以，剩余变量 x_4 和 x_5 的系数矩阵不能构成一个可行基。

为了能直观地从系数矩阵 **A** 中得到一个可行基，我们可在系数矩阵 **A** 中加上一列，使其变为

$$\boldsymbol{A}=\begin{pmatrix}2&1&1&-1&0&0\\1&1&0&0&-1&1\end{pmatrix}\tag{1.106}$$

即将上述标准形线性规划的约束方程转化为

$$\begin{cases}2x_1+x_2-x_4+x_6=6\\ x_1+x_2+x_3-x_5=4\\ x_1,x_2,x_3,x_4,x_5,x_6\geqslant 0\end{cases}\tag{1.107}$$

其中，变量 x_6 称为人工变量。这样，变量 x_3 和 x_6 系数矩阵可构成一个单位矩阵，即可构成一个初始可行基，以变量 x_3 和 x_6 为初始基变量，其他变量为非基变量 0，则可得一初始基础可行解

$$\boldsymbol{X}^{(0)}=(0,0,4,0,0,6)^{\mathrm{T}}$$

上面我们为了能直观地得到一个初始基础可行解，在方程组(1.104)标准形线性规划约束条件的第一个约束方程左边加上一个人工变量 x_6，从而使人工变量 x_6 和原有的决策变量 x_3 的系数共同组成一个单位矩阵，并以该单位矩阵为可行基得到一个初始基础可行解。这种在约束方程中加上人工变量来得到初始基础可行解的方法称为人工变量法。

显然，方程组(1.104)标准形线性规划约束条件的第一个约束方程已严格为“=”，在其左边加上一个人工变量 $x_6\geqslant 0$ 后，可能破坏该约束方程。但如果人工变量 $x_6=0$，则该约束方程不会被破坏。

我们知道,对于任何一个基础可行解,非基变量都是等于0,所以,人工变量在初始基础可行解中虽然不等于0,但如果在后面迭代过程中,能把所有人工变量转变为非基变量,则所有人工变量都将等于0,这样,原有的约束方程就不会被破坏。但如果在迭代过程中,已得到最优解(即满足最优解检验条件),而基变量中还有人工变量,或有最优解时所有人工变量不全部等于0,则原线性规划无解,即不存在满足所有约束方程的可行解。

将人工变量从初始基础可行解中转变为非基变量的方法主要有:(1)大M法;(2)两阶段法。下面我们分别讨论。

1.4.2 大M法

对于目标函数为$\max f(x)$的标准形线性规划,人工变量在目标函数中的价值系数取$-M$。M为一个很大的正数。这样做的目的是为了使人工变量尽快从基变量转变为非基变量。另外,保证人工变量一旦被转变为非基变量后,不会再转变为基变量。因为在单纯形迭代运算过程中,某一变量从非基变量经过迭代运算变成基变量后,是有可能再经过迭代运算变成基变量。读者从例1.6的表1.8中可以发现,从序号1到序号2的第1步迭代过程中,变量x_5从基变量变成非基变量,但从序号3到序号4的第3步迭代过程中,变量x_5又非从基变量变成基变量。

我们以例1.9的线性规划为例,在其式(1.104)的标准线性规划的目标函数中加上人工变量x_6及其价值系数$-M$,则有如下线性规划:

$$\max g(x)=-10x_1-8x_2-7x_3+0x_4+0x_5-Mx_6$$
$$\text{s.t.}\begin{cases}2x_1+x_2-x_4+x_6=6\\x_1+x_2+x_3-x_5=4\\x_1,x_2,x_3,x_4,x_5\geqslant 0\end{cases}\tag{1.108}$$

采用单纯形算法求解上述线性规划,求解过程如表1.9所示。

在表1.9序号为1的初始单纯形表中,x_6和x_3为基变量,其他变量为非基变量。由该初始单纯形表可知,初始基础可行解为

$$\boldsymbol{X}^{(0)}=(x_1,x_2,x_3,x_4,x_5,x_6)^{\mathrm{T}}=(0,0,4,0,0,6)^{\mathrm{T}}$$

以该初始可行解出发,经过两次迭代后,得到表1.9序号为3的单纯形表。从该单纯形表中可知,所有非基变量(x_3,x_4,x_5,x_6)的检验数均小于0,且人工变量x_6已被转换为非基变量,所以该单纯表中的基础可行解就是最优解。即

$$\boldsymbol{X}^{(*)}=\boldsymbol{X}^{(2)}=(x_1,x_2,x_3,x_4,x_5,x_6)^{\mathrm{T}}=(2,2,0,0,0,0)^{\mathrm{T}}$$

最优解时的目标函数值为$f(\boldsymbol{X}^{(*)})=-(-10\times 2-8\times 2)=36$。

在手工计算时,为了尽量减少计算量,加入的人工变量个数应尽量少。为此,我们可通过观察所求线性规划的标准化后的技术系数矩阵,看看已有几个列向量可以构成单位矩阵,从而确定加入人工变量的最少个数。如在上例中,变量x_3的系数列向量可构成单位矩阵的一个分量,所以只在第1个约束方程加入人工变量x_6。该人工变量的系数列向量与变量x_3的系数列向量刚好构成一个单位矩阵。当然,如果用大M法编写计算机算法程序时,通常都是将不是小于等于0的约束方程都加上一个人工变量。因为,计算机当然不在乎增加一些计算量,而更在乎算法步骤的简洁性。

表 1.9 采用大 M 法求解例 1.9 的单纯形表迭代过程

序号	C_B	X_B	b	x_1	x_2	x_3	x_4	x_5	x_6	b_i'/a_{ik}'
				−10	−8	−7	0	0	$-M$	
1	$-M$	x_6	6	(2)	1	0	−1	0	1	(3)
	−7	x_3	4	1	1	1	0	−1	0	4
	$-6M-28$			$-2M-7$	$-M-7$	−7	M	7	$-M$	
				$2M-3$	$M-1$	0	$-M$	−7	0	
2	−10	x_1	3	1	1/2	0	−1/2	0	1/2	6
	−7	x_3	1	0	(1/2)	1	1/2	−1	−1/2	(2)
	−37			−10	−17/2	−7	3/2	7	−3/2	
				0	1/2	0	−3/2	−7	$-M+3/2$	
3	−10	x_1	2	1	0	−1	−1	1	1	
	−8	x_2	2	0	1	2	1	−2	−1	
	−36			−10	−8	−6	2	6	−2	
				0	0	−1	−2	−6	$-M+2$	

1.4.3 两阶段法

两阶段法是把求解线性规划的迭代过程分成两个阶段。第一阶段的任务是设法得到一个无人工变量的基础可行解。为此,先求解一个目标函数为最小,目标函数中只包含人工变量,人工变量的价值系数为1,且原问题的约束条件保持不变的线性规划问题。如对于例 1.9,其第一阶段的线性规划问题如下:

$$
\min g(x)=0x_1+0x_2+0x_3+0x_4+0x_5+x_6
$$

$$
\text{s.t.}\begin{cases}2x_1+x_2-x_4+x_6=6\\ x_1+x_2+x_3-x_5=4\\ x_1,x_2,x_3,x_4,x_5,x_6\geqslant 0\end{cases} \tag{1.109}
$$

显然,对于式(1.109)的第一阶段线性规划,由于所有人工变量均大于等于0,所以其目标函数值肯定是大于等于0。当第一阶段问题取得最优解时,如果最优解中的所有人工变量均被变换为非基变量,即所有人工变量的取值均为0,此时目标函数值为0,则我们就得到一个满足原线性规划约束条件的基础可行解。但是,如果当第一阶段问题取得最优解时,最优解中的基变量还含有人工变量,即还有人工变量的取值不为0,此时目标函数值大于0,则我们无法得到一个满足原线性规划约束条件的基础可行解,即原线性规划问题无解。

对于式(1.109)的第一阶段线性规划问题,令 $g'(x)=-g(x)$,则可将其变换为如下标准线性规划问题。

$$
\max g'(x)=0x_1+0x_2+0x_3+0x_4+0x_5-x_6
$$

$$
\text{s.t.}\begin{cases}2x_1+x_2-x_4+x_6=6\\ x_1+x_2+x_3-x_5=4\\ x_1,x_2,x_3,x_4,x_5,x_6\geqslant 0\end{cases} \tag{1.110}
$$

采用单纯形法求解上述线性规划,求解过程如表 1.10 所示。

从表 1.10 序号为 2 的单纯形表可知,第一阶段问题已得到最优解,且人工变量 x_6 已被变换为非基变量,所以就得到一个满足原有约束条件的初始基础可行解。即

$$\boldsymbol{X}^{(0)}=(x_1,x_2,x_3,x_4,x_5,x_6)^{\mathrm{T}}=(3,0,1,0,0,0)^{\mathrm{T}}$$

表 1.10 用两阶段法求解例 1.9 的第一阶段计算过程

序号	C_B	X_B	b	x_1 0	x_2 0	x_3 0	x_4 0	x_5 0	x_6 −1	b_i'/a_{ik}'
1	−1	x_6	6	(2)	1	0	−1	0	1	(6/2)
	0	x_3	4	1	1	1	0	−1	0	4/1
	OBJ=−6			−2	−1	0	1	0	−1	
				2	1	0	−1	0	0	
2	0	x_1	3	1	1/2	0	−1/2	0	1/2	
	0	x_3	1	0	1/2	1	1/2	−1	−1/2	
	OBJ=0			0	0	0	0	0	0	
				0	0	0	0	0	−1	

当利用第一阶段问题得到一个原线性规划的初始基础可行解,就可转入求解第二阶段问题。第二阶段问题是在第一阶段问题的最优单纯形表中去掉人工变量,换上所有决策变量的价值系数及其基变量所在列的价值系数,以第一阶段的最优解(去掉人工变量)作为第二阶段的初始基础可行解,然后再按照单纯形法求第二阶段问题的最优解。

根据表 1.10 序号为 2 的最优单纯形表,可得例 1.9 的第二阶段问题的初始单纯形表,如表 1.11 序号为 1 的单纯形表。该初始单纯表经过一次迭代后即可得到如表 1.11 序号为 2 的最优单纯形表。从该最优单纯形表中可知,最优解为

$$\boldsymbol{X}^{(*)}=(x_1,x_2,x_3,x_4,x_5)^{\mathrm{T}}=(2,2,0,0,0)^{\mathrm{T}}$$

最优目标函数值为 $f(\boldsymbol{X}^{(*)})=36$。其结果与利用大 M 法求解的结果是一致的。

表 1.11 例 1.9 的第二阶段问题的单纯形表求解过程

序号	C_B	X_B	b	x_1 −10	x_2 −8	x_3 −7	x_4 0	x_5 0	b_i'/a_{ik}'
1	−10	x_1	3	1	1/2	0	−1/2	0	3/0.5
	−7	x_3	1	0	(1/2)	1	1/2	−1	(1/0.5)
	OBJ=−37			−10	−17/2	−7	−3/2	7	
				0	1/2	0	−3/2	−7	
2	−10	x_1	2	1	0	−1	−1	1	
	−8	x_2	2	0	1	2	1	−2	
	OBJ=−36			−10	−8	−6	2	6	
				0	0	−1	−2	−6	

1.4.4 单纯形法的一些具体问题

1. 无界解

在利用单纯形法求解目标函数最大的线性规划问题时,如果换入变量 x_k 所在列所有的技术系数均小于等于 0,即 $a'_{ik} \leqslant 0$ $(i=1,2,\cdots,m)$,则利用最小规则无法得到一个换出变量,此时,原线性规划为无界解。下面,我们看一个无界解的线性规划实例。

例 1.10 求解下列线性规划问题。

$$\max f(x)=x_1+x_2$$
$$\text{s.t.}\begin{cases}-2x_1+x_2\leqslant 100\\ x_1-x_2\leqslant 50\\ x_1,x_2\geqslant 0\end{cases} \tag{1.111}$$

解 对上述线性规划标准化后,可得到初始单纯形表如表 1.12 中序号 1 的部分。该初始单纯形表经过一次迭代后得到表 1.12 中序号 2 的部分。从该单纯形表中可知 x_2 为换入变量,但换入变量 x_2 所在列的技术系数均小于 0,所以原线性规划为无界解。

表 1.12 例 1.10 的单纯形表及其迭代过程

序号	C_B	X_B	b	x_1	x_2	x_3	x_4	b_i'/a_{ik}'
				1	1	0	0	
1	0	x_3	100	−2	1	1	0	—
	0	x_4	50	(1)	−1	0	1	(50/1)
		OBJ=0		0	0	0	0	
				1	1	0	0	
2	0	x_3	200	0	−1	1	2	
	1	x_1	50	1	−1	0	1	
		OBJ=50		1	−1	0	1	
				0	2	0	−1	

图 1.5 给出了上述线性规划的可行域,从该图中可见,可行域是开区间的,目标函数等值线可无限向上移动,即目标函数值趋向无穷大,线性规划为无界解。

2. 退化解

在大多数情况下,基础可行解中的非零分量个数等于约束方程的个数 m。如果某一基础可行解中的非零分量个数小于约束方程的个数 m,即有一些基变量的值等于 0,则该基础可行解为退化解。下面我们给出具有退化解线性规划的一个实例。

例 1.11 求解如下线性规划问题。

$$\max f(x)=3x_1+4x_2$$
$$\text{s.t.}\begin{cases}x_1+x_2\leqslant 40\\ 2x_1+x_2\leqslant 60\\ x_1-x_2=0\\ x_1,x_2\geqslant 0\end{cases} \tag{1.112}$$

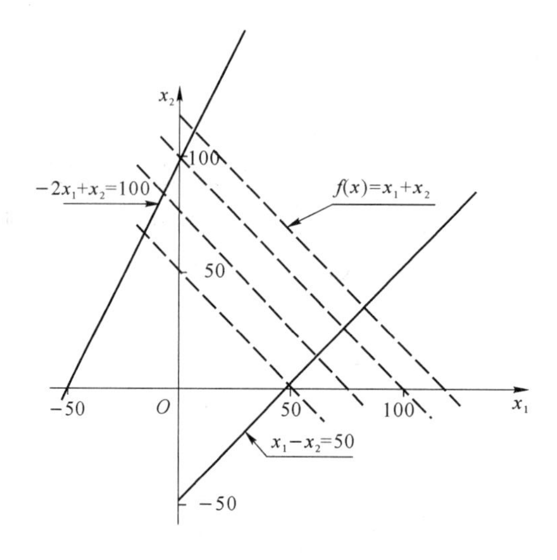

图 1.5 例 1.10 的图解

解 将上述线性规划标准化后,在第 3 个约束方程加上一个人工变量 x_5,并采用大 M 法求解该线性规划,则可得该线性规划的初始单纯形表如表 1.13 序号 1 的部分。初始单纯形表经过两次迭代后,得到最优单纯形表如表 1.13 序号 3 的部分。

从表 1.13 中可知,该线性规划问题的初始基础可行解就是退化解,该初始基础可行解经过一次迭代后得到的基础可行解仍然是退化解,而且从初始基础可行解到该基础可行解,目标函数值均为 0,没有得到改善。

表 1.13 例 1.11 的单纯形表及其迭代过程

序号	$\boldsymbol{C}_B$	$\boldsymbol{X}_B$	$\boldsymbol{b}$	x_1	x_2	x_3	x_4	x_5	b_i'/a_{ik}'
				3	4	0	0	$-M$	
1	0	x_3	40	1	1	1	0	0	40/1
	0	x_4	60	2	1	0	1	0	60/2
	$-M$	x_5	0	(1)	-1	0	0	1	(0)
		OBJ=0		$-M$	M	0	0	$-M$	
				$M+3$	$4-M$	0	0	1	
2	0	x_3	40	0	(2)	1	0	-1	(40/2)
	0	x_4	60	0	(3)	0	1	-2	(60/3)
	3	x_1	0	1	-1	0	0	1	—
		OBJ=0		3	-3	0	0	3	
				0	7	0	0	$-M-3$	
3	4	x_2	20	0	1	0.5	0	-0.5	
	0	x_4	0	0	0	-0.5	1	-0.5	
	3	x_1	20	1	0	0.5	0	0.5	
		OBJ=140		3	4	3.5	0	-0.5	
				0	0	-3.5	0	$-M+0.5$	

另外，从表1.13序号3部分的最优单纯形表中可知，该线性规划的最优解也是退化解。

一般来说，在如下情况会出现退化解：

(1) 某些约束条件的右端系数为0，初始基础可行解为退化解；

(2) 退化的基变量为出变量，则入变量的值也为0；

(3) 迭代计算时，使某一右端系数变换为0；

(4) 约束条件为等式，且所有约束方程不是相互独立，此时，不仅出现退化解，而且最优解也是退化解。

在求解线性规划过程中，如果出现退化解，有时迭代过程会出现死循环现象。即某一基础可行解经过若干次迭代后又重新恢复到该基础可行解，而且循环不止，从而无法求得原线性规划问题最优解。

为了避免出现死循环，在求解线性规划时，可采用Bland(勃兰特)规则。该规则规定在确定换入变量和换出变量时，按如下规则。

(1) 换入变量。在所有大于0的非基变量检验数中，取其下标最小的检验数所对应的非基变量为入变量。

(2) 换出变量。当按最小原则确定换出变量时，如果有两个或两个以上最小比值时，取下标最小所对应的基变量为换出变量。

按Bland(勃兰特)规则确定换入和换出变量肯定可以避免出现死循环，但其计算效率可能会有所降低。

3. 多重解

如果某一线性规划有多个最优解，即多个最优解的基变量组成虽然不同，但其目标函数值相等，则称该线性规划具有多重最优解，简称多重解。

在求解某一线性规划时，当某个基础可行解已满足最优检验条件下，存在一个非基变量的检验数等于0，则该线性规划具有多重最优解。下面我们给出一个具有多重最优的线性规划实例。

例1.12　求解如下线性规划问题。

$$\max f(x)=40x_1+45x_2+25x_3$$

$$\text{s.t.}\begin{cases}2x_1+3x_2+x_3\leqslant 100\\3x_1+3x_2+2x_3\leqslant 120\\x_1,x_2,x_3\geqslant 0\end{cases}\tag{1.113}$$

解　将上述线性规划标准化后可得到表1.14序号1的初始单纯形表。该初始单纯形表经过若干次迭代后，可得到表1.14序号2和3的最优单纯形表。从这两个最优单纯形表中可知，它们的最优解分别为

$$\boldsymbol{X}_1^*=(x_1,x_2,x_3,x_4,x_5)^{\mathrm{T}}=(20,20,0,0,0)^{\mathrm{T}}$$

$$\boldsymbol{X}_2^*=(x_1,x_2,x_3,x_4,x_5)^{\mathrm{T}}=(0,80/3,20,0,0)^{\mathrm{T}}$$

显然，这两个最优解的基变量的组成不同，但它们的目标函数值相等，即$f(\boldsymbol{X}_1^*)=f(\boldsymbol{X}_2^*)=1\,700$。

表 1.14　例 1.12 的单纯形表及其迭代过程

序号	C_B	X_B	b	x_1 40	x_2 45	x_3 25	x_4 0	x_5 0	b_i'/a_{ik}'
1	0	x_4	100	2	(3)	1	1	0	(100/3)
	0	x_5	120	3	3	2	0	1	40
		OBJ=0		0	0	0	0	0	
				40	45	24	0	0	
⋮		…迭 …代 …过 …程							
2	45	x_2	20	0	1	−1/3	1	−2/3	—
	40	x_1	20	1	0	(1)	−1	1	(20)
		OBJ=1 700		40	45	25	5	10	
				0	0	0	−5	−10	
3	45	x_2	80/3	1/3	1	0	2/3	−1/3	
	25	x_3	20	1	0	1	−1	1	
		OBJ=1 700		40	45	25	5	10	
				0	0	0	−5	−10	

如果某一线性规划问题有两个最优解 $\boldsymbol{X}_1$ 和 $\boldsymbol{X}_2$，则这两个最优的线性凸组合肯定也是该线性规划问题的最优解。即

$$\boldsymbol{X}=\alpha\boldsymbol{X}_1+(1-\alpha)\boldsymbol{X}_2 \tag{1.114}$$

也是给定线性规划的最优解。其中 $\alpha\geqslant 0$。

根据式(1.114)，可得到例 1.12 最优解的一般表达式如下

$$\boldsymbol{X}=\alpha(20,20,0,0,0)^{\mathrm{T}}+(1-\alpha)(0,26.27,20,0,0)^{\mathrm{T}}$$

若令 $\alpha=0.25$，则可得例 1.12 的另一个最优解为

$$\begin{aligned}\boldsymbol{X}_3^* &=0.25(40,45,0,0,0)^{\mathrm{T}}+0.75(0,26.27,20,0,0)^{\mathrm{T}}\\ &=(5,25,15,0,0)^{\mathrm{T}}\end{aligned}$$

容易验证，$\boldsymbol{X}_3^*$ 的目标函数值仍然为 $f(\boldsymbol{X}_3^*)=1\,700$。

从几何意义上来说，若某一线性规划具有多重最优解，则该线性规划的目标函数与可行域的某一边界平行。最优解为可行域的某一边界。

4. 无可行解

对于某一线性规划问题，当采用大 M 法求解时，若在满足最优解条件时，还有人工变量为基变量，即人工变量不等于 0，则该线性规划无可行解；或当采用两阶段法求解时，若第一阶段问题在满足最优解条件时，还有人工变量为基变量，即无法得到满足原线性规划约束条件的初始基础可行解，则该线性规划无可行解。下面我们给出一个无可行解的线性规划问题实例。

例 1.13　求解如下线性规划问题。

$$\max\ f(x)=2x_1+x_2+x_3$$

$$\text{s.t.}\begin{cases} x_1+x_2+2x_3\geqslant 1 \\ x_1-x_2-x_3\geqslant 2 \\ -x_1+x_2+x_3\geqslant 1 \\ x_1,x_2,x_3\geqslant 0 \end{cases} \tag{1.115}$$

解 采用两阶段法求解上述线性规划问题。将上述线性规划问题约束方程引入剩余变量 x_4,x_5,x_6 和引入人工变量 x_7,x_8,x_9 后，其约束方程为

$$\begin{cases} x_1+x_2+2x_3-x_4+x_7=1 \\ x_1-x_2-x_3-x_5+x_8=2 \\ -x_1+x_2+x_3-x_6+x_9=1 \\ x_1,x_2,x_3,x_4,x_5,x_6,x_7,x_8,x_9\geqslant 0 \end{cases} \tag{1.116}$$

第一阶段的线性规划问题为

$$\max g(x)=-x_7-x_8-x_9$$

$$\text{s.t.}\begin{cases} x_1+x_2+2x_3-x_4+x_7=1 \\ x_1-x_2-x_3-x_5+x_8=2 \\ -x_1+x_2+x_3-x_6+x_9=1 \\ x_1,x_2,x_3,x_4,x_5,x_6,x_7,x_8,x_9\geqslant 0 \end{cases} \tag{1.117}$$

第一阶段的线性规划问题的单纯形表及其求解过程如表 1.15 所示。

从表 1.15 序号 2 的单纯形中可知，第一阶段问题已达到最优解，但人工变量 x_8,x_9 还在基变量中，即无法找到满足原线性规划约束条件的初始基础可行解，所以原线性规划无可行解。

从几何意义上来说，线性规划无可行解表示线性规划问题的可行域为空集。对特定的实际问题来说，若某一线性规划问题无可行解，则说明该线性规划问题的约束条件过严，某些约束条件互相矛盾，或某些约束条件不符合实际情况。这时应重新调整互相矛盾的约束条件，或修改不符合实际情况的约束条件，以便使给定的线性规划问题存在可行解。

表 1.15 例 1.13 的单纯形表及其迭代过程

序号	C_B	X_B	b	x_1	x_2	x_3	x_4	x_5	x_6	x_7	x_8	x_9	b_i'/a_{ik}'
				0	0	0	0	0	0	−1	−1	−1	
1	−1	x_7	1	1	1	(2)	−1	0	0	1	0	0	(1/2)
	−1	x_8	2	1	−1	−1	0	−1	0	0	1	0	—
	−1	x_9	1	−1	1	1	0	0	−1	0	0	1	1
	OBJ=−4			−1	−1	−2	1	1	1	−1	−1	−1	
				1	1	2	−1	−1	−1	0	0	0	
2	0	x_3	1/2	1/2	1/2	1	−1/2	0	0	1/2	0	0	
	−1	x_8	5/2	3/2	−1/2	0	−1/2	−1	0	1/2	1	0	
	−1	x_9	1/2	−3/2	1/2	0	1/2	0	1	−1/2	0	1	
	OBJ=−3			0	0	0	0	1	1	0	−1	−1	
				0	0	0	0	−1	−1	−1	0	0	

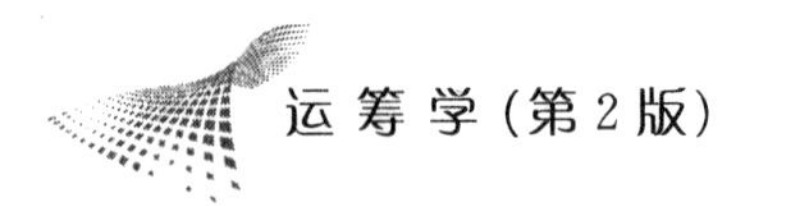

1.5 改进单纯形法

1.5.1 单纯形法的矩阵描述

用矩阵描述单纯形虽然比较抽象,但却很简洁,有助于对单纯形法的加深理解,并为下一节讨论改进单纯形法等打下基础。

我们以大家熟悉的线性规划背景模型(max, ≤)进行分析。线性规划背景模型的矩阵形式如下:

$$\max f(x)=\boldsymbol{CX}$$
$$\text{s.t.}\begin{cases}\boldsymbol{AX}\leqslant \boldsymbol{b}\\ \boldsymbol{X}\geqslant \boldsymbol{0}\end{cases} \tag{1.118}$$

其中,$\boldsymbol{A}=\begin{pmatrix}a_{11} & a_{12} & \cdots & a_{1n}\\ a_{21} & a_{22} & \cdots & a_{2n}\\ \vdots & \vdots & & \vdots\\ a_{m1} & a_{m2} & \cdots & a_{mn}\end{pmatrix}$为技术系数矩阵;

$\boldsymbol{C}=(c_1,c_2,\cdots,c_n)$;

$\boldsymbol{X}=(x_1,x_2,\cdots,x_n)^{\mathrm{T}}$;

$\boldsymbol{b}=(b_1,b_2,\cdots,b_m)^{\mathrm{T}}$;

$\boldsymbol{0}=(0,0,\cdots,0)^{\mathrm{T}}$ 表示 $\boldsymbol{0}$ 矩阵。

将上述线性规划的约束方程加入松弛变量 $\boldsymbol{X}_{\mathrm{S}}=(x_{s1},x_{s2},\cdots,x_{sm})$得到如下标准形线性规划:

$$\max f(x)=\boldsymbol{CX}+\boldsymbol{0X}_{\mathrm{S}}$$
$$\text{s.t.}\begin{cases}\boldsymbol{AX}+\boldsymbol{IX}_{\mathrm{S}}=\boldsymbol{b}\\ \boldsymbol{X}\geqslant\boldsymbol{0},\boldsymbol{X}_{\mathrm{S}}\geqslant\boldsymbol{0}\end{cases} \tag{1.119}$$

其中,$\boldsymbol{I}$ 为 $m\times m$ 阶单位矩阵。目标函数中松弛变量 $\boldsymbol{X}_{\mathrm{S}}$ 的系数 $\boldsymbol{0}$ 是一列 $\boldsymbol{0}$ 矩阵。

对于(1.119)标准形线性规划,以松弛变量 $\boldsymbol{X}_{\mathrm{S}}$ 对应的系数矩阵单位矩阵 I 作为初始可行基 $\boldsymbol{B}$,对应的松弛变量 $\boldsymbol{X}_{\mathrm{S}}$ 为初始基变量,记为 $\boldsymbol{X}_{\mathrm{B}}$,其余变量为初始非基变量,记为 $\boldsymbol{X}_{\mathrm{N}}$。

令非基变量 $\boldsymbol{X}_{\mathrm{N}}=\boldsymbol{0}$,则可得到对应于当前初始可行基 $\boldsymbol{B}$(为单位矩阵)的初始基础可行解 $\boldsymbol{X}=(\boldsymbol{X}_{\mathrm{B}},\boldsymbol{X}_{\mathrm{N}})=(\boldsymbol{b},\ \boldsymbol{0})$,对应的目标函数值为 $f(\boldsymbol{X})=\boldsymbol{0}$。并以该初始基础可行解 $\boldsymbol{X}=(\boldsymbol{X}_{\mathrm{B}},\boldsymbol{X}_{\mathrm{N}})=(\boldsymbol{b},\ \boldsymbol{0})$为切入点开始进行迭代运算。

一般地,对于任一标准形线性规划,在某一步迭代运算中,设 $\boldsymbol{B}$ 是其可行基,$\boldsymbol{X}_{\mathrm{B}}$ 是对应的基变量,其余的变量为非基变量,记为 $\boldsymbol{X}_{\mathrm{N}}$,因此,我们可将决策变量分为两部分,记为 $\boldsymbol{X}=(\boldsymbol{X}_{\mathrm{B}},\ \boldsymbol{X}_{\mathrm{N}})^{\mathrm{T}}$;在对应的目标函数中,基变量 $\boldsymbol{X}_{\mathrm{B}}$ 的价值系数为 $\boldsymbol{C}_{\mathrm{B}}$,非基变量 $\boldsymbol{X}_{\mathrm{N}}$ 的价值系数为 $\boldsymbol{C}_{\mathrm{N}}$,即目标函数价值系数为 $\boldsymbol{C}=(\boldsymbol{C}_{\mathrm{B}},\boldsymbol{C}_{\mathrm{N}})$;对应的约束方程中,基变量 $\boldsymbol{X}_{\mathrm{B}}$ 的技术系数矩阵为 $\boldsymbol{B}$,非基变量 $\boldsymbol{X}_{\mathrm{N}}$ 的技术系数矩阵为 $\boldsymbol{A}_{\mathrm{N}}$,即约束方程技术系数矩阵为 $\boldsymbol{A}=(\boldsymbol{B},\boldsymbol{A}_{\mathrm{N}})$。则该标准形线性规划可用矩阵形式表示如下:

$$\max f(x)=\boldsymbol{CX}=\boldsymbol{C}_{\mathrm{B}}\boldsymbol{X}_{\mathrm{B}}+\boldsymbol{C}_{\mathrm{N}}\boldsymbol{X}_{\mathrm{N}}$$
$$\text{s.t.}\begin{cases}\boldsymbol{AX}=\boldsymbol{BX}_{\mathrm{B}}+\boldsymbol{A}_{\mathrm{N}}\boldsymbol{X}_{\mathrm{N}}=\boldsymbol{b}\\ \boldsymbol{X}_{\mathrm{B}}\geqslant\boldsymbol{0},\boldsymbol{X}_{\mathrm{N}}\geqslant\boldsymbol{0}\end{cases} \tag{1.120}$$

由于 $\boldsymbol{B}$ 是可行基，其逆矩阵 $\boldsymbol{B}^{-1}$ 存在，所以，上述线性规划中的约束方程可写成

$$\boldsymbol{X}_{\mathrm{B}}=\boldsymbol{B}^{-1}(\boldsymbol{b}-\boldsymbol{A}_{\mathrm{N}}\boldsymbol{X}_{\mathrm{N}}) \tag{1.121}$$

将上式 $\boldsymbol{X}_{\mathrm{B}}$ 代入线性规划(1.120)中的目标函数，整理后可得

$$f(\boldsymbol{X})=\boldsymbol{C}_{\mathrm{B}}\boldsymbol{B}^{-1}\boldsymbol{b}+(\boldsymbol{C}_{\mathrm{N}}-\boldsymbol{C}_{\mathrm{B}}\boldsymbol{B}^{-1}\boldsymbol{A}_{\mathrm{N}})\boldsymbol{X}_{\mathrm{N}} \tag{1.122}$$

在式(1.121)中，令非基变量 $\boldsymbol{X}_{\mathrm{N}}=0$，则可得到对应于当前可行基 $\boldsymbol{B}$ 的基础可行解 $\boldsymbol{X}=(\boldsymbol{X}_{\mathrm{B}},\boldsymbol{X}_{\mathrm{N}})=(\boldsymbol{B}^{-1}\boldsymbol{b},\boldsymbol{0})$，对应的目标函数值为 $f(\boldsymbol{X})=\boldsymbol{C}_{\mathrm{B}}\boldsymbol{B}^{-1}\boldsymbol{b}$。

由式(1.122)可见，非基变量 $\boldsymbol{X}_{\mathrm{N}}$ 的系数($\boldsymbol{C}_{\mathrm{N}}-\boldsymbol{C}_{\mathrm{B}}\boldsymbol{B}^{-1}\boldsymbol{A}_{\mathrm{N}}$)就是1.3.3节中式(1.78)非基变量检验数。所以对于(1.120)标准形线性规划，对应某一可行基 $\boldsymbol{B}$ 的最优检验条件用矩阵形式可表示如下：

$$\sigma_{\mathrm{N}}=(\boldsymbol{C}_{\mathrm{N}}-\boldsymbol{C}_{\mathrm{B}}\boldsymbol{B}^{-1}\boldsymbol{A}_{\mathrm{N}})\leqslant\boldsymbol{0} \tag{1.123}$$

即在式(1.122)中，非基变量 $\boldsymbol{X}_{\mathrm{N}}$ 的系数向量($\boldsymbol{C}_{\mathrm{N}}-\boldsymbol{C}_{\mathrm{B}}\boldsymbol{B}^{-1}\boldsymbol{A}_{\mathrm{N}}$)的所有分量都小于等于0时，则该线性规划的目标函数在当前基 $\boldsymbol{B}$ 下取得最大值，即 $\max f(\boldsymbol{X})=\boldsymbol{C}_{\mathrm{B}}\boldsymbol{B}^{-1}\boldsymbol{b}$，对应的基础可行解 $\boldsymbol{X}=(\boldsymbol{B}^{-1}\boldsymbol{b},\ \boldsymbol{0})$ 为最优解；否则，当前基 $\boldsymbol{B}$ 不是最优基，对应的基础可行解 $\boldsymbol{X}$ 也不是最优解，需要求得另一个更好的基础可行解，即进入下一次迭代计算。

若非基变量 $\boldsymbol{X}_{\mathrm{N}}$ 的系数向量($\boldsymbol{C}_{\mathrm{N}}-\boldsymbol{C}_{\mathrm{B}}\boldsymbol{B}^{-1}\boldsymbol{A}_{\mathrm{N}}$)有一些分量大于0，则取其中数值最大的一个分量 σ_k 所对应的非基变量分量 x_k 作为换入变量分量。

对于某一非最优可行基 $\boldsymbol{B}$，确定换出变量时，可用如下矩阵形式表示：

$$\theta_l=\min\left\{\frac{(\boldsymbol{B}^{-1}\boldsymbol{b})_i}{(\boldsymbol{B}^{-1}\boldsymbol{P}_k)_i}\,\middle|\,(\boldsymbol{B}^{-1}\boldsymbol{P}_k)_i>0\right\}=\frac{(\boldsymbol{B}^{-1}\boldsymbol{b})_{i^*}}{(\boldsymbol{B}^{-1}\boldsymbol{P}_k)_{i^*}} \tag{1.124}$$

其中，$\boldsymbol{P}_k$ 为标准形线性规划(1.120)技术系数矩阵 $\boldsymbol{A}$ 中换入变量 x_k 的系数列向量。

根据式(1.124)的计算结果，基变量向量 $\boldsymbol{X}_{\mathrm{B}}$ 中的第 i^* 分量 x_l 为换出变量。当然，如果式(1.124)的计算结果为空集，则为无界解。

确定了换入变量 x_k 和换出变量 x_l，就可以得到新的可行基和对应的基变量和非基变量，求得一个新的更好的基础可行解，并按式(1.123)进行最优检验。

1.5.2 改进单纯形法

采用单纯形表求解线性规划时，存在如下一些不足：

(1) 每一步迭代计算都必须在上一步迭代计算的数据基础上进行，这样如果利用计算机程序计算时，就必须存储每一步的迭代的计算结果数据，因此，所需的存储量大；

(2) 存在一些不必要的计算量。

针对上述不足，提出了改进单纯形算法。改进单纯形算法通过矩阵运算求解线性规划。从式(1.121)～式(1.124)可见，当下一个基的逆矩阵已有时，对应这个基的基础可行解、目标函数值、检验数和换出变量确定都不需要从上一张单纯形表中的数据获得，只要保留有线性规划的原始数据就可以了。

由于改进单纯形算法通过矩阵运算求解线性规划,从式(1.121)~式(1.124)可知,其关键是计算某一可行基 $\boldsymbol{B}$ 的逆矩阵 $\boldsymbol{B}^{-1}$。其基本方法可通过初等变换求得,即按如下初等变换进行:

$$(\boldsymbol{B}\,|\,\boldsymbol{I}) \Rightarrow (\boldsymbol{I}\,|\,\boldsymbol{B}^{-1}) \tag{1.125}$$

下面我们通过例子说明改进单纯形算法具体计算过程。

例 1.14 用改进单纯形算法求解如下线性规划。

$$\max f(x) = 2x_1 + 3x_2 + 0x_3 + 0x_4 + 0x_5$$

$$\text{s.t}\begin{cases} x_1 + 2x_2 + x_3 = 8 \\ 4x_1 + x_4 = 16 \\ 4x_2 + x_5 = 12 \\ x_1, x_2, x_3, x_4, x_5 \geqslant 0 \end{cases} \tag{1.126}$$

解 (1) 列出技术系数矩阵 $\boldsymbol{A}$,选择初始可行基及对应的基变量等。

上述线性规划的系数矩阵为

$$\boldsymbol{A} = (\boldsymbol{P}_1, \boldsymbol{P}_2, \boldsymbol{P}_3, \boldsymbol{P}_4, \boldsymbol{P}_5) = \begin{pmatrix} 1 & 2 & 1 & 0 & 0 \\ 4 & 0 & 0 & 1 & 0 \\ 0 & 4 & 0 & 0 & 1 \end{pmatrix} \tag{1.127}$$

从系数矩阵 $\boldsymbol{A}$ 中可知,x_3、x_4 和 x_5 的系数列向量 $\boldsymbol{P}_3$,$\boldsymbol{P}_4$ 和 $\boldsymbol{P}_5$ 可构成一个可行基 $\boldsymbol{B}_0$(初始基)。

$$\boldsymbol{B}_0 = (\boldsymbol{P}_3, \boldsymbol{P}_4, \boldsymbol{P}_5) = \begin{pmatrix} 1 & 0 & 0 \\ 0 & 1 & 0 \\ 0 & 0 & 1 \end{pmatrix} \tag{1.128}$$

显然,初始基 $\boldsymbol{B}_0$ 是单位矩阵,其逆矩阵 $\boldsymbol{B}_0^{-1}$ 也是单位矩阵。初始基变量 $\boldsymbol{X}_{\mathbf{B}_0} = (x_3, x_4, x_5)^{\mathrm{T}}$,对应目标函数价值 $\boldsymbol{C}_{\mathbf{B}_0} = (0,0,0)$,初始非基变量 $\boldsymbol{X}_{\mathbf{N}_0} = (x_1, x_2)^{\mathrm{T}}$,对应目标函数价值 $\boldsymbol{C}_{\mathbf{N}_0} = (2,3)$,对应的非基变量技术系数矩阵 $\boldsymbol{A}_{\mathbf{N}_0} = (\boldsymbol{P}_1, \boldsymbol{P}_2)$

(2) 最优检验。

由于初始基 $\boldsymbol{B}_0$ 的非基变量检验数向量

$$\boldsymbol{\sigma}_{\mathbf{N}_0} = \boldsymbol{C}_{\mathbf{N}_0} - \boldsymbol{C}_{\mathbf{B}_0}\boldsymbol{B}_0^{-1}\boldsymbol{A}_{\mathbf{N}_0} = (2,3) - (0,0,0)\begin{pmatrix} 1 & 0 & 0 \\ 0 & 1 & 0 \\ 0 & 0 & 1 \end{pmatrix}\begin{pmatrix} 1 & 2 \\ 4 & 0 \\ 0 & 4 \end{pmatrix} = (2,3) > 0$$

所以,初始基 $\boldsymbol{B}_0$ 不是最优基。上面的非基变量检验数向量第 2 个分量值最大,所以对应初始非基变量 $\boldsymbol{X}_{\mathbf{N}_0} = (x_1, x_2)^{\mathrm{T}}$ 的第 2 个分量 x_2 为换入变量。即 $x_{\mathrm{k}} = x_2$。

(3) 确定换出变量,得到新的可行基及对应的基变量等。

按最小比例原则计算

$$\theta_l = \min\left\{\frac{(\boldsymbol{B}_0^{-1}\boldsymbol{b})_i}{(\boldsymbol{B}_0^{-1}\boldsymbol{P}_2)_i} \,\middle|\, (\boldsymbol{B}_0^{-1}\boldsymbol{P}_2)_i > 0\right\} = \min\left\{\frac{8}{2}, -, \frac{12}{4}\right\} = \frac{12}{4} = 3$$

从上面计算结果可以看出,第 3 个分量值最小,即 $i^* = 3$,对应基变量 $\boldsymbol{X}_{\mathbf{B}_0} = (x_3, x_4, x_5)^{\mathrm{T}}$ 的第 3 个分量 x_5 为换出变量,即 $x_l = x_5$。

根据以上确定的换出变量 x_5、换入变量 x_2 和初始基 $\boldsymbol{B}_0=(\boldsymbol{P}_3,\boldsymbol{P}_4,\boldsymbol{P}_5)$，得到新的可行基 $\boldsymbol{B}_1=(\boldsymbol{P}_3,\boldsymbol{P}_4,\boldsymbol{P}_2)$，对应的基变量 $\boldsymbol{X}_{\mathbf{B}_1}=(x_3,x_4,x_2)^{\mathrm{T}}$，对应的 $\boldsymbol{C}_{\mathbf{B}_1}=(0,0,3)$，对应的非基变量 $\boldsymbol{X}_{\mathrm{N}_1}=(x_1,x_5)^{\mathrm{T}}$，对应的 $\boldsymbol{C}_{\mathrm{N}_1}=(2,0)$，对应的非基变量技术系数矩阵 $\boldsymbol{A}_{\mathrm{N}_1}=(\boldsymbol{P}_1,\boldsymbol{P}_5)$。

（4）最优检验。

由于可行基 $\boldsymbol{B}_1$ 的非基变量检验数向量

$$\boldsymbol{\sigma}_{\mathrm{N}_1}=\boldsymbol{C}_{\mathrm{N}_1}-\boldsymbol{C}_{\mathbf{B}_1}\boldsymbol{B}_1^{-1}\boldsymbol{A}_{\mathrm{N}_1}=(2,0)-(0,0,3)\begin{pmatrix}1&0&-1/2\\0&1&0\\0&0&1/4\end{pmatrix}\begin{pmatrix}1&0\\4&0\\0&1\end{pmatrix}=(2,-3/4)$$

所以，可行基 $\boldsymbol{B}_1$ 不是最优基。上面的非基变量检验数向量第 1 个分量值最大，所以对应非基变量 $\boldsymbol{X}_{\mathrm{N}_1}=(x_1,x_5)^{\mathrm{T}}$ 的第 1 个分量 x_1 为换入变量，即 $x_k=x_1$。

（5）确定换出变量，得到新的可行基及对应的基变量等。

按最小比例原则计算

$$\theta_l=\min\left\{\frac{(\boldsymbol{B}_1^{-1}\boldsymbol{b})_i}{(\boldsymbol{B}_1^{-1}\boldsymbol{P}_1)_i}\,\middle|\,(\boldsymbol{B}_1^{-1}\boldsymbol{P}_1)_i>0\right\}=\min\left\{\frac{2}{1},\frac{16}{4},\frac{3}{0}\right\}=\frac{2}{1}=2$$

从上面计算结果可以看出，第 1 个分量值最小，即 $i^*=1$，对应基变量 $\boldsymbol{X}_{\mathbf{B}_1}=(x_3,x_4,x_2)^{\mathrm{T}}$ 的第 1 个分量 x_3 为换出变量，即 $x_l=x_3$。

根据以上确定的换出变量 x_3、换入变量 x_1 和可行基 $\boldsymbol{B}_1=(\boldsymbol{P}_3,\boldsymbol{P}_4,\boldsymbol{P}_2)$，得到新的可行基 $\boldsymbol{B}_2=(\boldsymbol{P}_1,\boldsymbol{P}_4,\boldsymbol{P}_2)$，对应的基变量 $\boldsymbol{X}_{\mathbf{B}_2}=(x_1,x_4,x_2)^{\mathrm{T}}$，对应的 $\boldsymbol{C}_{\mathbf{B}_2}=(2,0,3)$，对应的非基变量 $\boldsymbol{X}_{\mathrm{N}_2}=(x_3,x_5)^{\mathrm{T}}$，对应的 $\boldsymbol{C}_{\mathrm{N}_2}=(0,0)$，对应的非基变量技术系数矩阵 $\boldsymbol{A}_{\mathrm{N}_2}=(\boldsymbol{P}_3,\boldsymbol{P}_5)$。

（6）最优检验。由于可行基 $\boldsymbol{B}_2$ 的非基变量检验数向量

$$\boldsymbol{\sigma}_{\mathrm{N}_2}=\boldsymbol{C}_{\mathrm{N}_2}-\boldsymbol{C}_{\mathbf{B}_2}\boldsymbol{B}_2^{-1}\boldsymbol{A}_{\mathrm{N}_2}=(0,0)-(2,0,3)\begin{pmatrix}1&0&-1/2\\-4&1&0\\0&0&1/4\end{pmatrix}\begin{pmatrix}1&0\\0&0\\0&1\end{pmatrix}=(-2,1/4)$$

所以，可行基 $\boldsymbol{B}_2$ 不是最优基。上面的非基变量检验数向量第 2 个分量值最大，所以对应非基变量 $\boldsymbol{X}_{\mathrm{N}_2}=(x_2,x_5)^{\mathrm{T}}$ 的第 2 个分量 x_5 为换入变量，即 $x_k=x_5$。

（7）确定换出变量，得到新的可行基及对应的基变量等。

按最小比例原则计算

$$\theta_l=\min\left\{\frac{(\boldsymbol{B}_2^{-1}\boldsymbol{b})_i}{(\boldsymbol{B}_2^{-1}\boldsymbol{P}_5)_i}\,\middle|\,(\boldsymbol{B}_2^{-1}\boldsymbol{P}_5)_i>0\right\}=\min\left\{-,\frac{8}{2},\frac{3}{1/4}\right\}=\frac{8}{2}=4$$

从上面计算结果可以看出，第 2 个分量值最小，即 $i^*=2$，对应基变量 $\boldsymbol{X}_{\mathbf{B}_2}=(x_1,x_4,x_2)^{\mathrm{T}}$ 的第 2 个分量 x_4 为换出变量，即 $x_l=x_4$。

根据以上确定的换出变量 x_4、换入变量 x_5 和可行基 $\boldsymbol{B}_2=(\boldsymbol{P}_1,\boldsymbol{P}_4,\boldsymbol{P}_2)$，得到新的可行基 $\boldsymbol{B}_3=(\boldsymbol{P}_1,\boldsymbol{P}_5,\boldsymbol{P}_2)$，对应的基变量 $\boldsymbol{X}_{\mathbf{B}_3}=(x_1,x_5,x_2)^{\mathrm{T}}$，对应的 $\boldsymbol{C}_{\mathbf{B}_3}=(2,0,3)$，对应的非基变量 $\boldsymbol{X}_{\mathrm{N}_3}=(x_3,x_4)^{\mathrm{T}}$，对应的 $\boldsymbol{C}_{\mathrm{N}_3}=(0,0)$，对应的非基变量技术系数矩阵 $\boldsymbol{A}_{\mathrm{N}_3}=(\boldsymbol{P}_3,\boldsymbol{P}_4)$。

（8）最优检验。

由于可行基 $\boldsymbol{B}_3$ 的非基变量检验数向量

$$\boldsymbol{\sigma}_{\mathrm{N}_3}=\boldsymbol{C}_{\mathrm{N}_3}-\boldsymbol{C}_{\mathbf{B}_3}\boldsymbol{B}_3^{-1}\boldsymbol{A}_{\mathrm{N}_3}=(0,0)-(2,0,3)\begin{pmatrix}0&1/4&0\\-2&1/2&1\\1/2&1/8&0\end{pmatrix}\begin{pmatrix}1&0\\0&1\\0&0\end{pmatrix}=(-3/3,-1/8)\leqslant 0$$

所以,可行基 $\boldsymbol{B}_3$ 是最优基。对应的最优解为

$$\boldsymbol{X}^*=\boldsymbol{X}_3=\boldsymbol{B}_3^{-1}\boldsymbol{b}=\begin{pmatrix}0&1/4&0\\-2&1/2&1\\1/2&1/8&0\end{pmatrix}\begin{pmatrix}8\\16\\12\end{pmatrix}=\begin{pmatrix}4\\4\\2\end{pmatrix}$$

对应的最优目标函数值为

$$f(\boldsymbol{X}^*)=\boldsymbol{C}_{\mathrm{B}_3}\boldsymbol{B}_3^{-1}\boldsymbol{b}=\boldsymbol{C}_{\mathrm{B}_3}\boldsymbol{X}^*=(2,0,3)\begin{pmatrix}4\\4\\2\end{pmatrix}=14$$

在上面计算过程中,我们略去了可行基 $\boldsymbol{B}_1$,$\boldsymbol{B}_2$ 和 $\boldsymbol{B}_3$ 逆矩阵的计算过程,而采用直接给出其逆矩阵的计算结果。由于要采用独立的求逆算法,所以,改进单纯形法并不适合手工计算,而是一种适合计算机程序的计算方法。

建议读者将上面改进单纯形法计算过程与表 1.8 单纯形表计算进行比较,该线性规划的可行基 $\boldsymbol{B}_1$,$\boldsymbol{B}_2$ 和 $\boldsymbol{B}_3$ 的逆矩阵分别是表 1.8 序号 2,3 和 4 中的松弛变量 x_1,x_2,x_3的技术系数矩阵。

1.6 线性规划建模案例分析

1.6.1 线性规划建模基本步骤

对于一个生产管理中的具体问题,当要建立其线性规划数学模型时,通常要考虑如下问题:

(1) 所讨论问题的目标是否可用一线性函数来描述;

(2) 所讨论问题是否存在多种解决方案及其相关数据;

(3) 所要达到的目标是在一定约束条件下可以实现,且这些约束条件可用线性方程来表示。

当明确所讨论的问题可用线性规划来描述时,建立其线性规划模型的步骤为:

(1) 确定一目标;

(2) 选择一组决策变量;

(3) 列出目标函数和所有的约束方程。

上面 3 个步骤中,步骤(1)和步骤(2)尤其重要。其中步骤(1)要确定一适当的目标并能够用恰当的方式进行表示,有时直接表示问题的目标有困难时,可用等价方式表示;步骤(2)要求选择一组合理的决策变量,用这些变量能够方便地列出步骤(3)的目标函数和所有约束方程。

1.6.2 节我们将通过两个实际案例来进行讨论。

1.6.2 线性规划建模案例分析

案例 1.1

某工厂生产用 2 单位 A 和 1 单位 B 混合而成的成品出售，市场无限制。A 和 B 可在该工厂的 3 个车间中的任何车间生产，生产每单位的 A 和 B 在各车间消耗的工时见表 1.16。试建立使产品数最大的线性规划模型。

表 1.16 各车间消耗的工时表

消耗工时	车间 1	车间 2	车间 3
A	2	1	1.5
B	1	2	1.5
可用工时	100	120	100

解 上述问题看似比较简单，目标是使产品数最大，决策变量分别是车间 1、车间 2 和车间 3 生产产品零件 A 和 B 的数量。但是，一个产品是由 2 单位 A 零件和 1 单位 B 零件组成，所以直接表示产品数最大有一定困难，为此，我们考虑如下等价表示方式。

(1) 产品数最大等价于：零件 B 数最大，且零件 A 的总数满足是零件 B 的总数两倍；

(2) 产品数最大等价于：零件 A 数最大，且零件 B 的总数满足是零件 A 的总数 1/2 倍。

有了以上分析后，我们就可以着手建立该问题的线性规划模型。由于产品数和零件 B 数相同，我们采用上面第一种等价表示。为此设：

设车间 1 生产 x_{1A}单位 A、生产 x_{1B}单位 B；

设车间 2 生产 x_{2A}单位 A、生产 x_{2B}单位 B；

设车间 3 生产 x_{3A}单位 A、生产 x_{3B}单位 B；

产品数为 $f(x)$。

则上面生产优化安排的线性规划模型如下：

$$\max f(x)=x_{1B}+x_{2B}+x_{3B}$$

$$\text{s.t.}\begin{cases}2x_{1A}+x_{1B}\leqslant 100\\ x_{2A}+2x_{2B}\leqslant 120\\ 1.5x_{3A}+1.5x_{3B}\leqslant 100\\ x_{1A}+x_{2A}+x_{3A}\geqslant 2(x_{1B}+x_{2B}+x_{3B})\\ x_{iA},x_{iB}\geqslant 0,\quad i=1,2,3\end{cases}$$

其中，目标函数 $\max f(x)$和第 4 个约束方程一起等价表示产品数最大。

另外，在上面线性规划数学模型中，第 4 个约束方程我们采取“≥”，而不是采用“＝”。也许有的读者会认为应该用“＝”。持有该想法读者的理由是：题目明确给出一个产品由 2 单位 A 和 1 单位 B 混合而成，采用“≥”还可能造成零件 A 的浪费，所以应该用“＝”。

第 4 个约束方程我们采取“≥”的理由是：“≥”包含“＝”，“≥”的可行域大于“＝”的可行域，可行域扩大将有助于解的质量或对应的目标质量改进。题目的目标是产品数最大，至于是否会造成零件 A 的浪费则不是题目关心的主要问题。

事实上,在建立某一问题的线性规划数学模型时,其约束条件尽量不能用“=”,而应该尽量用“≥”或“≤”来替代“=”,除非题目明确规定某一约束条件必须严格用“=”。这是一个很普遍适用的一般原则问题,因为“=”约束条件太强,它将严重限制问题解的质量或对应的目标质量的改进。

案例 1.2

某饮料工厂按照一定的配方将 A、B、C 3 种原料配成 3 种饮料出售。配方规定了这 3 种饮料中 A 和 C 的极限成分,具体见表 1.17。

表 1.17 各种饮料中 A、C 成分表

饮料品种	规格(%)	单价/(元·L^{-1})	需求量/L
甲(1)	$A\geqslant60$, $C\leqslant20$	6.80	1 500
乙(2)	$A\geqslant15$, $C\leqslant60$	5.70	3 000
丙(3)	$C\leqslant50$	4.50	无限制

A、B、C 3 种原料每月的供应量和每升的价格见表 1.18。

表 1.18 A、B、C 原料每月供应量和每升价格

	供应量/(L·月$^{-1}$)	价格/(元·L^{-1})
A	2 000	7.00
B	2 500	5.00
C	1 200	4.00

饮料甲、乙和丙分别由不同比例的 A、B、C 调兑而成,设调兑后不同成分的体积不变,求最大收益的生产方案的线性规划模型。

解 上述问题是要确定原料 A,B 和 C 的购买量和饮料甲、乙和丙的生产量,使得在满足规定约束条件下,饮料厂的总收益或利润最大。

建立该问题的线性规划模型的主要问题是如何选择决策变量,如果直接选择 A,B 和 C 的购买量和饮料甲、乙和丙的生产量 6 个变量作为决策变量,那将无法表示饮料甲、乙和丙中的 A 和(或)C 的规格要求。为此,我们设:

x_{1A}为饮料甲中 A 的总含量 (单位:L);

x_{2A}为饮料乙中 A 的总含量 (单位:L);

x_{3A}为饮料丙中 A 的总含量 (单位:L);

x_{1B}为饮料甲中 B 的总含量 (单位:L);

x_{2B}为饮料乙中 B 的总含量 (单位:L);

x_{3B}为饮料丙中 B 的总含量 (单位:L);

x_{1C}为饮料甲中 C 的总含量 (单位:L);

x_{2C}为饮料乙中 C 的总含量 (单位:L);

x_{3C}为饮料丙中 C 的总含量 (单位:L);

$f(x)$为饮料厂的总利润。

则该问题的线性规划模型如下：

$$\max f(x)=6.8(x_{1A}+x_{1B}+x_{1C})+5.7(x_{2A}+x_{2B}+x_{2C})+4.5(x_{3A}+x_{3B}+x_{3C})-7.0(x_{1A}+x_{2A}+x_{3A})-5.0(x_{1B}+x_{2B}+x_{3B})-4.0(x_{1C}+x_{2C}+x_{3C})$$
$$=-0.2x_{1A}+1.8x_{1B}+2.8x_{1C}-1.3x_{2A}+0.7x_{2B}+1.7x_{2C}-2.5x_{3A}-0.5x_{3B}+0.5x_{3C}$$

$$\text{s.t.}\begin{cases}x_{1A}+x_{1B}+x_{1C}\leqslant 1\,500 & \\ x_{2A}+x_{2B}+x_{2C}\leqslant 3\,000 & \text{需求约束}\\ x_{1A}+x_{2A}+x_{3A}\leqslant 2\,000 & \\ x_{1B}+x_{2B}+x_{3B}\leqslant 2\,500 & \text{资源约束}\\ x_{1C}+x_{2C}+x_{3C}\leqslant 1\,200 & \\ -0.4x_{1A}+0.6x_{1B}+0.6x_{1C}\leqslant 0 & \\ -0.2x_{1A}-0.2x_{1B}+0.8x_{1C}\leqslant 0 & \text{甲配方约束}\\ -0.85x_{2A}+0.15x_{2B}+0.15x_{2C}\leqslant 0 & \\ -0.6x_{2A}-0.6x_{2B}+0.4x_{2C}\leqslant 0 & \text{乙配方约束}\\ -0.5x_{3A}-0.5x_{3B}+0.5x_{3C}\leqslant 0 & \text{丙配方约束}\\ x_{iA},x_{iB},x_{iC}\geqslant 0,i=1,2,3 & \end{cases}$$

当然，上述线性规划模型不可能用手工求解，而必须用计算机软件进行求解。也许，有些读者会觉得上述线性规划问题很复杂，其实不然，该线性规划模型变量数只有9个。事实上，计算机软件求解数十个或上百个的线性规划模型是很容易实现的。

1.7 习题讲解与分析

习题1.1 表1.19中给出某求极大化问题的单纯形表，问表中 g_1,g_2,d 的取值范围如何，以及 x_3,x_4,x_5 为何种变量时，有

(1) 表中有唯一最优解；

(2) 表中有多(最优)解；

(3) 下一步迭代将以 x_1 替换基变量 x_5；

(4) 该线性规划问题无可行解。

表1.19 某求极大化问题的单纯形表

X_B	b	x_1	x_2	x_3	x_4	x_5
x_3	d	4	3	1	0	0
x_4	2	−1	−5	0	1	0
x_5	3	3	−3	0	0	1
c_j-z_j		g_1	g_2	0	0	0

解 习题1.1主要考核线性规划解的一些基本概念、单纯形算法的基本步骤和线性规划变量的类型等。

(1) $d\geqslant 0,g_1<0,g_2<0,x_3,x_4,x_5$ 为非人工变量；

(2) $d \geqslant 0, g_1 \leqslant 0, g_2 \leqslant 0$,且 g_1, g_2 中至少有一个为 0,x_3, x_4, x_5 为非人工变量;

(3) $g_1 > 0$,且 $g_1 > g_2, d > 4$;

(4) $d \geqslant 0, g_1 \leqslant 0, g_2 \leqslant 0$,且 x_3, x_4, x_5 至少一个为人工变量。

习题 1.2 表 1.20 为用单纯形法计算时的某一步表格。已知该线性规划的目标函数为 $\max f(x) = 5x_1 + 3x_2$,约束形式为$\leqslant$,x_3, x_4 为松弛变量,表中解代入目标函数后得 $f(x) = 10$。

表 1.20 某求极大化问题某一步的单纯形表

C_B	X_B	b	x_1	x_2	x_3	x_4
			5	3	0	0
0	x_3	2	C	0	1	1/5
5	x_1	a	d	e	0	1
$c_j - z_j$			b	-1	f	g

(1) 求 $a-g$ 的值;

(2) 表中给出的解是否为最优解。

解 习题 1.2 主要考核线性规划单纯形迭代算法程中某一步目标函数值与其基本量值之间的相互关系、检验数的计算公式和最优解的判定等。

(1) 根据式(1.76)和表 1.20 中的数据等,可得

$$0 \times 2 + 5 \times a = 10 \quad \Rightarrow a = 2;$$

根据检验数计算式(1.78)、基变量检验数等于 0 和表 1.20 中的数据等计算第 1 个变量的检验数可得

$$5 - (0 \times c + 5 \times d) = b = 0, \Rightarrow d = 1;$$

类似计算第 2,3,4 个变量的检验数,可得

$$3 - (0 \times c + 5 \times e) = -1, \Rightarrow e = 4/5$$

$$0 - (0 \times 1 + 5 \times 0) = f, \quad \Rightarrow f = 0$$

$$0 - (0 \times 1/5 + 5 \times 1) = g \Rightarrow g = -5$$

(2) 根据最优检验式(1.99)可得,表中给出的解为最优解。

习题 1.3 线性规划为 $\max \boldsymbol{Z} = \boldsymbol{CX}, \boldsymbol{AX} = \boldsymbol{b}, \boldsymbol{X} >= 0$;设 $\boldsymbol{X}^0$ 为最优解,若目标函数中用 $\boldsymbol{C}^*$ 代替 $\boldsymbol{C}$ 后,问题的最优解变为 $\boldsymbol{X}^*$,求证

$$(\boldsymbol{C}^* - \boldsymbol{C})(\boldsymbol{X}^* - \boldsymbol{X}^0) >= 0$$

解 习题 1.3 主要考核线性规划最优解和可行解的基本概念。注意到,当原线性规划的目标函数中用 $\boldsymbol{C}^*$ 代替 $\boldsymbol{C}$ 后,约束条件并没有改变这一事实可知,$\boldsymbol{X}^0$ 和 $\boldsymbol{X}^*$ 都是原线性规划的可行解。因此可得

$$\boldsymbol{CX}^0 >= \boldsymbol{CX}^* \Rightarrow \boldsymbol{CX}^0 - \boldsymbol{CX}^* >= 0$$

和

$$\boldsymbol{C}^* \boldsymbol{X}^* >= \boldsymbol{C}^* \boldsymbol{X}^0 \Rightarrow \boldsymbol{C}^* \boldsymbol{X}^* - \boldsymbol{C}^* \boldsymbol{X}^0 >= 0$$

两式相加整理后可得

$(\boldsymbol{C}^* - \boldsymbol{C})(\boldsymbol{X}^* - \boldsymbol{X}^0) >= 0$,证毕。

习题 1.4 有一线性规划,原问题目标函数为 max 型,有 3 个决策变量,第 1 行约束为

“≤”型，对应松弛变量为 x_4， 第 2 行约束为“≥”型，对应剩余变量为 x_5，第 3 行约束为“≤”型，对应松弛变量为 x_6，用原单纯形法求解得到的该线性规划的最优单纯形表 1.21。

表 1.21 某线性规划的最优单纯形表

		c_j	10	5	1	0	0	0
$\boldsymbol{C}_B$	$\boldsymbol{X}_B$	$\boldsymbol{b}$	x_1	x_2	x_3	x_4	x_5	x_6
5	x_2	5	0	1	0	1	0	−1/2
1	x_3	0	0	0	1	−1	−2	−1
10	x_1	0	1	0	0	0	1	1
	OBJ=25	z_j	10	5	1	4	8	6.5
		c_j-z_j	0	0	0	−4	−8	6.5

(1) 该线性规划问题最优解出现什么现象；

(2) 求 x_1，x_2，x_3 对应的原技术系数矩阵 $\boldsymbol{A}$。

解 习题 1.4 主要考核线性规划无解的概念、在初始单纯性表中松弛变量和剩余变量系数列向量的特征和单纯性法迭代算法的基本原理。单纯性法迭代算法对约束方程的计算过程实际上就是线性方程组的初等变换过程。

(1) 从表 1.21 最优单纯形表可见，基变量 x_1 和 x_3 的数值等于 0，所以该线性规划问题最优解为退化解。

(2) 注意到已知条件，第 1 行约束为“≤”型，对应松弛变量为 x_4，第 2 行约束为“≥”型，对应剩余变量为 x_5，第 3 行约束为“≤”型，对应松弛变量为 x_6，利用反初等变换，将表 1.21 的最优单纯形表中 x_4，x_5 和 x_6 的系数列向量变换成初始单纯性表的列向量。具体计算过程如下：

$$\begin{pmatrix} 0 & 1 & 0 & 1 & 0 & -1/2 \\ 0 & 0 & 1 & -1 & -2 & -1 \\ 1 & 0 & 0 & 0 & 1 & 1 \end{pmatrix} \Rightarrow \begin{pmatrix} 0 & 1 & 0 & 1 & 0 & -1/2 \\ 0 & 0 & 1 & -1 & -2 & -1 \\ 1 & 0 & 0 & 0 & 1 & 1 \end{pmatrix} \Rightarrow$$

$$\begin{pmatrix} 0 & 1 & 0 & 1 & 0 & -1/2 \\ 0 & 1 & 1 & 0 & -2 & -3/2 \\ 1 & 0 & 0 & 0 & 1 & 1 \end{pmatrix} \Rightarrow \begin{pmatrix} 0 & 1 & 0 & 1 & 0 & -1/2 \\ 0 & 1/2 & 1/2 & 0 & -1 & -3/4 \\ 1 & 0 & 0 & 0 & 1 & 1 \end{pmatrix} \Rightarrow$$

$$\begin{pmatrix} 0 & 1 & 0 & 1 & 0 & -1/2 \\ 0 & 1/2 & 1/2 & 0 & -1 & -3/4 \\ 1 & 1/2 & 1/2 & 0 & 0 & 1/4 \end{pmatrix} \Rightarrow \begin{pmatrix} 0 & 1 & 0 & 1 & 0 & -1/2 \\ 0 & 1/2 & 1/2 & 0 & -1 & -3/4 \\ 4 & 2 & 2 & 0 & 0 & 1 \end{pmatrix} \Rightarrow$$

$$\begin{pmatrix} 2 & 2 & 1 & 1 & 0 & 0 \\ 3 & 2 & 2 & 0 & -1 & 0 \\ 4 & 2 & 2 & 0 & 0 & 1 \end{pmatrix}$$

所以，x_1，x_2，x_3 对应的原技术系数矩阵 $\boldsymbol{A}$ 为

$$\boldsymbol{A}=\begin{pmatrix} 2 & 2 & 1 \\ 3 & 2 & 2 \\ 4 & 2 & 2 \end{pmatrix}$$

第2章 对偶理论与灵敏度分析

2.1 线性规划问题的对偶问题及其变换

2.1.1 线性规划对偶问题的提出及其经济意义

线性规划对偶理论是线性规划理论中一个非常重要和有趣的概念。支持线性规划对偶理论的主要背景是每个线性规划问题都有一个与之对应的对偶线性规划问题。线性规划问题与其对偶线性规划问题在模型的表现形式和问题的解之间存在许多联系。让我们首先从多产品生产问题引出其对偶规划模型,并揭示其经济含义。

例 2.1 某工厂要用 25 个单位的 A 资源和 15 个单位的 B 资源生产 4 种产品,这 4 种产品的单位利润和对 A 资源和 B 资源的单位消耗量见表 2.1 所示。

表 2.1 单位利润和单位消耗量表

	产品 1	产品 2	产品 3	产品 4
A 资源消耗量	1	2	2	−3
B 资源消耗量	2	1	−1	2
单位利润	1	3	−3	4

问该工厂应如何安排生产才能使工厂的总利润最大?

显然,这是一个用两种资源生产 4 种产品的背景模型,即产品最优生产计划问题。设 x_1,x_2,x_3,x_4 分别代表产品 1、2、3、4 的生产量,$f(x)$为工厂的总利润,则上述问题可用如下线性规划模型来表示:

$$\max f(x)=x_1+3x_2-3x_3+4x_4$$

$$\text{s.t.}\begin{cases} x_1+2x_2+2x_3-3x_4\leqslant 25 & \text{A 资源} \\ 2x_1+x_2-1x_3+2x_4\leqslant 15 & \text{B 资源} \\ x_1,x_2,x_3,x_4\geqslant 0 \end{cases} \tag{2.1}$$

现假设有一商人要向厂方购买资源 A 和 B,问厂方销售原料 A 和 B 的最优竞争价格模型是怎样的呢?

从拥有资源的工厂来说,是否要出售资源 A 和资源 B 取决于商人给出资源 A 和资源 B

的价格。工厂失去资源就意味着失去这些资源加工生产后产生的利润，因此工厂出售资源A和资源B的条件是：出售A资源和B资源的收入应不低于用同等数量资源由自己组织生产相应产品时所获得的利润。设商人开出的A资源和B资源的价格分别为 y_1 和 y_2，则工厂在满足如下条件时可出售A资源和B资源。

$$\begin{cases} y_1+2y_2\geqslant 1 & \text{产品 1 的所得} \\ 2y_1+y_2\geqslant 3 & \text{产品 2 的所得} \\ 2y_1-1y_2\geqslant -3 & \text{产品 3 的所得} \\ -3y_1+2y_2\geqslant 4 & \text{产品 4 的所得} \\ y_1, y_2\geqslant 0 \end{cases} \tag{2.2}$$

另外，从商人的角度来说，他们希望以最小的代价购买工厂的A资源和B资源。设商人的付出的代价为 $g(y)$，则有

$$\min g(y)=25y_1+15y_2 \tag{2.3}$$

显然 $y_1\geqslant 0, y_2\geqslant 0$。综合式(2.2)和式(2.3)，可得工厂和商人的原料价格模型为

$$\min g(y)=25y_1+15y_2$$
$$\begin{cases} y_1+2y_2\geqslant 1 & \text{产品 1 的所得} \\ 2y_1+y_2\geqslant 3 & \text{产品 2 的所得} \\ 2y_1-1y_2\geqslant -3 & \text{产品 3 的所得} \\ -3y_1+2y_2\geqslant 4 & \text{产品 4 的所得} \\ y_1, y_2\geqslant 0 \end{cases} \tag{2.4}$$

有些读者可能会问，式(2.3)或式(2.4)的目标函数为什么取min？是否可取max呢？这是由于在满足式(2.2)的条件下，工厂出售A资源和B资源肯定不会吃亏，即约束条件已充分考虑的工厂的利益。因此，目标函数就必须从商人的角度考虑，使商人的付出最小。如果目标函数还从工厂的角度考虑，让商人的付出最大，则线性规划(2.4)将会无解。即商人不会购买工厂的原料，原料买卖无法成交。

上述两个模型(2.1)和(2.4)都是线性规划模型，通常把前者称为线性规划原问题，后者称为线性规划对偶问题。

仔细观察和分析线性规划原问题(2.1)和其线性规划对偶问题(2.4)后，我们发现，原问题是典型的多产品生产问题(max，$\leqslant$)型，对偶问题则是典型的营养配餐问题(min，$\geqslant$)型。再仔细观察，这两个线性规划模型之间的系数还存在着对偶关系，原问题的价值系数和右端项成为对偶问题的右端项和价值系数，对偶问题的技术系数矩阵是原问题技术系数矩阵的转置。

如同矩阵求逆的运算，原矩阵和逆矩阵是互为逆矩阵。因此，若原问题为营养配餐问题，其对偶问题则为多产品生产问题。此时的经济解释是对配餐营养成分实行外包。

事实上，任何一个线性规划模型都有一个对应的对偶规划模型，这两个模型之间的表现形式和系数之间存在许多相互关系。这些关系我们将在后面进行讨论。

2.1.2 原问题及其对偶问题的表达形式

在线性规划对偶理论中，我们通常把如下线性规划称为线性规划原问题的标准形式。

这里我们并不要求右端项的非负性。

$$\max f(x)=c_1x_1+c_2x_2+\cdots+c_nx_n$$

$$\text{s.t.}\begin{cases}a_{11}x_1+a_{12}x_2+\cdots+a_{1n}x_n\leqslant b_1\\ a_{21}x_1+a_{22}x_2+\cdots+a_{2n}x_n\leqslant b_2\\ \qquad\vdots\\ a_{m1}x_1+a_{m2}x_2+\cdots+a_{mn}x_n\leqslant b_n\\ x_1,x_2,\cdots,x_n\geqslant 0\end{cases}\tag{2.5}$$

而通常把如下线性规划称为线性规划对偶问题的标准形式。

$$\min g(y)=b_1y_1+b_2y_2+\cdots+b_my_m$$

$$\text{s.t.}\begin{cases}a_{11}y_1+a_{21}y_2+\cdots+a_{m1}y_m\geqslant c_1\\ a_{12}y_1+a_{22}y_2+\cdots+a_{m2}y_m\geqslant c_2\\ \qquad\vdots\\ a_{1n}y_1+a_{2n}y_2+\cdots+a_{mn}y_m\geqslant c_n\\ y_1,y_2,\cdots,y_m\geqslant 0\end{cases}\tag{2.6}$$

若用矩阵形式表示,则原问题和对偶问题分别可写成如下形式。

原问题:

$$\max f(x)=\boldsymbol{CX}$$

$$\text{s.t.}\begin{cases}\boldsymbol{AX}\leqslant\boldsymbol{b}\\ \boldsymbol{X}\geqslant\boldsymbol{0}\end{cases}\tag{2.7}$$

对偶问题:

$$\min g(y)=\boldsymbol{Yb}$$

$$\text{s.t.}\begin{cases}\boldsymbol{YA}\geqslant\boldsymbol{C}\\ \boldsymbol{Y}\geqslant\boldsymbol{0}\end{cases}\tag{2.8}$$

上两式中:

$$\boldsymbol{A}=\begin{pmatrix}a_{11} & a_{12} & \cdots & a_{1n}\\ a_{21} & a_{22} & \cdots & a_{2n}\\ \vdots & \vdots & & \vdots\\ a_{m1} & a_{m2} & \cdots & a_{mn}\end{pmatrix}$$

$$\boldsymbol{X}=(x_1,x_2,\cdots,x_n)^{\mathrm{T}}$$

$$\boldsymbol{Y}=(y_1,y_2,\cdots,y_m)$$

$$\boldsymbol{C}=(c_1,c_2,\cdots,c_n)$$

$$\boldsymbol{b}=(b_1,b_2,\cdots,b_m)^{\mathrm{T}}$$

观察分析线性规划原问题标准形式及其对偶问题的标准形式,我们可发现,按如下规则,可从线性规划原问题的标准形式得到其对偶问题的标准形式。

(1) 目标函数由 max 型变为 min 型;

(2) 对应原问题每个约束行有一个对偶变量 y_i,$i=1,2,\cdots,m$;

(3) 对偶问题约束为$\geqslant$型,有 n 行;

(4) 原问题的价值系数 $\boldsymbol{C}$ 变换为对偶问题的右端项;

(5) 原问题的右端项 $\boldsymbol{b}$ 变换为对偶问题的价值系数;

(6) 原问题的技术系数矩阵 $\boldsymbol{A}$ 转置后成为对偶问题的技术系数矩阵。

根据上述变换规则，我们可直接写出某一标准线性规划原问题的对偶问题。

例 2.2 写出如下线性规划的对偶规划。

$$\max f(x)=3x_1+4x_2+6x_3+4x_4$$
$$\text{s.t.}\begin{cases}x_1+4x_2+2x_3-3x_4\leqslant 35\\3x_1+x_2+5x_3+6x_4\leqslant 45\\x_1,x_2,x_3,x_4\geqslant 0\end{cases}\tag{2.9}$$

显然，上述线性规划是一个标准形式的线性规划原问题，根据前述的变换规则，可直接得到其对偶规划如下：

$$\min g(y)=35y_1+45y_2$$
$$\text{s.t.}\begin{cases}y_1+3y_2\geqslant 3\\4y_1+y_2\geqslant 4\\2y_1+5y_2\geqslant 6\\-3y_1+6y_2\geqslant 4\\y_1,y_2\geqslant 0\end{cases}\tag{2.10}$$

但是线性规划并不总是标准形式，如果给定的原问题不是标准形式时，我们可按照类似于第1章线性规划标准化的方法，将非标准形式的线性规划原问题变换为标准形式的线性规划原问题。下面，我们通过具体例子来说明。

例 2.3 求下列线性规划的对偶规划。

$$\max f(x)=4x_1+5x_2$$
$$\text{s.t.}\begin{cases}3x_1+2x_2\leqslant 20\\4x_1-3x_2\geqslant 10\\x_1+x_2=5\\x_2\pm\text{不限},x_1\geqslant 0\end{cases}\tag{2.11}$$

解 (1) 标准化。将第2个约束方程两端同乘-1；第3个约束方程分解为一个“$\leqslant$”型和一个“$\geqslant$”型的约束方程替代，并将其中“$\geqslant$”型的约束方程两端同乘-1；将正负不限的变量x_2用$x_2'-x_2''$替代，则可将(2.11)的线性规划变换为如下标准形式的线性规划原问题。

$$\max f(x)=4x_1+5x_2'-5x_2''$$
$$\text{s.t.}\begin{cases}3x_1+2x_2'-2x_2''\leqslant 20\\-4x_1+3x_2'-3x_2''\leqslant -10\\x_1+x_2'-x_2''\leqslant 5\\-x_1-x_2'+x_2''\leqslant -5\\x_1,x_2',x_2''\geqslant 0\end{cases}\tag{2.12}$$

(2) 应用标准形式的线性规划原问题的变换规则，可得

$$\min h(w)=20w_1-10w_2+5w_3-5w_4$$
$$\text{s.t.}\begin{cases}3w_1-4w_2+w_3-w_4\geqslant 4\\2w_1+3w_2+w_3-w_4\geqslant 5\\-2w_1-3w_2-w_3+w_4\geqslant -5\\w_1,w_2,w_3,w_4\geqslant 0\end{cases}\tag{2.13}$$

(3) 整理变换。

令 $y_1=w_1, y_2=-w_2, y_3=w_3-w_4$,则经整理后可得

$$\min g(y)=20y_1+10y_2+5y_3$$

$$\text{s.t.}\begin{cases}3y_1+4y_2+y_3\geqslant 4\\2y_1-3y_2+y_3=5\\y_1\geqslant 0, y_2\leqslant 0, y_3\pm\text{不限}\end{cases}\tag{2.14}$$

现在我们直接比较式(2.11)的线性规划原问题和式(2.14)的线性规划对偶问题,可以得到,在一般情况下,任何一个线性规划原问题和其线性规划对偶问题,存在如表2.2所示的相互关系。

表2.2 线性规划原问题和其线性规划对偶问题的相互关系表

目标为 max 问题		目标为 min 问题
技术系数矩阵 $\boldsymbol{A}$	⇔	技术系数矩阵 $\boldsymbol{A}^{\mathrm{T}}$
价值系数 $\boldsymbol{C}$	⇔	右端项 $\boldsymbol{b}$
右端项 $\boldsymbol{b}$	⇔	价值系数 $\boldsymbol{C}$
第 i 行约束条件为 $\leqslant$ 型	⇔	决策变量 $y_i\geqslant 0$
第 i 行约束条件为 $\geqslant$ 型	⇔	决策变量 $y_i\leqslant 0$
第 i 行约束条件为 $=$ 型	⇔	决策变量 $y_i\pm$不限
决策变量 $x_j\geqslant 0$	⇔	第 j 行约束条件为 $\geqslant$ 型
决策变量 $x_j\leqslant 0$	⇔	第 j 行约束条件为 $\leqslant$ 型
决策变量 $x_j\pm$不限	⇔	第 j 行约束条件为 $=$ 型

根据表2.2原问题和其对偶问题的相互关系,对于任何一个线性规划问题,我们可以直接写出它的对偶问题,而不必先采用标准化的方法,然后再得出其对偶问题。

线性规划原问题和其对偶问题是互为对偶的。前面我们习惯上把目标函数最大的线性规划问题称为原问题。事实上,把目标函数最小的线性规划问题称为原问题也是可以的。

在使用表2.2规则写出某一线性规划的对偶规划时,要注意如下一些问题:

(1) 要看清原问题目标函数是 max 问题还是 min 问题。如果原问题目标函数是 max,在写其对偶问题时,应该利用表2.2左侧规则向右侧规则变换;而如果原问题目标函数是 min,在写其对偶问题时,则应该利用表2.2右侧规则向左侧规则变换;

(2) 如果原问题的约束条件不符合表2.2的规范要求,应该利用等价变换规则,将约束条件变换成符合表2.2的规范要求。

下面我们通过实例说明。

例2.4 写出如下线性规划的对偶规划。

$$\min f(x)=3x_1+4x_2+6x_3+4x_4$$

$$\text{s.t.}\begin{cases}|x_1+4x_2+2x_3-3x_4|\leqslant 25\\4\leqslant x_1\leqslant 12\\3x_1+\ x_2+5x_3+6x_4\leqslant 15\\2x_1+3x_2+4x_3+5x_4=10\\x_2\geqslant 0, x_3\leqslant 0, x_4\ \text{正负不限}\end{cases}\tag{2.15}$$

观察分析上述线性规划的约束方程，可以发现具有如下特点：

(1) 第一约束方程左边有绝对值符号，该约束方程可用两个约束方程等价表示；

(2) 第二约束方程也可用两个约束方程等价表示；

(3) 没有给出 x_1 变量的约束条件，但根据第二约束方程可推得，x_1 变量的约束条件为 $x_1 \geqslant 0$。

因此，上述线性规划等价于如下线性规划：

$$\min f(x) = 3x_1 + 4x_2 + 6x_3 + 4x_4$$

$$\text{s.t.} \begin{cases} x_1 + 4x_2 + 2x_3 - 3x_4 \leqslant 25 \\ x_1 + 4x_2 + 2x_3 - 3x_4 \geqslant -25 \\ x_1 \geqslant 4 \\ x_1 \leqslant 12 \\ 3x_1 + x_2 + 5x_3 + 6x_4 \leqslant 15 \\ 2x_1 + 3x_2 + 4x_3 + 5x_4 = 10 \\ x_1 \geqslant 0, x_2 \geqslant 0, x_3 \leqslant 0, x_4 \text{ 正负不限} \end{cases} \tag{2.16}$$

再注意到，原线性规划的目标函数为 min，利用表 2.2 右侧规则向左侧规则变换，可得到其对偶规划如下：

$$\max g(y) = 25y_1 - 25y_2 + 4y_3 + 12y_4 + 15y_5 + 10y_6$$

$$\text{s.t.} \begin{cases} y_1 + y_2 + y_3 + y_4 + 3y_5 + 2y_6 \leqslant 3 \\ 4y_1 + 4y_2 + y_5 + 3y_6 \leqslant 4 \\ 2y_1 + 2y_2 + 5y_5 + 4y_6 \geqslant 6 \\ -3y_1 - 3y_2 + 6y_5 + 5y_6 = 4 \\ y_1 \leqslant 0, y_2 \geqslant 0, y_3 \geqslant 0, y_4 \leqslant 0, y_5 \leqslant 0, y_6 \text{ 正负不限} \end{cases} \tag{2.17}$$

2.2　线性规划的对偶定理

线性规划的原问题和其对偶问题实际上是同一个问题从两个不同侧面得到的两个线性规划。既然是同一个问题从两个不同侧面得到的两个线性规划，则这两个线性规划之间一定存在一些联系。这种联系分为两个层面。第一个层面是模型表达形式之间的联系，这种联系就是上一节我们讨论的线性规划原问题与对偶问题的表达形式的相互变换规则，见表 2.2 所示；第二个层面是线性规划的原问题和其对偶问题解之间的内在联系。我们将在这一节通过几个定理来讨论线性规划原问题与其对偶问题解之间的内在联系。在下面讨论中，为了方便，如果没有特别说明，我们总是假设

原问题：

$$\max f(x) = \boldsymbol{CX}$$

$$\text{s.t.} \begin{cases} \boldsymbol{AX} \leqslant \boldsymbol{b} \\ \boldsymbol{X} \geqslant \boldsymbol{0} \end{cases} \tag{2.18}$$

对偶问题：

$$\min g(y) = \boldsymbol{Yb}$$

$$\text{s.t.} \begin{cases} \boldsymbol{YA} \geqslant \boldsymbol{C} \\ \boldsymbol{Y} \geqslant \boldsymbol{0} \end{cases} \tag{2.19}$$

原问题和对偶问题及它们的解有如下性质。

1. 弱对偶性

定理2.1　弱对偶定理　对偶问题(min)的任何可行解$\boldsymbol{Y}^0$,其目标函数值总是不小于原问题(max)任何可行解$\boldsymbol{X}^0$的目标函数值。

证　由于$\boldsymbol{X}^0$,$\boldsymbol{Y}^0$分别为原问题和对偶问题的可行解,由它们的约束条件有

$$\boldsymbol{AX}^0 \leqslant \boldsymbol{b} \quad ①, \quad \boldsymbol{Y}^0\boldsymbol{A} \geqslant \boldsymbol{C} \quad ②$$

将①式左乘$\boldsymbol{Y}^0$,将②式右乘$\boldsymbol{X}^0$,立刻可得$\boldsymbol{Y}^0\boldsymbol{b} \geqslant \boldsymbol{Y}^0\boldsymbol{AX}^0 \geqslant \boldsymbol{CX}^0$,证毕。

实际上,我们在多产品生产问题的对偶问题经济解释中就可以看出,由于工厂提出的条件很苛刻,因此商人如果不能谈到最优价格,工厂总是要占便宜的。

弱对偶定理推论　由弱对偶定理,容易得到如下推论。

(1) max问题的任何可行解目标函数值是其对偶min问题目标函数值的下限;min问题的任何可行解目标函数值是其对偶max问题目标函数值的上限;

(2) 如果原max(min)问题为无界解,则其对偶min(max)问题无可行解;

(3) 如果原max(min)问题有可行解,其对偶min(max)问题无可行解,则原问题为无界解。

需要说明的是,存在原问题和对偶问题同时无可行解的情况。

下面我们通过一些实例直观说明弱对偶定理及其推论的含义与应用。

例2.5　设有如下线性规划原问题

$$\max f(x)=x_1+2x_2+5x_3+2x_4$$

$$\text{s.t.}\begin{cases} x_1+2x_2+3x_3+x_4 \leqslant 20 \\ 3x_1+x_2+2x_3+3x_4 \leqslant 50 \\ 6x_1+7x_2+x_3+2x_4 \leqslant 70 \\ x_1,x_2,x_3,x_4 \geqslant 0 \end{cases} \tag{2.20}$$

则根据对偶变换规则,可得其对偶规划为

$$\min g(y)=20y_1+50y_2+70y_3$$

$$\text{s.t.}\begin{cases} y_1+3y_2+6y_3 \geqslant 1 \\ 2y_1+y_2+7y_3 \geqslant 2 \\ 3y_1+2y_2+y_3 \geqslant 5 \\ y_1+3y_2+2y_3 \geqslant 2 \\ y_1,y_2,y_3 \geqslant 0 \end{cases} \tag{2.21}$$

令$\boldsymbol{X}^0=(x_1^0,x_2^0,x_3^0,x_4^0)^{\mathrm{T}}=(1,1,1,1)^{\mathrm{T}}$,$\boldsymbol{Y}^0=(y_1^0,y_2^0,y_3^0)=(1,1,1)$,则显然$\boldsymbol{X}^0$和$\boldsymbol{Y}^0$分别为原问题和对偶问题的可行解。它们对应的目标函数值分别为

$\boldsymbol{f}(\boldsymbol{X}^0)=\boldsymbol{C}\boldsymbol{X}^0=10$,即其对偶问题目标函数值的下限不会小于10;

$\boldsymbol{g}(\boldsymbol{Y}^0)=\boldsymbol{Y}^0\boldsymbol{b}=140$,即其原问题目标函数值的上限不会大于140。

这一结果验证了弱对偶定理$\boldsymbol{C}\boldsymbol{X}^0 \leqslant \boldsymbol{Y}^0\boldsymbol{b}$。

例2.6　设有如下线性规划原问题

$$\max f(x)=x_1+x_2$$
$$\text{s.t.}\begin{cases}-2x_1+x_2\leqslant 100\\ x_1-x_2\leqslant 50\\ x_1,x_2\geqslant 0\end{cases}\tag{2.22}$$

则根据对偶变换规则,可得其对偶规划为

$$\min g(y)=100y_1+50y_2$$
$$\text{s.t.}\begin{cases}-2y_1+y_2\geqslant 1\\ y_1-y_2\geqslant 1\\ y_1,y_2\geqslant 0\end{cases}\tag{2.23}$$

令 $\boldsymbol{X}^0=(x_1^0,x_2^0)^{\mathrm{T}}=(1,1)^{\mathrm{T}}$,则显然 $\boldsymbol{X}^0$ 为原问题的可行解,即线性规划原问题有可行解;但将对偶问题的两个约束方程相加后可得 $-y_1\geqslant 2$,这显然与非负约束矛盾,所以对偶问题无可行解。根据弱对偶定理推论(3)可以判断原问题为无界解。事实上,利用单纯形法求解原问题(见第1章表1.12)可得,原问题的确为无界解,根据弱对偶定理推论(2)可以判断对偶问题无可行解。

例2.7　原问题和对偶问题同时无可行解实例。

原问题:

$$\min f(x)=x_1$$
$$\text{s.t.}\begin{cases}x_1+x_2\geqslant 1\\ -x_1-x_2\geqslant 1\\ x_1,x_2\pm\text{不限}\end{cases}\tag{2.24}$$

对偶问题:

$$\max g(y)=y_1+y_2$$
$$\text{s.t.}\begin{cases}y_1-y_2=1\\ y_1-y_2=0\\ y_1,y_2\geqslant 0\end{cases}\tag{2.25}$$

显然,上述原问题和对偶问题的两个约束方程均相互矛盾,所以,原问题和对偶问题同时无可行解。

2. 强对偶性

定理2.2　最优解判别定理　若原问题的某个可行解 $\boldsymbol{X}^0$ 的目标函数值与对偶问题某个可行解 $\boldsymbol{Y}^0$ 的目标函数值相等,则 $\boldsymbol{X}^0$, $\boldsymbol{Y}^0$ 分别是相应问题的最优解。

证　由弱对偶定理推论(1),有

$\boldsymbol{CX}^0=\boldsymbol{Y}^0\boldsymbol{b}\geqslant\boldsymbol{CX}$,即 $\boldsymbol{X}^0$ 使目标函数值最大,是原问题的最优解;

另有 $\boldsymbol{Y}^0\boldsymbol{b}=\boldsymbol{CX}^0\leqslant\boldsymbol{Yb}$,即 $\boldsymbol{Y}^0$ 使目标函数值最小,是对偶问题的最优解。

证毕。

定理2.3　强对偶定理　如果原问题和对偶问题都有可行解,则它们都有最优解,且它们的最优解的目标函数值相等。

证　由弱对偶定理推论(1)可知,原问题和对偶问题的目标函数有界,故一定存在最优解。

现证明定理的后一句话,这是最优判定定理的逆定理。采用反证法。

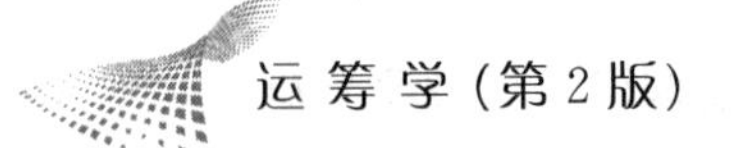

设 $\boldsymbol{X}^0,\boldsymbol{Y}^0$ 分别为原问题和对偶问题的最优解，且

$$\boldsymbol{Y}^0\boldsymbol{b} > \boldsymbol{C}\boldsymbol{X}^0 \tag{2.26}$$

根据最优性检验条件，非基变量的检验数满足

$$\boldsymbol{C}_N-\boldsymbol{C}_B\boldsymbol{B}^{-1}\boldsymbol{N}\leqslant\boldsymbol{0} \tag{2.27}$$

其中，$\boldsymbol{B}$ 是与原问题最优解 $\boldsymbol{X}^0$ 对应的最优基。而基变量的检验数为 0，可写成

$$\boldsymbol{C}_B-\boldsymbol{C}_B\boldsymbol{B}^{-1}\boldsymbol{B}=\boldsymbol{0} \tag{2.28}$$

所以，包括基变量在内的所有变量的检验数满足

$$\boldsymbol{C}-\boldsymbol{C}_B\boldsymbol{B}^{-1}\boldsymbol{A}\leqslant\boldsymbol{0} \tag{2.29}$$

令 $\boldsymbol{Y}=\boldsymbol{C}_B\boldsymbol{B}^{-1}$，则有 $\boldsymbol{YA}\geqslant\boldsymbol{C}$。

另外，对应于松弛变量，有

$$-\boldsymbol{C}_B\boldsymbol{B}^{-1}\boldsymbol{I}\leqslant\boldsymbol{0} \tag{2.30}$$

即

$$\boldsymbol{Y}=\boldsymbol{C}_B\boldsymbol{B}^{-1}\geqslant\boldsymbol{0} \tag{2.31}$$

故 $\boldsymbol{Y}$ 为对偶问题的可行解。

对偶问题可行解 $\boldsymbol{Y}$ 的目标函数值为

$$g(\boldsymbol{Y})=\boldsymbol{Yb}=\boldsymbol{C}_B\boldsymbol{B}^{-1}\boldsymbol{b}>\boldsymbol{Y}^0\boldsymbol{b} \tag{2.32}$$

原问题最优解 $\boldsymbol{X}^0$ 的目标函数值为

$$f(\boldsymbol{X}^0)=\boldsymbol{C}\boldsymbol{X}^0=\boldsymbol{C}_B\boldsymbol{B}^{-1}\boldsymbol{b}=\boldsymbol{Yb} \tag{2.33}$$

所以有 $\boldsymbol{C}\boldsymbol{X}^0>\boldsymbol{Y}^0\boldsymbol{b}$，与假设矛盾。故得证。

该定理的证明告诉我们一个非常重要的概念：对偶变量的最优解等于原问题松弛变量的机会成本。

3. 互补松弛性

定理 2.4 互补松弛定理设 $\boldsymbol{X}^0,\boldsymbol{Y}^0$ 分别是原问题和对偶问题的可行解，$\boldsymbol{U}^0$ 为原问题的松弛变量的值，$\boldsymbol{V}^0$ 为对偶问题剩余变量的值。$\boldsymbol{X}^0$，$\boldsymbol{Y}^0$ 分别是原问题和对偶问题最优解的充分必要条件是

$$\boldsymbol{Y}^0\boldsymbol{U}^0+\boldsymbol{V}^0\boldsymbol{X}^0=\boldsymbol{0} \tag{2.34}$$

证 由定理所设，可知有

$$\boldsymbol{A}\boldsymbol{X}^0+\boldsymbol{U}^0=\boldsymbol{b},\qquad \boldsymbol{X}^0,\ \boldsymbol{U}^0\geqslant\boldsymbol{0} \tag{2.35}$$

$$\boldsymbol{Y}^0\boldsymbol{A}-\boldsymbol{V}^0=\boldsymbol{C},\qquad \boldsymbol{Y}^0,\ \boldsymbol{V}^0\geqslant\boldsymbol{0} \tag{2.36}$$

分别以 $\boldsymbol{Y}^0$ 左乘式(2.35)，以 $\boldsymbol{X}^0$ 右乘式(2.36)后，两式相减，可得

$$\boldsymbol{Y}^0\boldsymbol{U}^0+\boldsymbol{V}^0\boldsymbol{X}^0=\boldsymbol{Y}^0\boldsymbol{b}-\boldsymbol{C}\boldsymbol{X}^0 \tag{2.37}$$

若 $\boldsymbol{Y}^0\boldsymbol{U}^0+\boldsymbol{V}^0\boldsymbol{X}^0=\boldsymbol{0}$，根据最优解判别定理，$\boldsymbol{X}^0$，$\boldsymbol{Y}^0$ 分别是原问题和对偶问题最优解。反之亦然。证毕。

根据互补松弛定理和决策变量满足非负条件可知，在最优解时，$\boldsymbol{Y}^0\boldsymbol{U}^0$ 和 $\boldsymbol{V}^0\boldsymbol{X}^0$ 同时等于 $\boldsymbol{0}$，所以有

$$v_j^0x_j^0=0,\qquad j=1,2,\cdots,n \tag{2.38}$$

$$y_i^0u_i^0=0,\qquad i=1,2,\cdots,m \tag{2.39}$$

式(2.38)和式(2.39)称为互补松弛条件。该条件表明,在最解条件下,如果知道 v_j^0 与 x_j^0(或 u_j^0 与 y_j^0)中的任意一个值为非零时,则可推得另一个必然为0。利用这个条件,有时可大大地简化计算过程。

下面我们通过实例说明互补松弛定理的应用。

例2.8 利用互补松弛定理求解如下线性规划问题。

$$\max f(x)=x_1+2x_2+3x_3+4x_4$$
$$\text{s.t.}\begin{cases}x_1+2x_2+2x_3+3x_4\leqslant 20\\2x_1+x_2+3x_3+2x_4\leqslant 20\\x_1,x_2,x_3,x_4\geqslant 0\end{cases}\tag{2.40}$$

解 引入松弛变量 u_1 和 u_2,可将上述线性规划化为如下形式。

$$\max f(x)=x_1+2x_2+3x_3+4x_4$$
$$\text{s.t.}\begin{cases}x_1+2x_2+2x_3+3x_4+u_1=20\\2x_1+x_2+3x_3+2x_4+u_2=20\\x_1,x_2,x_3,x_4,u_1,u_2\geqslant 0\end{cases}\tag{2.41}$$

将原线性规划问题的对偶问题引入剩余变量 v_1,v_2,v_3 和 v_4 后,可得到如下线性规划。

$$\min g(y)=20y_1+20y_2$$
$$\text{s.t.}\begin{cases}y_1+2y_2-v_1=1\\2y_1+y_2-v_2=2\\2y_1+3y_2-v_3=3\\3y_1+2y_2-v_4=4\\y_1,y_2,v_1,v_2,v_3,v_4\geqslant 0\end{cases}\tag{2.42}$$

对于上述对偶规划,若不加剩余变量 v_1,v_2,v_3 和 v_4,则该对偶规划只有两个对偶变量。所以,利用图解法可求得其最优解为:$y_1^0=1.2$,$y_2^0=0.2$,最优解时的目标函数值为 $\min g(\boldsymbol{Y}^0)=28$。利用得到的对偶规划最优解和互补松弛定理,可求得原线性规划(2.40)或(2.41)的最优解。具体步骤如下:

(1) 因为 $y_1^0=1.2>0$,根据互补松弛定理可得 $u_1^0=0$;

(2) 因为 $y_2^0=0.2>0$,根据互补松弛定理可得 $u_2^0=0$;

(3) 因为 $y_1^0+2y_2^0=1.6>1$,根据对偶规划(2.42)的第1个约束方程可得 $v_1^0>0$,然后根据互补松弛定理可得 $x_1^0=0$;

(4) 因为 $2y_1^0+y_2^0=2.6>2$,根据对偶规划(2.42)的第2个约束方程可得 $v_2^0>0$,然后根据互补松弛定理可得 $x_2^0=0$;

(5) 根据上述4个步骤的结论及原线性规划(2.42)的约束方程可得如下线性方程组

$$\begin{cases}2x_3^0+3x_4^0=20\\3x_3^0+2x_4^0=20\end{cases}\tag{2.43}$$

解上述线性方程组可得 $x_3^0=x_4^0=4$。

综合上述5个步骤的结果,可得原线性规划的最优解为

$$\boldsymbol{X}^0=(x_1^0,x_2^0,x_3^0,x_4^0)^{\mathrm T}=(0,0,4,4)^{\mathrm T}$$

最优目标函数值为 $f(\boldsymbol{X}^0)=28$。它与对偶问题的最优目标函数值 $\min g(\boldsymbol{Y}^0)=28$ 是相等的,这也进一步验证了主对偶定理。

4. 对称性

原问题的对偶问题是原问题。

2.3 原问题检验数与对偶问题的解

在主对偶定理的证明中,我们知道,对偶(min 型)变量的最优解等于原问题(max 型)松弛变量的机会成本,或对于原问题松弛变量检验数的绝对值(由于松弛变量的价值系数为0,所以,松弛变量的机会成本与其检验数只相差一个负号)。可以证明,对偶问题剩余变量的最优解值等于原问题最优解时实变量的检验数的绝对值。

由于原问题和对偶问题是相互对偶的,因此对偶问题的检验数与原问题的解也有类似上述关系。

更一般地讲,可以证明,不管原问题是否标准,在最优解的单纯形表中,都有原问题虚变量(松弛、剩余或人工变量)的机会成本的绝对值等于其对偶问题实变量(对偶变量)的最优解的绝对值,原问题实变量(决策变量)的检验数的绝对值等于其对偶问题虚变量(松弛或剩余变量)的最优解的绝对值。因此,原问题或对偶问题只需求解其中之一就可以了。

对于标准形原问题(max 型)和对偶问题(min 型),由于其决策变量都是大于等于0,所以在利用原问题的最优检验数确定对偶问题的最优解时,不必判定对偶问题的最优解的符号是正还是负。但是,对非标准线性规划最优解的对偶,最困难的不是给出解的绝对值,而是判断它的符号。我们知道,虚变量,即标准化后增加的变量全部要求非负,所以取对偶问题实变量检验数的绝对值,这不产生什么问题。但是,原问题或对偶问题的实变量却可以是负的,甚至正负不限,这就给我们在解的符号确定上带来很大的麻烦。下面通过例子来说明。

例 2.9 求解如下线性规划,并根据原问题检验数与对偶问题解之间的相互关系求其对偶问题的最优解。

$$\min f(x)=6x_1+3x_2+2x_3$$
$$\text{s.t.}\begin{cases}x_1+x_2+x_3\geqslant 20\\0.5x_1+0.5x_2+0.25x_3\geqslant 6\\2x_1+x_2+x_3\geqslant 10\\x_1,x_2,x_3\geqslant 0\end{cases}\tag{2.44}$$

解 利用对偶变换规则,可得上述线性规划的对偶规划为

$$\max g(y)=20y_1+6y_2+10y_3$$
$$\text{s.t.}\begin{cases}y_1+0.5y_2+2y_3\leqslant 6\\y_1+0.5y_2+y_3\leqslant 3\\y_1+0.25y_2+y_3\leqslant 2\\y_1,y_2,y_3\geqslant 0\end{cases}\tag{2.45}$$

利用两阶段法可求得原线性规划问题(2.44)的最优单纯形表如表 2.3 所示。其中,x_4,x_5,

x_6 为剩余变量。

表 2.3　例 2.9 原问题(min)的最优单纯形表

C_B	X_B	b	x_1	x_2	x_3	x_4	x_5	x_6
			6	3	2	0	0	0
2	x_3	16	0	0	1	−2	4	0
0	x_6	10	−1	0	0	−1	0	1
3	x_2	4	1	1	0	1	−4	0
OBJ=44		z_j	3	3	2	−1	−4	0
		z_j-c_j	−3	0	0	−1	−4	0

从表 2.3 可知，原问题的最优解为(注意：表 2.3 中目标为 min，所以检验数为 z_j-c_j)

$$\boldsymbol{X}^*=(x_1,x_2,x_3,x_4,x_5,x_6)^{\mathrm{T}}=(0,4,16,0,0,10)^{\mathrm{T}}$$

最优解时的目标函数值为 $f(\boldsymbol{X}^*)=44$。

另外，从表 2.3 还可知，原问题达到最优解时，剩余变量 x_4,x_5,x_6 的机会成本分别为 −1，−4，0，所以对偶问题对偶变量 y_1,y_2,y_3 的最优解分别为 $y_1=1,y_2=4,y_3=0$〔从对偶规划问题(2.45)的约束条件可知 y_1,y_2,y_3 为非负，所以，$y_1=1,y_2=4$〕；原问题决策变量(实变量)x_1,x_2,x_3 的最优检验数分别为 −3，0，0，所以，对偶问题松弛变量 y_4,y_5,y_6 的最优解分别为 $y_4=3,y_5=0,y_6=0$〔从对偶规划问题(2.45)的约束条件可知，松弛变量 y_4,y_5,y_6 为非负，所以，$y_4=3$〕，即对偶问题的最优解为

$$\boldsymbol{Y}^*=(y_1,y_2,y_3,y_4,y_5,y_6)=(1,4,0,3,0,10)$$

对偶问题最优解时的目标函数值为 $g(\boldsymbol{Y}^*)=44$

为了验证上述结论，我们可以利用单纯形法求解对偶规划问题(2.45)的最优解。表 2.4 是利用单纯形法得到的对偶规划问题(2.45)的最优单纯形表，其中，y_4,y_5,y_6 为松弛变量。

从表 2.4 中可知，上述利用原线性规划最优解检验数得到的对偶问题的最优解是正确的。

表 2.4　例 2.9 对偶问题(max)的最优单纯形表

C_B	Y_B	b	y_1	y_2	y_3	y_4	y_5	y_6
			20	6	10	0	0	0
0	y_4	3	0	0	1	1	−1	0
6	y_2	4	0	1	0	0	4	−4
20	y_1	1	1	0	1	0	−1	2
OBJ=44		z_j	20	6	20	0	4	16
		c_j-z_j	0	0	−10	0	−4	−16

例 2.10　求解如下线性规划，并根据原问题最优解时的机会成本和检验数求对偶问题最优解。

$$\max f(x)=5x_1+3x_2+6x_3$$

$$\text{s.t.}\begin{cases}x_1+2x_2+x_3\leqslant 18\\2x_1+x_2+3x_3\leqslant 16\\x_1+x_2+x_3=10\\x_1,x_2\geqslant 0,x_3\pm\text{不限}\end{cases}\tag{2.46}$$

解 利用大 M 法求解原问题最优解见表 2.5,其中,x_4 和 x_5 为约束方程 1 和 2 的松弛变量,x_6 为约束方程 3 的人工变量,$x_3'-x_3''=x_3$,x_3',$x_3''\geqslant 0$。

表 2.5 原问题的最优单纯形表及其对偶问题的解

C_B	X_B	b	x_1	x_2	x_3'	x_3''	x_4	x_5	x_6
			5	3	6	−6	0	0	$-M$
0	x_4	18	1	2	1	−1	1	0	0
0	x_5	16	2	1	(3)	−3	0	1	0
$-M$	x_6	10	1	1	1	−1	0	0	1
OBJ=$-10M$		z_j	$-M$	$-M$	$-M$	M	0	0	$-M$
		c_j-z_j	$5+M$	$3+M$	$6+M$	$-6-M$	0	0	0
	⋮		中间迭代过程						
0	x_4	8	0	1	0	0	1	0	−1
5	x_1	14	1	2	0	0	0	−1	3
−6	x_3''	4	0	1	−1	1	0	−1	2
OBJ=46		z_j	5	4	6	−6	0	1	3
		c_j-z_j	0	−1	0	0	0	−1	$-M-3$
对偶问题最优解:			$y_4=0$	$y_5=1$	$y_6=0$		$y_1=0$	$y_2=1$	$y_3=3$
原问题最优解:实变量 $x_1=14$, $x_2=0$, $x_3=-4$;虚变量 $x_4=8$, $x_5=0$, $x_6=0$;OBJ=46									

对于表 2.5 中给出的对偶问题的最优解,我们做如下说明:

(1) 根据对偶变换规则,可得上述线性规划式(2.46)的对偶规划为

$$\min g(y)=18y_1+16y_2+10y_3$$

$$\text{s.t.}\begin{cases}y_1+2y_2+y_3\geqslant 5\\2y_1+y_2+y_3\geqslant 3\\y_1+3y_2+y_3=6\\y_1,y_2\geqslant 0,y_3\pm\text{不限}\end{cases}\tag{2.47}$$

(2) 从(2.47)的对偶规划可知,对偶变量 y_1 和 y_2 均大于等于 0,所以,$y_1=0$,$y_2=1$,y_4 和 y_5 为对偶规划(2.47)约束方程 1 和 2 的剩余变量,y_6 为对偶规划(2.47)约束方程 3 的人工变量,均大于等于 0,所以,$y_4=0$,$y_5=1$,$y_6=0$;

(3) 从(2.47)的对偶规划可知,对偶变量 y_3 正负不限。此时,我们可根据强对偶定理,原问题和对偶问题最优解的目标函数值相等可得:

$$f(\boldsymbol{X}^*)=46=g(\boldsymbol{Y}^*)=18\times 0+16\times 1+10\,y_3=46\tag{2.48}$$

可解得

$$y_3=3$$

2.4　对偶单纯形法

2.4.1　对偶单纯形法的基础思路

利用原单纯形法求解线性规划问题的基础思路是:从某一初始基础可行解出发,沿着相邻的基础可行解向改善目标函数的方向进行逐步迭代,直到最优解。在逐步迭代过程中,对于线性规划的任一基础可行解,检验它的所有非基变量检验数是否小于等于 0,即对于一切 $j \in J$,均有 $c_j - z_j \leqslant 0$,若是,且基变量中无非零的人工变量,则找到了问题的最优解。如果满足最优检验时,基变量中有非零的人工变量,则原问题无解;若否,则通过迭代寻找另一个更好的基础可行解。一直循环至找到一个满足最优检验条件的基础可行解或最优解(特殊情况有可能为无界解)。

原单纯形法的基础特点是:在迭代时要求每步都是基础可行解。根据原问题的检验数和其对偶问题解之间的相互关系可知,如果原问题存在某一个基础解(不一定是可行的)的所有检验数均小于等于 0,即对于一切 $j \in J$,均有 $c_j - z_j \leqslant 0$,则其对偶问题就对应存在一个基础可行解。因此,如果我们能够通过某种迭代方式,使得原问题满足最优检验条件的基础解在迭代过程中,始终满足最优解检验条件(即对偶问题在迭代时,每步都是基础可行解),但原问题的基础解逐步向基础可行解靠近(即对偶问题的基础可行解向最优解靠近)。这样,当原问题的基础解变换为基础可行解时,我们就找到了对偶问题的最优解,同时也找到了原问题的最优解。

由此可见,用对偶单纯形法求解原线性规划问题的基础思路是:从原问题的某一个满足最优检验条件的基础解出发,判断该基础解是否满足可行性条件,若是,则已得最优解;若否,则通过迭代得到另一个满足最优检验条件且更接近可行解的基础解。如此循环,直到找到满足最优检验条件且可行解的基础解(即最优解)为止。

2.4.2　对偶单纯形法的步骤

对偶单纯形法采用的对偶单纯形的表格形式与原单纯形法一致。对偶单纯形法的步骤如下:

(1) 求一个满足最优检验条件的初始基础解,列出初始单纯形表。

(2) 可行性检验。若所有的右端系数均大于等于 0,即

$$b_i \geqslant 0, \quad i = 1, 2, \cdots, m \tag{2.49}$$

则已得最优解,停止运算。否则,转步骤(3)。

(3) 求另一个满足最优检验条件且更接近可行解的基础解。

① 确定出变量。找出非可行解中分量最小者,即 $\min\{b_i \mid b_i < 0\}$,设第 l 行的最小,则 l 行为主行,该行对应的基变量为换出变量。

② 确定入变量。应用最小比例原则(设目标函数为 max 型,检验数为 $c_j - z_j$),若

$$\theta_k=\min_j\left(\frac{c_j-z_j}{a'_{1j}}\middle| a'_{lj}<0\right)=\frac{c_k-z_k}{a'_{lk}} \tag{2.50}$$

则第 k 列为主列，第 k 列的变量 x_k 为入变量。若找不到主列或入变量，则原线性规划的解为无界解，停止运算。否则转步骤③。

③ 以主元 a'_{lk} 为中心迭代得到另一个满足最优检验条件且更接近可行解的基础解。即将主元 a'_{lk} 变换为1，主元 a'_{lk} 所在列的其他技术系数变换为0，并用入变量及其价值系数置换出变量及其价值系数，得到新的单纯形表与另一个满足最优检验条件且更接近可行解的基础解。转步骤②。

例 2.11 用对偶单纯形法求解如下线性规划问题。

$$\min f(x)=x_1+5x_2+3x_4$$
$$\text{s.t.}\begin{cases} x_1+2x_2-x_3+x_4\geqslant 6 \\ -2x_1-x_2+4x_3+x_4\geqslant 4 \\ x_1,x_2,x_3,x_4\geqslant 0\end{cases} \tag{2.51}$$

解 (1)将上述线性规划变换为如下适合对偶单纯形法的形式。

$$\max g(x)=-x_1-5x_2-3x_4$$
$$\text{s.t.}\begin{cases} -x_1-2x_2+x_3-x_4+x_5=-6 \\ 2x_1+x_2-4x_3-x_4+x_6=-4 \\ x_1,x_2,x_3,x_4,x_5,x_6\geqslant 0\end{cases} \tag{2.52}$$

其中，$g(x)=-f(x)$，变量 x_5 和 x_6 为剩余变量。

对应的初始单纯形表如表2.6序号1的部分。从该初始单纯形表可知，检验行中所有检验数(c_j-z_j)均小于0，所以得到一个满足最优检验的初始基础解 $\boldsymbol{X}^0$：

$$\boldsymbol{X}^0=(x_1,x_2,x_3,x_4,x_5,x_6)^{\mathrm T}=(0,0,0,0,-6,-4)^{\mathrm T}$$

(2) 可行性检验。显然，基础解 $\boldsymbol{X}^0$ 的两个基变量 x_5 和 x_6 的值均小于0，所以 $\boldsymbol{X}^0$ 不是基础可行解。

(3) 求另一个满足最优检验条件且更接近可行解的基础解。

① 确定出变量。因为 $\min\{b_i\mid b_i<0\}=\min\{-6,-4\}=-6=b_1$，所以，第 $l=1$ 行为主行，该行对应的基变量 x_5 为出变量。

② 确定入变量。按最小比例原则，由于

$$\theta_k=\min_j\left\{\frac{c_j-z_j}{a'_{1j}}\middle| a'_{1j}<0\right\}=\min\left\{\frac{-1}{-1},\frac{-5}{-2},\frac{-3}{-1}\right\}=1=\frac{c_1-z_1}{a'_{11}}$$

所以第 $k=1$ 列为主列，第1列的变量 x_1 为入变量。

③ 以主元 a'_{11} 为中心迭代运算，得到如表2.6序号为2的新单纯形表。从该单纯形表可知，检验行中所有检验数(c_j-z_j)均小于0，所以得到另一个满足最优检验条件的基础解 $\boldsymbol{X}^1$

$$\boldsymbol{X}^1=(x_1,x_2,x_3,x_4,x_5,x_6)^{\mathrm T}=(6,0,0,0,0,-16)^{\mathrm T}$$

显然，基础解 $\boldsymbol{X}^1$ 比基础解 $\boldsymbol{X}^0$ 更接近可行解，因为，基础解 $\boldsymbol{X}^1$ 只有一个基变量的值为负数，而基础解 $\boldsymbol{X}^0$ 两个基变量的值均为负数。

(4) 可行性检验。显然，基础解 $\boldsymbol{X}^1$ 的还不是可行解。

(5) 求另一个满足最优检验条件且更接近可行解的基础解。

① 确定出变量。因为 $\min\{b_i \mid b_i<0\}=\min\{-16\}=-16=b_2$，所以，第 $l=2$ 行为主行，该行对应的基变量 x_6 为出变量。

② 确定入变量。按最小比例原则，由于

$$\theta_k=\min_j\left\{\frac{c_j-z_j}{a'_{2j}}\middle| a'_{2j}<0\right\}=\min\left\{\frac{-3}{-3},\frac{-1}{-2},\frac{-2}{-3}\right\}=\frac{1}{2}=\frac{c_3-z_3}{a'_{23}}$$

所以第 $k=3$ 列为主列，第 3 列的变量 x_3 为入变量。

③ 以主元 a'_{23} 为中心迭代运算，得到如表 2.6 序号为 3 的新单纯形表。从该单纯形表可知，检验行中所有检验数 (c_j-z_j) 均小于 0，所以得到另一个满足最优检验条件的基础解 $\boldsymbol{X}^2$：

$$\boldsymbol{X}^2=(x_1,x_2,x_3,x_4,x_5,x_6)^{\mathrm{T}}=(14,0,8,0,0,0)^{\mathrm{T}}$$

(6) 可行性检验。显然基础解 $\boldsymbol{X}^2$ 满足可行性检验，所以 $\boldsymbol{X}^2$ 就是所求的原线性规划最优解，即

$$\boldsymbol{X}^*=\boldsymbol{X}^2=(x_1,x_2,x_3,x_4,x_5,x_6)^{\mathrm{T}}=(14,0,8,0,0,0)^{\mathrm{T}}$$

最优解时的目标函数值为 $f(\boldsymbol{X}^*)=-g(\boldsymbol{X}^*)=14$。

表 2.6　用对偶单纯形法求解例 2.11 的单纯形表求解过程

序号				x_1	x_2	x_3	x_4	x_5	x_6
	$\boldsymbol{C_B}$	$\boldsymbol{X_B}$	$\boldsymbol{b}$	−1	−5	0	−3	0	0
1	0	x_5	−6	(−1)	−2	1	−1	1	0
	0	x_6	−4	2	1	−4	−1	0	1
	OBJ=0		z_j	0	0	0	0	0	0
			c_j-z_j	−1	−5	0	−3	0	0
			$\frac{c_j-z_j}{a_{i*j}}$	1 *	5/2	--	3	--	--
2	−1	x_1	6	1	2	−1	1	−1	0
	0	x_6	−16	0	−3	(−2)	−3	2	1
	OBJ=6		z_j	−1	−2	1	−1	1	0
			c_j-z_j	0	−3	−1	−2	−1	0
			$\frac{c_j-z_j}{a_{i*j}}$	--	1	1/2 *	2/3	--	--
3	−1	x_1	14	1	7/2	0	5/2	−2	−1/2
	0	x_3	8	0	3/2	1	3/2	−1	−1/2
	OBJ=14		z_j	−1	−7/2	0	−5/2	2	1/2
			c_j-z_j	0	−3/2	0	−1/2	−2	−1/2

为了更清楚、直观地看到对偶单纯形法与原单纯形法的镜像关系，下面给出例 2.11 式的对偶问题：

$$\max g(y)=6y_1+4y_2$$

$$\text{s.t.}\begin{cases} y_1-2y_2\leqslant 1\\ 2y_1-\ y_2\leqslant 5\\ -y_1+4y_2\leqslant 0\\ y_1+\ y_2\leqslant 3\\ y_1,y_2\geqslant 0\end{cases}$$

其原单纯形算法过程如表 2.7 所示,其中,y_3,y_4,y_5,y_6 为松弛变量。

表 2.7　用原单纯形法求解例 2.11 的对偶问题

序号	C_B	Y_B	b	y_1	y_2	y_3	y_4	y_5	y_6	$\frac{b_i}{a_{ij*}}$
				6	4	0	0	0	0	
1	0	y_3	1	(1)	−2	1	0	0	0	1*
	0	y_4	5	2	−1	0	1	0	0	5/2
	0	y_5	0	−1	4	0	0	1	0	—
	0	y_6	3	1	1	0	0	0	1	3
	OBJ=0		z_j	0	0	0	0	0	0	
			c_j-z_j	6	4	0	0	0	0	
2	6	y_1	1	1	−2	1	0	0	0	—
	0	y_4	3	0	3	−2	1	0	0	1
	0	y_5	1	0	(2)	1	0	1	0	1/2*
	0	y_6	2	0	3	−1	0	0	1	2/3
	OBJ=6		z_j	6	−12	6	0	0	0	
			c_j-z_j	0	16	−6	0	0	0	
3	6	y_1	2	1	0	2	0	1	0	—
	0	y_4	3/2	0	0	−7/2	1	−3/2	0	
	4	y_2	1/2	0	1	1/2	0	1/2	0	
	0	y_6	1/2	0	0	−5/2	0	−3/2	1	
	OBJ=14		z_j	6	4	14	0	8	0	
			c_j-z_j	0	0	−14	0	−8	0	

从表 2.6 和表 2.7,我们还可以观察到更内在的关系,这就是原问题中的基变量对应的对偶变量在对偶单纯形算法中都是非基变量,而原问题中的非基变量对应的对偶变量在对偶单纯形算法中都是基变量,即表 2.6 和表 2.7 给出的每一步解都是互补的,不但目标函数值相等,而且每一步都满足互补松弛条件。

我们从原问题和对偶问题的目标函数相等中也可以看到很奇特的现象:

$$f(x)=g(y)=\boldsymbol{C}_B\boldsymbol{B}^{-1}\boldsymbol{b}$$

式中,$\boldsymbol{C}_B\boldsymbol{B}^{-1}$ 既是原问题的松弛变量的机会成本(检验数的负值),同时也是对偶问题实变量的解;而 $\boldsymbol{B}^{-1}\boldsymbol{b}$ 既是原问题的基础可行解,同时也是对偶问题非基变量的检验数。

采用对偶单纯形法求解线性规划的基础条件是能够得到一个满足最优解检验条件的初始基础解。在一般情况下,这一基础条件是不容易满足的。因此,对偶单纯形法的应用范围受到很大的限制，它不像原单纯形法那样在实际中得到广泛应用。

2.5　线性规划的灵敏度分析

前面我们讨论的线性规划主要强调其确定性和静态性，即价值系系数 c_j，右端系数 b_i 和技术系数 a_{ij} 都是不随时间变化的确定参数。但在现实中，这些参数都可能随外界条件发生变化。以背景模型为例，产品的价格会随市场的竞争和需求而发生变化，资源供应量也会随市场而发生变化，技术消耗系数能够随技术进步而发生变化。这些变化可能导致原参数下得到的最优解不再是最优解了。所以补充静态模型不足的方法之一就是对这些参数的灵敏度分析。

由于调整生产方案往往意味着需要增加生产投入和生产成本，所以生产经营管理人员经常关心的问题是：当价值系数 c_j，右端系数 b_i 和技术系数 a_{ij} 发生变化时，原有的最优解的结构是否会发生变化？或者使最优解结构不变的价值系数 c_j，右端系数 b_i 和技术系数 a_{ij} 的最大变化范围是多少？这里，最优解的结构指的是最优解中的基变量构成。如果当价值系数 c_j，右端系数 b_i 和技术系数 a_{ij} 发生变化时，最优解中的基变量的组成不变，则说明其最优解的结构不变。反之，则说明其最优解的结构发生变化。因此，线性规划的灵敏度分析又称为优化后分析。

如果当价值系数 c_j，右端系数 b_i 和技术系数 a_{ij} 发生变化时，线性规划最优解的结构不容易发生变化，则说明该线性规划的最优解的灵敏度较小，最优解具有较好的稳定性；反之，则灵敏度较大，稳定性较差。

为了叙述方便，如果没有特别说明，下面都是以背景模型的线性规划来进行讨论。

2.5.1　影子价格

在线性规划中，某一种资源的影子价格是指在当前最优解基础上，该资源减少一个（很小）单位时目标函数值的变化率。

设 $\boldsymbol{B}$ 为最优解所对应的基，则最优解时的目标函数值为

$$f(x) = \boldsymbol{C}_{\mathbf{B}}\boldsymbol{B}^{-1}\boldsymbol{b} = \sum_{k=1}^{m}(\boldsymbol{C}_{\mathbf{B}}\boldsymbol{B}^{-1})_k b_k \tag{2.53}$$

式(2.53)中，$(\boldsymbol{C}_{\mathbf{B}}\boldsymbol{B}^{-1})_k$ 表示 $\boldsymbol{C}_{\mathbf{B}}\boldsymbol{B}^{-1}$ 的第 k 个分量。根据上述影子价格的定义可知，第 i 种资源的影子价格 q_i 等于最优解时的目标函数 $f(x)$ 对资源 b_i 的左导数，即

$$q_i = \partial f(x)/\partial b_i^- = (\boldsymbol{C}_{\mathbf{B}}\boldsymbol{B}^{-1})_i \tag{2.54}$$

根据机会成本的计算公式可知，第 i 种资源所对应松弛变量的机会成本为

$$z_{n+i} = \boldsymbol{C}_{\mathbf{B}}\boldsymbol{B}^{-1}\boldsymbol{P}_{n+i} = (\boldsymbol{C}_{\mathbf{B}}\boldsymbol{B}^{-1})_i \tag{2.55}$$

式(2.55)中，$\boldsymbol{P}_{n+i}$ 是第 i 个松弛变量对应的初始列向量，它除了第 i 行为 1 之外，其余都为 0。由此可知松弛变量的机会成本就是第 i 种资源的影子价格。

考虑到剩余变量机会成本的意义正好同松弛变量机会成本的意义相反，因此，第 i 种资源的影子价格可用机会成本表示如下：

$$q_i = \begin{cases} z_{n+i} & \text{松弛变量，人工变量} \\ -z_{n+i} & \text{剩余变量} \end{cases} \tag{2.56}$$

有了各资源的影子价格,其他非基变量的机会成本有如下更易理解的表达式:

$$z_j = \boldsymbol{C}_{\mathrm{B}}\boldsymbol{B}^{-1}\boldsymbol{P}_j = \sum_{i=1}^{m}(\boldsymbol{C}_{\mathrm{B}}\boldsymbol{B}^{-1})_i a_{ij} = \sum_{i=1}^{m} q_i a_{ij} \tag{2.57}$$

例 2.12 考虑如下背景模型的线性规划,试求各种资源的影子价格。

$$\max f(x) = x_1 + 5x_2 + 3x_3 + 4x_4$$

$$\text{s.t.}\begin{cases} 2x_1 + 3x_2 + x_3 + 2x_4 \leqslant 800 \\ 5x_1 + 4x_2 + 3x_3 + 4x_4 \leqslant 1\,200 \\ 3x_1 + 4x_2 + 5x_3 + 3x_4 \leqslant 1\,000 \\ x_1, x_2, x_3, x_4 \geqslant 0 \end{cases} \tag{2.58}$$

解 用原单纯形法求解上述线性规划问题,有最优单纯形表如表 2.8 所示。

表 2.8 例 2.12 的最优单纯形表

$\boldsymbol{C}_{\mathrm{B}}$	$\boldsymbol{X}_{\mathrm{B}}$	b	x_1	x_2	x_3	x_4	x_5	x_6	x_7
			1	5	3	4	0	0	0
0	x_5	100	1/4	0	−13/4	0	1	1/4	−1
4	x_4	200	2	0	−2	1	0	1	−1
5	x_2	100	−3/4	1	11/4	0	0	−3/4	1
OBJ=1 300		z_j	4.25	5	5.75	4	0	0.25	1
		c_j-z_j	−3.25	0	−2.75	0	0	−0.25	−1

表 2.8 中,x_5,x_6 和 x_7 分别表示资源 1、2 和 3 的松弛变量。从表 2.8 中可得到如下结论:

(1) $q_1 = z_{4+1} = z_5 = 0$,资源 1 的影子价格为 0。注意观察,在最优解中松弛变量 $x_5 = 100$,表明资源 1 有剩余,因此资源 1 的减少并不会带来目标函数的减少;

(2) $q_2 = z_{4+2} = z_6 = 0.25$,资源 2 的影子价格为 0.25;

(3) $q_3 = z_{4+3} = z_7 = 1$,资源 3 的影子价格为 1。

我们需要特别说明,在最优解中资源有剩余,则其影子价格一定为 0。但松弛变量的机会成本为 0,并不一定表明对应资源有剩余。在最优解中资源 i 有剩余的充分必要条件是 $x_{n+i} > 0$。

利用式(2.57)计算非基变量 x_3 的机会成本为:

$$z_3 = a_{13}q_1 + a_{23}q_2 + a_{33}q_3 = 1\times 0 + 3\times 0.25 + 5\times 1 = 5.75$$

这与表 2.8 中 z_3 的计算结果是一致的。

更广义地讲,影子价格是在当前技术条件下资源最优配置时的理想价格。影子价格不等于资源在市场的现实价格,但其在评估工程项目的社会经济价值时非常有用。资源的市场价格与资源的紧缺度有关,某种资源越紧缺,其市场价格会越高。某一种资源若有剩余,则在最优解中,该资源对应的松弛变量值大于 0,且其影子价格为 0。这充分反映了资源过剩的后果。

2.5.2 价值系数的灵敏度分析

当价值系数 c_j,右端系数 b_i 和技术系数 a_{ij} 发生变化时,线性规划最优解结构不变的条件是：

$$\begin{cases}\sigma_j = c_j - \sum\limits_{\substack{i1=1,m\\ i\in I}} c_i a'_{i1j} \leqslant 0, j \in J \\ \boldsymbol{X}_{\mathrm{B}} = \boldsymbol{B}^{-1}\boldsymbol{b} \geqslant 0\end{cases} \tag{2.59}$$

即当所有非基变量的检验数仍然保持小于等于0，且所有基变量的值仍然保持大于等于0时，线性规划的最优解结构不变。

从方程(2.59)线性规划最优解结构不变的条件可知，价值系数 c_j 发生变化时，仅引起非基变量的检验数发生变化。为了分析方便，我们把价值系数 c_j 发生变化分成两类，即非基变量价值系数 c_j 发生变化和基变量价值系数 c_j 发生变化。下面我们分别讨论。

1. 非基变量价值系数的灵敏度分析

从方程(2.59)第一式可知，当某一非基变量价值系数从 c_j 变化为 $c_j+\Delta c_j$ 时，仅引起非基变量 x_j 本身的检验数发生变化，而不会导致其他非基变量的检验数发生变化。因此，保持该非基变量检验数仍然正则的条件是 $(c_j+\Delta c_j)-z_j\leqslant 0$，即

$$-\infty \leqslant \Delta c_j \leqslant -(c_j - z_j) \tag{2.60}$$

式(2.60)的经济意义是，在多产品生产问题中，如果第 j 种产品 x_j 不在原来的最优生产计划中，则当其价值系数减少时，第 j 种产品 x_j 更不可能进入最优生产计划中；而当其价值系数增加到某种程度时，第 j 种产品 x_j 就有可能进入最优生产计划中。这个临界点就是 $-(c_j-z_j)$，超过这个临界点，x_j 的检验数将大于0，原问题的最优解结构将发生变化。从表2.8中可知，非基变量 x_1 和 x_3 的价值的变化范围为

$$-\infty \leqslant \Delta c_1 \leqslant 3.25 \quad \text{或} \quad -\infty \leqslant c_1 \leqslant 4.25$$

$$-\infty \leqslant \Delta c_3 \leqslant 2.75 \quad \text{或} \quad -\infty \leqslant c_3 \leqslant 5.75$$

以非基变量 x_1 为例，从例2.12的最优单纯形表2.8中可以看出，只要非基变量 x_1 的价值系数 c_1 的增量不大于3.25，非基变量 x_1 的检验数还仍然保持小于等于0，这样，原线性规划的最优解结构就不会发生变化。但是，如果非基变量 x_1 的价值系数 c_1 的增量大于3.25，则非基变量 x_1 的检验数就会从小于0变化为大于0，此时，就需要将非基变量 x_1 作为入变量进行重新迭代，从而使原线性规划的最优解结构发生变化。同样对非基变量 x_3 价值系数的变化范围也可做类似解释。

2. 基变量价值系数的灵敏度分析

从方程(2.59)的第一式可知，当某一基变量 x_i 的价值系数从 c_i 变化为 $c_i+\Delta c_i$ 时，将会引起所有非基变量的机会成本 z_j 发生变化，从而导致所有非基变量检验数随之都发生变化，这样，只要有其中一个非基变量的检验数从小于等于0变化为大于0，则原线性规划的最优解结构就会发生变化。

设某一基变量的价值系数从 c_i 变化为 $c_i+\Delta c_i(i\in I)$，而其他基变量的价值系数仍保持不变，则各个非基变量的机会成本从 z_j 变化为 $z_j+\Delta z_j$。根据机会成本的计算公式可得

$$z_j + \Delta z_j = \sum_{\substack{k=1,m\\ i\in I}} (c_i + \Delta c_i) a'_{kj} = \sum_{\substack{k=1,m\\ i\in I}} c_i a'_{kj} + \Delta c_l a'_{kj}$$

要满足 $c_j-(z_j+\Delta z_j)\leqslant 0$，则有 $c_j-z_j\leqslant \Delta c_l a'_{kj}$。

当 $a'_{kj}>0$，有 $\Delta c_l \geqslant \left\{\frac{c_j - z_j}{a'_{kj}} \mid a'_{kj}>0\right\}$。

当 $a'_{kj}<0$，有 $\Delta c_l \leqslant \left\{\frac{c_j - z_j}{a'_{kj}} \mid a'_{kj}<0\right\}$。

为了保证所有非基变量的检验数仍然满足最优检验条件，所以基变量 x_i 的价值系数 c_i 的变化范围应满足

$$\max_j\left\{\frac{c_j - z_j}{a'_{kj}} \mid a'_{kj}>0\right\} \leqslant \Delta c_l \leqslant \min_j\left\{\frac{c_j - z_j}{a'_{kj}} \mid a'_{kj}<0\right\} \tag{2.61}$$

注意到，根据最优检验条件 $c_j - z_j \leqslant 0$，故式(2.61)的左侧集合中技术系数都是正数，右边集合中技术系数都是负数。另外特别需要注意，不能把技术系数等于0的数据放进去。在计算中，还必须正确地找到基变量价值系数对应最优单纯形表中的行号。

从例2.12的最优单纯形表2.8可知，基变量 x_2 和 x_4 价值系数的变化范围分别为

$$\max\left(\frac{-2.75}{2.75},\frac{-1.0}{1.00}\right) \leqslant \Delta c_2 \leqslant \min\left(\frac{-3.25}{-0.75},\frac{-0.25}{-0.75}\right)$$

$$-1.0 \leqslant \Delta c_2 \leqslant 0.33,\quad 4.0 \leqslant c_2 \leqslant 5.33$$

$$\max\left(\frac{-3.25}{2},\frac{-0.25}{1}\right) \leqslant \Delta c_4 \leqslant \min\left(\frac{-2.75}{-2},\frac{-1}{-1}\right)$$

$$-0.25 \leqslant \Delta c_4 \leqslant 1,\quad 3.75 \leqslant c_4 \leqslant 5$$

还需要提醒注意的是：若式(2.61)某一侧为空集，则其含义为无约束。若左侧为空集，则左侧取值为 $-\infty$；若右侧为空集，则右侧取值为 ∞。

2.5.3 右端项的灵敏度分析

从方程(2.59)线性规划最优解结构不变的条件可知，当某一右端系数 b_i 发生变化时，不会引起非基变量的检验数发生变化。但是，当某一右端系数 b_i 发生变化时，将会导致所有基变量的值可能发生变化。因此，要使线性规划最优解结构不变的条件是：当某一右端系数 b_i 发生变化时，所有基变量的值仍然保持大于等于0。我们有

$$\boldsymbol{X}_{\mathbf{B}} = \boldsymbol{B}^{-1}\boldsymbol{b} \geqslant \mathbf{0} \tag{2.62}$$

由此可知，右端项的灵敏度分析是以保证解的可行性为条件的。

同样，为了获得解析结果，下面我们讨论右端项中只有一个 b_k 发生变化时，线性规划最优基不变的条件。

对于背景模型的线性规划而言，由于各个约束方程的松弛变量 $x_{n+1}(i=1,2,\cdots,m)$ 的系数矩阵在初始单纯形表的系数为单位矩阵 $\boldsymbol{I}$，所以，如果我们令 $a'_{m+i}(i=1,2,\cdots,m)$ 为最优单纯表中各松弛变量所对应的系数矩阵，则与最优解基变量 $\boldsymbol{X}_{\mathbf{B}}$ 对应的最优基的逆矩阵为

$$\boldsymbol{B}^{-1} = \begin{pmatrix} a'_{1,n+1} & \cdots & a'_{1,n+i} & \cdots & a'_{1,n+m} \\ \vdots & & \vdots & & \vdots \\ a'_{k,n+1} & \cdots & a'_{k,n+i} & \cdots & a'_{k,n+m} \\ \vdots & & \vdots & & \vdots \\ a'_{m,n+1} & \cdots & a'_{m,n+i} & \cdots & a'_{m,n+m} \end{pmatrix}$$

设某一右端系数从 b_r 变化为 $b_r+\Delta b_r$，则右端系数向量变为

$$\boldsymbol{b}'=(b_1,b_2,\cdots,b_m)^{\mathrm{T}}+(0,0,\cdots,0,\Delta b_r,0,\cdots,0)^{\mathrm{T}}=\boldsymbol{b}+\Delta\boldsymbol{b}_r \tag{2.63}$$

要保证线性规划的最优解中的基变量组成不变，必须满足

$$\boldsymbol{X}_{\mathrm{B}}=\boldsymbol{B}^{-1}\boldsymbol{b}'=\boldsymbol{B}^{-1}(\boldsymbol{b}+\Delta\boldsymbol{b}_r)=\boldsymbol{B}^{-1}\boldsymbol{b}+\boldsymbol{B}^{-1}\Delta\boldsymbol{b}_r\geqslant 0 \tag{2.64}$$

$$\boldsymbol{B}^{-1}\boldsymbol{b}=(b_1',b_2',\cdots,b_m')$$

$$\begin{aligned}\boldsymbol{B}^{-1}\Delta\boldsymbol{b}_r&=\boldsymbol{B}^{-1}(0,0,\cdots 0,\Delta b_r,0,\cdots,0)\\&=(\Delta b_r a'_{1,n+r},\Delta b_r a'_{2,n+r},\cdots,\Delta b_r a'_{m,n+r})^{\mathrm{T}}\\&=\Delta b_r(a'_{1,n+r},a'_{2,n+r},\cdots,a'_{m,n+r})^{\mathrm{T}}\end{aligned}$$

如果要使最优解中的基变量组成不变的条件式(2.64)成立，则要满足

$$b_i'+\Delta b_r a'_{i,n+r}\geqslant 0,\quad i=1,2,\cdots,m \tag{2.65}$$

其中 $b_i'(i=1,2,\cdots,m)$ 为最优单纯表中的右端系数，$a'_{i,n+r}$ 为逆矩阵 $\boldsymbol{B}^{-1}$ 中第 r 列各元素。

当 $a'_{i,n+r}>0$，有　$\Delta b_r\geqslant\dfrac{-b_i'}{a'_{i,n+r}}$。

当 $a'_{i,n+r}<0$，有　$\Delta b_r\leqslant\dfrac{-b_i'}{a'_{i,n+r}}$。

为了保证所有基变量的值均大于等于 0，所以某一右端系数 b_r 的变化范围应满足

$$\max_i\left\{\frac{-b_i'}{a'_{i,n+r}}\mid a'_{i,n+r}>0\right\}\leqslant\Delta b_r\leqslant\min_i\left\{\frac{-b_i'}{a'_{i,n+r}}\mid a'_{i,n+r}<0\right\} \tag{2.66}$$

当某一右端系数从 b_r 变化为 $b_r+\Delta b_r$ 时，基变量的解值会发生变化。变化后的基变量值为

$$\boldsymbol{X}_{\mathrm{B}}=(b_1',b_2',\cdots,b_m')^{\mathrm{T}}+\Delta b_r(a'_{1,n+r},a'_{2,n+r},\cdots,a'_{m,n+r})^{\mathrm{T}} \tag{2.67}$$

显然，由于基变量的解值发生变化，所以其目标函数也将随之发生变化。

如从例 2.12 的最优单纯形表 2.8 中可知，要使原线性规划的最优解结构不发生变化，右端系数 b_2 的变化范围为

$$\max\left(\frac{-100}{0.25},\frac{-200}{1}\right)\leqslant\Delta b_2\leqslant\min\left(\frac{-100}{-0.75}\right)$$

$$-200\leqslant\Delta b_2\leqslant 133.3,\quad 1\,000\leqslant b_2\leqslant 1\,333.3$$

若令 $\Delta b_2=100$，则变化后的基变量值和目标函数值分别为

$$\boldsymbol{X}_{\mathrm{B}}=\begin{pmatrix}100\\200\\100\end{pmatrix}+100\begin{pmatrix}0.25\\1.00\\-0.75\end{pmatrix}=\begin{pmatrix}125\\300\\25\end{pmatrix}$$

$$\mathrm{OBJ}=125\times 0+300\times 4+25\times 5=1\,325$$

由此可见，当 $\Delta b_2=100$ 时，目标函数值增大了 25 单位。这一结果是可以预知的，因为右端项 b_2 的影子价格是 0.25。

注意，正确地计算某右端项 b_i 的灵敏度范围，必须正确地找到第 i 行所对应的松弛变量相应的列号，式(2.66)中的被除数为第 i 行所对应的松弛变量相应列的技术系数。

2.5.4　技术系数的灵敏度分析

技术系数 a_{ij} 发生变化时对线性规划最优解结构的影响比较复杂。从方程(2.59)可知，

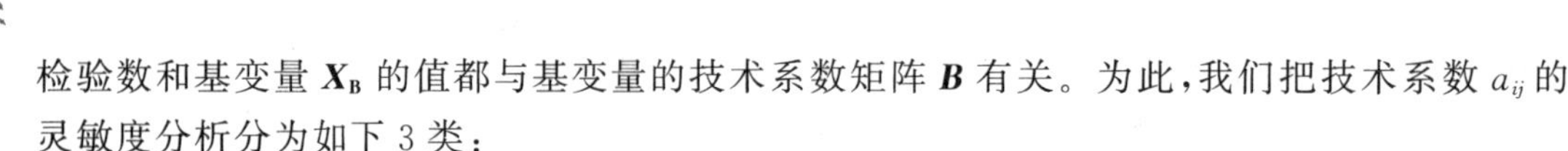

检验数和基变量 X_B 的值都与基变量的技术系数矩阵 B 有关。为此,我们把技术系数 a_{ij} 的灵敏度分析分为如下3类:

(1) 对应基变量 x_j 的 a_{ij},且资源 b_i 已全部用完;

(2) 对应基变量 x_j 的 a_{ij},但资源 b_i 未用完;

(3) 对应非基变量 x_j 的 a_{ij},且资源 b_i 全用完或未用完。

对于前面两类,有的运筹学教科书(如参考文献[1])上给出使线性规划最优解结构不变的条件是:

第(1)类,技术系数变化范围为 $\Delta a_{ij}=0$;

第(2)类,技术系数变化范围为 $-\infty \leqslant \Delta a_{ij} \leqslant x_{n+i}/x_j$。

我们认为,上述两个使线性规划最优解结构不变的条件是不充分的。其理由是虽然非基变量检验数中的技术系数是最优单纯表中非基变量对应的技术系数,但由于当某一基变量的技术系数发生变化时,将会导致最优单纯形表中的非基变量的技术系数发生变化,从而使各非基变量的检验数发生变化。而这种变化规律是无法用确定的公式表示的。所以,当某一基变量的技术系数发生变化时,线性规划最优解结构是否发生变化,是难以用某一公式表示该技术系数允许的变化范围。此时,只能修改变化后的技术系数,并重新利用单纯形法求解给定的线性规划,以确定原线性规划的最优结构是否发生变化。

对于第(3)类,即对应非基变量的技术系数 a_{ij},且资源 b_i 全用完或未用完。由于某一非基变量的技术 a_{ij} 发生变化时,它只会导致该非基变量 x_j 本身的检验数 $c_j - z_j$ 发生变化。我们分两种情况讨论。

(1) $\Delta a_{ij} > 0$,当某一非基变量的技术系数增大时,不会破坏最优解。因为,某一变量之所以是非基变量,其中一个原因是它的技术系数较大,即生产单位该产品所消耗的资源较多。因此,当该非基变量的技术系数增大时,肯定不会使它从非基变量变为基变量。

(2) $\Delta a_{ij} < 0$,当某一非基变量的技术系数减小时,要使原线性规划最优解结构不变的条件是:必须保证该非基变量的经验数仍然为小于等于0,即 $c_j - z_j \leqslant 0$。

设 x_j 为非基变量,则其机会成本用各资源的影子价格可表示为

$$z_j = \sum_{i=1}^{m} a_{ij} q_i \tag{2.68}$$

当非基变量 x_j 对第 k 种资源的技术消耗系数从 a_{kj} 变化为 $a_{kj}+\Delta a_{kj}$ 时,其机会成本用各资源影子价格的表示形式变化为

$$z_j + \Delta z_j = \sum_{i=1}^{m}(a_{ij}+\Delta a_{kj})q_i = \sum_{i=1}^{m} a_{ij} q_i + \Delta a_{kj} q_k = z_j + \Delta a_{kj} q_k \tag{2.69}$$

所以,要使原线性规划最优解结构不变的条件是

$$c_j - z_j - \Delta a_{kj} q_k \leqslant 0, \quad 即 \quad \Delta a_{kj} q_k \geqslant c_j - z_j^0 \tag{2.70}$$

从式(2.70)可得,要使原线性规划最优解结构不变,非基变量技术系数 a_{ij} 的允许变化范围 Δa_{kj} 为

$$\frac{c_j - z_j}{q_k} \leqslant \Delta a_{kj} \leqslant \infty,\ q_k > 0; \quad 或 \quad \frac{c_j - z_j}{q_k} \geqslant \Delta a_{kj} \geqslant -\infty,\ q_k < 0 \tag{2.71}$$

从例2.12的最优单纯形表2.8可知,x_1,x_3 为非基变量,$q_1=0$, $q_2=0.25$, $q_3=1$,故

要使原线性规划的最优解结构不发生变化，非基变量 x_1，x_3 的各技术系数的允许变化范围分别为

$$-\infty \leqslant \Delta a_{11} \leqslant \infty, -\infty \leqslant \Delta a_{13} \leqslant \infty$$

$$-13=\frac{-3.25}{0.25} \leqslant \Delta a_{21} \leqslant \infty, -11=\frac{-2.75}{0.25} \leqslant \Delta a_{23} \leqslant \infty$$

$$-3.25=\frac{-3.25}{1} \leqslant \Delta a_{31} \leqslant \infty, -2.75=\frac{-2.75}{1} \leqslant \Delta a_{33} \leqslant \infty$$

2.5.5　增加新的决策变量分析

在企业生产实践过程中，由于竞争的需要，企业会不断开发新的产品。当某一新产品开发成功后，企业管理人员自然关心是否应该投产。例 2.12 中，若有一新增产品 x_8，已知该产品的价格为 $c_8=9$，对各资源的技术消耗系数分别为 $a_{18}=5$，$a_{28}=4$，$a_{38}=3$，问是否生产？

根据表 2.8 例 2.12 的最优单纯形表可知，在最优解情况下，各种资源的影子价格分别为 $q_1=0, q_2=0.25, q_3=1$。根据影子价格和新产品 x_8 的价值系数及技术系数，可计算 x_8 的检验数，即

$$\begin{aligned} c_8 - z_8 &= c_8 - \sum_{i=1}^{3} q_i a_{i8} = 9-(5\times 0+4\times 0.25+3\times 1) \\ &= 5 > 0 \end{aligned}$$

由此可见，生产新产品 x_8 是有利的。这时需要把 $\boldsymbol{B}^{-1}\boldsymbol{P}_8$ 加入表 2.8 最后一列，选 x_8 为入变量继续迭代，可以得到新的最优解。若 $c_8-z_8\leqslant 0$，则引入 x_8 不利，停止运算。

2.5.6　新增约束条件的分析

新增约束条件在实际问题中相当于增加一个工序。此时，分析的方法是将最优解代入新的约束条件，若满足，则最优解不变；若不满足，则当前最优解要发生变化。为此，需要将新增约束条件加入最优单纯形表，通过变换使其成为标准形，然后利用对偶单纯形法继续迭代求得新的最优解。

如在例 2.12 中，在原有 3 个约束条件的基础之上，新增加如下约束方程

$$x_1+2x_2+3x_3+3x_4\leqslant 650$$

试确定增加该新的约束条件后的最优解。

解　将表 2.8 的最优解代入上述新增的约束条件，可得

$$x_1+2x_2+3x_3+3x_4=0+2\times 100+0+3\times 200>650$$

即原最优解不满足新增的约束条件。为此，将该新增约束条件加在例 2.12 的最优单纯形表 2.8的最后一行，如表 2.9 序号为 1 的部分。

利用初等变换，将表 2.9 序号为 1 的部分变换为序号为 2 的标准形，即将表 2.9 序号为 1 中的 a_{42}，a_{44} 和 a_{45} 变换为 0，以便使 x_8 的列系数向量和其他基变量的系数列向量共同组成一个单位矩阵。再经过两步迭代运算后得到新增约束条件后的最优解，如表 2.9 所示。

表 2.9　新增约束条件后的标准化与优化步骤

序号				x_1	x_2	x_3	x_4	x_5	x_6	x_7	x_8
	C_B	X_B	B	1	5	3	4	0	0	0	0
1	0	x_5	100	1/4	0	−13/4	0	1	1/4	−1	0
	4	x_4	200	2	0	−2	1	0	1	−1	0
	5	x_2	100	−3/4	(1)	11/4	0	0	−3/4	1	0
	0	x_8	650	1	2	3	3	0	0	0	1
2	0	x_5	100	1/4	0	−13/4	0	1	1/4	−1	0
	4	x_4	200	2	0	−2	(1)	0	1	−1	0
	5	x_2	100	−3/4	1	11/4	0	0	−3/4	1	0
	0	x_8	450	5/2	0	−5/2	3	0	1.5	−2	1
3	0	x_5	100	1/4	0	−13/4	0	1	1/4	−1	0
	4	x_4	200	2	0	−2	1	0	1	−1	0
	5	x_2	100	−3/4	1	11/4	0	0	−3/4	1	0
	0	x_8	−150	−7/2	0	7/2	0	0	(−3/2)	1	1
	OBJ=1 300		z_j	4.25	5	5.75	4	0	0.25	1	0
			c_j-z_j	−3.25	0	−2.75	0	0	−0.25	−1	0
4	0	x_5	75	−0.33	0	−2.67	0	1	0	−0.83	0.17
	4	x_4	100	−0.33	0	0.33	1	0	0	−0.33	0.67
	5	x_2	175	1	1	1	0	0	0	0.5	−0.5
	0	x_6	100	2.33	0	−2.33	0	0	1	−0.67	−0.67
	OBJ=1 275		z_j	3.67	5	6.33	4	0	0	1.17	0.17
			c_j-z_j	−2.67	0	−3.33	0	0	0	−1.17	−0.17

注意,新的最优目标函数值为 $f(\boldsymbol{X}^*)=1\ 275$,比原最优解的目标函数值减少了 25 单位。这是因为 x_6 相当于第 2 行的资源,其影子价格为 0.25,在最优解中 $x_6=100$,表明资源 2 在原最优解没有剩余,但在当前最优解中有剩余 100,所以目标函数值减少了 25。用更为科学的语言讲,就是因为新的约束条件使问题的可行域变小了,使得新的最优解目标函数值劣化。

2.5.7　灵敏度分析实例讨论

例 2.13　某工厂生产 3 种产品 A,B,C,有 5 种生产组合方案。表 2.10 给出每组组合方案所生产的 A,B,C 产品数量及产品单位售价。表 2.11 给出每组生产方案所需要熟练工人的工时、机器工时和生产费用等有关数据。该工厂与某单位签订合同,规定每天供应 A 产品至少 110 个,求收益最大的生产组合方案。

表 2.10　每组方案生产产品的数量及单位售价

品种	组别					单位售价/元
	Ⅰ	Ⅱ	Ⅲ	Ⅳ	Ⅴ	
	产量					
A 产品数量	3	2	4	4	0	10
B 产品数量	6	1	2	1	4	5
C 产品数量	2	6	5	1	8	4

表 2.11　每组方案耗费的资源及生产费用

资源	组别					资源限制
	Ⅰ	Ⅱ	Ⅲ	Ⅳ	Ⅴ	
	耗费					
工人工时/h	0	4	6	1	2	80 h/d
机器工时/h	1	1	2	1	1	50 h/d
每组生产费用/元	48	19	30	44	7	

解　设 x_j 为已选定各种组合方案的组数($j=1,2,\cdots,5$)，x_6 为 A 产品的剩余变量，x_7，x_8 分别为工人工时和机器工时的松弛变量，工厂收益值为 $f(\boldsymbol{x})$，则经过整理可得收益最大的生产方案优化的线性规划如下：

$$\max f(x)=20x_1+30x_2+40x_3+5x_4+45x_5$$

$$\text{s.t.}\begin{cases}3x_1+2x_2+4x_3+4x_4-x_6=110\\4x_2+6x_3+x_4+2x_5+x_7=80\\x_1+x_2+2x_3+x_4+x_5+x_8=50\\x_j\geqslant 0,\quad j=1,2,\cdots,8\end{cases}$$

利用单纯形法求解上述模型，可得如表 2.12 所示的最优单纯形表。

表 2.12　例 2.13 的最优单纯形表

			x_1	x_2	x_3	x_4	x_5	x_6	x_7	x_8
$\boldsymbol{C}_{\mathrm{B}}$	$\boldsymbol{X}_{\mathrm{B}}$	$\boldsymbol{b}$	20	30	40	5	45	0	0	0
20	x_1	26	1	0	0.4	1	0	−0.2	−0.2	0.4
30	x_2	16	0	1	1.4	0.5	0	−0.2	0.3	−0.6
45	x_5	8	0	0	0.2	−0.5	1	0.4	−0.1	1.2
OBJ=1 360		z_j	20	30	59	12.5	45	8	0.5	44
		c_j-z_j	0	0	−19	−7.5	0	−8	−0.5	−44

根据该最优单纯形表，我们将对如下若干问题进行灵敏度分析。

问题 1　产品 A 的影子价格为多少？A 产品的订购合同是否有利？

解　从表 2.12 的最优单纯形表可知，x_6 的机会成本为 8。由于 x_6 是产品 A 的剩余变量，所以 A 产品的影子价格为 $q_1=-z_6=-8$。它的经济意义是：如果多生产 A 产品 1 个单位，则将使目标函数值减少 8 元。反之，如果少生产 A 产品 1 个单位，则将使目标函数值增加8元。因此,A产品的订购合同是不利的。

问题2　第Ⅱ组方案的生产费用提高2元,是否要调整生产组别?

解　从表2.12的最优单纯形表可知,第Ⅱ组生产方案为基变量,生产组数为$x_2=16$。根据式(2.61)可求得基变量x_2对应的价值系数的变化范围为

$$\max\left(\frac{-19}{1.4},\frac{-7.50}{0.50},\frac{-0.50}{0.30}\right)\leqslant\Delta c_2\leqslant\min\left(\frac{-8.0}{-0.2},\frac{-44}{-0.6}\right)$$

$$-1.67\leqslant\Delta c_2\leqslant 40.00,\quad 28.33\leqslant c_2\leqslant 70.00$$

当第Ⅱ组的生产费用提高2元时,该组的纯收益降低2元,显然超出Δc_2的变化范围下限-1.67。因此,原生产方案需要做调整。根据表2.12可知,当c_2变为28时,x_7的检验数将变为0.1,即x_7将成为基变量替代x_2。

问题3　若熟练工人加班费为1元/h,是否要采取加班措施?当加班费降为0.3元/h,是否要采取加班措施?最多允许加班时间多少?

解　从表2.12可知,x_7为熟练工人工时的松弛变量,它的影子价格为0.50。所以,若熟练工人加班费为1元/h,不要采取加班措施。但当加班费降为0.3元/h,显然可以采取加班措施。

由于熟练工人工时对应第2个约束方程的右端系数b_2,根据右端系数的灵敏度分析式(2.66),可得b_2的变化范围为

$$\max\left(\frac{-16}{0.30}\right)\leqslant\Delta b_2\leqslant\min\left(\frac{-26}{-0.2},\frac{-8}{-0.10}\right)$$

$$-53.33\leqslant\Delta b_2\leqslant 80.00,\quad 26\frac{2}{3}\leqslant b_2\leqslant 160$$

所以,熟练工人的最多允许加班时间为80/h。

问题4　若通过租借机器增加机器工时,租费的上限应为多少?

解　从表2.12可知,x_8为机器工时的松弛变量,它的影子价格为44,所以,机器的租费的上限为每小时44元。

问题5　若要选用第Ⅳ组方案,该组的生产费用应降低多少?

解　从表2.12可知,第Ⅳ组方案x_4为非基变量。根据非基变量价值系数的灵敏度分析式(2.60),可得c_4的变化范围为

$$-\infty\leqslant\Delta c_4\leqslant-(-7.5),\quad -\infty\leqslant c_4\leqslant 12.5$$

所以,第Ⅳ组方案的生产费用应降低7.5元以上才能被选用。

问题6　若机器租费低于44元/h,问租几部机器才合适(每天按8小时计)?

解　由于机器工时对应第3个约束方程的右端系数b_3,根据右端项的灵敏度式(2.66),可得b_3的变化范围为

$$\max\left(\frac{-26}{0.4},\frac{-8}{1.2}\right)\leqslant\Delta b_3\leqslant\min\left(\frac{-16}{-0.6}\right)$$

$$-6.67\leqslant\Delta b_3\leqslant 26.67,\quad 43.33\leqslant b_3\leqslant 76.67$$

所以,机器工时每天最多允许增加26.67 h。如果每天按8 /h计算,租3部机器合适。

问题7　若第Ⅲ组方案使机器工时减少0.5小时,能否被选入?

解　从表2.12可知,第Ⅲ组方案x_3为非基变量,由于机器工时对应第3个约束方程,

由非基变量技术系数的灵敏度式(2.71),可得

$$\frac{-19}{44}=-0.4316\leqslant\Delta a_{33}\leqslant+\infty$$

所以,当第Ⅲ组方案使机器工时减少 0.5 h,超过了技术系数 a_{33} 允许的变化范围,将使第Ⅲ组方案被入选。

问题 8　若第Ⅲ组方案中的 A 产品数量增加 2 个,能否被选入?

解　从表 2.12 可知,第Ⅲ组方案 x_3 为非基变量,由于 A 产品对应第 1 个约束方程,由非基变量技术系数的灵敏度式(2.71),可得

$$-\infty\leqslant\Delta a_{13}\leqslant\frac{-19}{-8}=2.375$$

所以,当第Ⅲ组方案中的 A 产品数量增加 2 个,在技术系数 a_{33} 允许的变化范围内,故第Ⅲ组方案不会入选。

2.5.8　线性规划灵敏度分析小结

以上灵敏度分析都是在问题最优解的基础上进行的。我们对于价值系数 c_j,右端项系数 b_i 和非基变量对应消耗系数 a_{ij} 的灵敏度分析有这样的共同特点:① 只有一个参数发生变化;② 保持最优可行基不被破坏。因此我们能够得到 3 个解析式来表达它们灵敏度的范围。但是,在实际中,这些参数很可能多个同时发生变化,这时我们就无法以解析式来给出它们联合变化的范围。在这种情况下,我们需要利用软件来进行计算,如 WinQSB 软件。

2.6　习题讲解与分析

习题 2.1　有原线性规划问题如下:

$$\max f(x)=2x_1-2x_2-3x_3+x_4$$

$$\text{s.t.}\begin{cases}x_1+2x_2+2x_3+3x_4\leqslant 20\\2x_1+x_2+3x_3+2x_4\leqslant 20\\x_1,x_2,x_3,x_4\geqslant 0\end{cases}$$

通过对偶问题证明原问题的最优解目标函数值不超过 20。

解　习题 2.1 主要考核对偶变换和弱对偶定理等。

根据对偶变换规则表 2.2,可得原线性规划问题的对偶问题如下:

$$\min g(y)=20y_1+20y_2$$

$$\text{s.t.}\begin{cases}y_1+2y_2\geqslant 2\\2y_1+y_2\geqslant -2\\2y_1+3y_2\geqslant -3\\3y_1+2y_2\geqslant 1\\y_1,y_2\geqslant 0\end{cases}$$

取上述对偶问题的一个特解$(0,1)^{\mathrm{T}}$,则其对应的目标函数值为 $g(y)=20$,根据弱对偶定理 2.1 可知,原问题的最优解目标函数值不超过 20。证毕。

习题 2.2 有原线性规划问题如下：

$$\min f(x)=2x_1-x_2+2x_3$$

$$\text{s.t.}\begin{cases}-x_1+x_2+x_3=4\\-x_1+x_2-kx_3\geqslant 6\\x_1\leqslant 0,x_2\geqslant 0,x_3\pm\text{不限}\end{cases}$$

已知原线性规划问题最优解时 $x_1{}^*=1$，最优解的目标函数值为 $f(\boldsymbol{X}^*)=-12$，求对偶问题的最优解和 k 值。

解 习题 2.2 主要考核对偶变换、强对偶定理和互补松弛定理等。

(1) 根据对偶变换规则表 2.2，可得原线性规划问题的对偶问题如下：

$$\max g(y)=4y_1+6y_2$$

$$\text{s.t.}\begin{cases}-y_1-\ \ y_2\geqslant 2\\\ \ y_1+\ \ y_2\leqslant -1\\\ \ y_1-ky_2=2\\\ \ y_1\pm\text{不限},y_2\leqslant 0\end{cases}$$

(2) 由对偶定理可得如下方程

$$4y_1+6y_2=-12\text{（原规划和对偶规划最优解时的目标函数值相等）}$$

$$-y_1-y_2=2\qquad\text{（互补松弛定理，因原规划 }x_1=-5\text{）}$$

解得

$$y_1=0,\ y_2=-2$$

$$\text{OBJ}=-12$$

$$k=(y_1-2)/y_2=1$$

习题 2.3 某工厂生产 3 种产品的线性规划问题的最优解单纯形表如表 2.13。

表 2.13 某线性规划问题的最优解单纯形表

		c_j	1	2	1.5	0	0	0	0
$\boldsymbol{C}_\mathbf{B}$	$\boldsymbol{X}_\mathbf{B}$	$\boldsymbol{b}$	x_1	x_2	x_3	x_4	x_5	x_6	x_7
2	x_2	72	0.3	1	0	0.6	−0.6	0	0
1.5	x_3	704	1.6	0	1	−0.8	4.8	0	0
0	x_6	194	0.725	0	0	−0.05	−0.45	1	0
0	x_7	21.33	−0.13	0	0	0.93	−0.4	0	1
		z_j	3	2	1.5	0	6	0	0
		c_j-z_j	−2	0	0	0	−6	0	0

其中，x_4 为工人工时约束的松弛变量；x_5 为机器工时约束的松弛变量；x_6 为原料 A 约束的松弛变量；x_7 为原料 B 约束的松弛变量。

(1) 求工人工时、机器工时、原料 A 和原料 B 的影子价格，并解释它们的含义；

(2) 求价值系数 c_1、c_2 的灵敏度范围；

(3) 求机器工时变化量 Δb_2 的灵敏度范围；

(4) 在价值系数和技术系数矩阵不变的情况下，要提高收入的关键是什么？

解 习题 2.3 主要考核线性规划影子价格及其含义，灵敏度分析等。

(1) 工人工时影子价格为 0,其含义是减少 1 工人工时目标函数值增加 0;

机器工时影子价格为 6,其含义是减少 1 机器工时目标函数值增加 6;

原料 A 影子价格为 0,其含义是原料 A 减少 1,目标函数值增加 0;

原料 B 影子价格为 0,其含义是原料 B 减少 1,目标函数值增加 0。

(2) c_1 为非基变量价值系数,其变化范围为 $\Delta c_1 \leqslant 2, c_1 \leqslant 3$;

c_2 为基变量价值系数,其变化范围为 $0 \leqslant \Delta c_2 \leqslant 10$, $2 \leqslant c_2 \leqslant 12$。

(3) 机器工时变化范围为 $-146.7 \leqslant \Delta b_2 \leqslant 53.3$。

(4) 提高收入的关键是增加机器工时,同时尽量利用 A 和 B 剩余的资源(这个容易被忽略)。

第3章 运输问题

3.1 运输问题提出及其数学模型

3.1.1 运输问题提出

在经济建设中，我们经常遇到一些物资调运的问题，如何制定调运方案，将这些物资运往指定的地点，而且通常希望运输成本最小，我们称之为运输问题。运输问题不仅代表了物资合理调运、车辆合理调度等问题，有些其他类型的问题经过适当变换后也可以归结为运输问题。

例 3.1 假设全国有8大煤炭基地，其产量分别为 $a_1,a_2,\cdots,a_8$，要把这8个煤炭基地的煤炭分别运往全国27个省会城市，全国27个省会城市煤炭的需求量分别为 $b_1,b_2,\cdots,b_{27}$。某一煤炭基地到某一省会城市的煤炭单位运费为 w_{ij}，$i=1,2,\cdots,8;j=1,2,\cdots,27$。再假设8大煤炭基地的煤炭产量之和刚好等于全国27个省会城市煤炭需求量之和。现要求建立在将8大煤炭基地的煤炭都运出去，全国27个省会城市煤炭需求都得到满足条件下，使总运费最小的运输数学模型。

解 设某一煤炭基地到某一省会城市的煤炭运量为 $x_{ij}(i=1,2,\cdots,8;j=1,2,\cdots,27)$，总运费为 $f(x)$，则所求的总运费最小的运输数学模型为

$$\min f(x)=\sum_{i=1}^{8}\sum_{j=1}^{27}w_{ij}x_{ij}$$

$$\text{s.t.}\begin{cases}\sum_{j=1}^{27}x_{ij}=a_i, & i=1,2,\cdots,8 \text{ 产量约束}\\ \sum_{i=1}^{8}x_{ij}=b_j, & j=1,2,\cdots,27 \text{ 需求量约束}\\ x_{ij}\geqslant 0,i=1,2,\cdots,8;j=1,2,\cdots,27\end{cases}\tag{3.1}$$

仔细观察上述运输问题数学模型，我们不难发现，它就是一个线性规划模型。但是，由于它的约束方程组的系数矩阵具有特殊的结构，是一种特殊的线性规划问题，如果采用第1章中讨论的单纯形法进行求解，其求解效率会很低，所以需要采用更为简便高效的求解方法

来解决运输问题数学模型。

3.1.2 运输问题的数学模型的一般形式

将例3.1的运输问题一般化,可将运输问题描述如下:已知有m个生产地点(简称产地$i,i=1,2,\cdots,m$)生产某类物资,其供应量(产量)分别为$a_i(i=1,2,\cdots,m)$;有n个地区(简称销地$j,j=1,2,\cdots,n$)需要物资,其需要量分别为$b_j(j=1,2,\cdots,n)$;从产地i到销地j的单位物资运费我们表示为w_{ij},用x_{ij}表示从i到j的物资运量。我们把有关的数据用表3.1和表3.2来表示。

表3.1 产销平衡表

销地	产地				
	1	2	…	n	产量a_i
1	x_{11}	x_{12}	…	x_{1n}	a_1
2	x_{21}	x_{22}	…	x_{2n}	a_2
⋮	⋮	⋮		⋮	⋮
m	x_{m1}	x_{m2}	…	x_{mn}	a_m
销量b_j	b_1	b_2	…	b_n	

表3.2 单价运费表

产地	销地			
	1	2	…	n
1	w_{11}	w_{12}	…	w_{1n}
2	w_{21}	w_{22}	…	w_{2n}
⋮	⋮	⋮		⋮
m	w_{m1}	w_{m2}	…	w_{mn}

运输问题要求在满足各个产销地产量、销量的条件下,如何调度各地的运量,使得总的运输成本最小。根据运输问题的约束条件和目标函数,我们可得到运输问题的数学模型如下:

$$\min f(x)=\sum_{i=1}^{m}\sum_{j=1}^{n}w_{ij}x_{ij}$$

$$\begin{cases}\sum_{j=1}^{n}x_{ij}=a_i, & i=1,2,\cdots,m \text{ 产地约束}\\ \sum_{i=1}^{m}x_{ij}=b_j, & j=1,2,\cdots,n \text{ 销量约束}\\ x_{ij}\geqslant 0\end{cases}\tag{3.2}$$

如果$\sum a_i=\sum b_j$,即总的产量等于总的销量,我们称之为产销平衡的运输问题。在本书中,除非特别说明,我们所指的运输问题都是产销平衡的运输问题。

这个数学模型包含了$m\times n$个变量,$(m+n)$个约束方程,而且约束条件均为等式,技术系数均等于1。由于 $\sum a_i = \sum b_j$,所以这个线性规划问题的 $m+n$ 个约束条件只有 $m+n-1$ 个是独立的,也就是基变量的个数为 $m+n-1$。对于运输问题的数学模型,如果用单纯形法来求解,需要加入很多人工变量,而且迭代的时候经常出现退化解,使得求解的过程非常复杂。本章我们采用比较简便的计算方法,习惯上称之为表上作业法。

3.2 运输问题的求解方法——表上作业法

表上作业法是单纯形法在求解运输问题时的一种简化方法,其实质是单纯形法,但在具体计算和术语上有所不同。求解运输问题时的步骤如下:

1. 求一初始基本可行解

求运输问题的初始基本可行解也就是要确定一初始的调运方案,即在($m\times n$)产销平衡表上给出 $m+n-1$ 个基变量的值,且这 $m+n-1$ 个基变量在表中的位置不能形成一个回路。

2. 最优检验

最优检验就是要求各非基变量的检验数,即在表上计算空格的检验数,判断是否达到最优解。若已是最优解,停止计算;否则转到下一步。

3. 求一更好的基本可行解

(1) 确定换入变量;

(2) 换出变量;

(3) 找出新的更好的基本可行解。在表上用闭回路法调整;转步骤(2)。

以上运算都可以在表上完成。可以看到,这种表上作业法的思路与单纯形法完全相同,只是具体做法有差异。下面我们通过例子来说明表上作业法的计算步骤。

例 3.2 某公司经销某种产品,下设 3 个加工厂。该公司把这些产品分别运往 4 个销售点。已知从各个工厂到各销售点的单位产品的运价如表 3.3 所示,问该公司如何调运产品,在满足各个销售点需要量的前提下,使总的运输成本最低。

表 3.3 产销量及运费表

产地	销地				
	B_1	B_2	B_3	B_4	产量 a_i
A_1	20	11	3	6	5
A_2	5	9	10	2	10
A_3	18	7	4	1	15
销量 b_j	3	3	12	12	

3.2.1 确定初始基可行解

与一般线性规划问题不同,产销平衡的运输问题总是存在可行解。而确定初始基可行解的方法很多,一般来说,我们希望采用的方法是既简便,又尽可能地接近最优解。下面介绍几种方法。

1. 西北角法

西北角法，又称左上角法，或阶梯法。这种方法的基本思想是先选取运输分配表 3.4 第 1 步中居于西北角变量 x_{11} 作为第 1 个基变量，并辅以约束条件所允许的、尽可能大的数，即令 $x_{11}=\min(a_1,b_1)=\min(5,3)=3$。它表示产地 A_1 供应量为 5，销地 B_1 的需求量为 3，因此从产地到销地的运输量 $x_{11}=3$，将 3 填入表 3.4，这也就意味着销地已经从产地得到全部物资，不必再由其他产地供应了。因此，x_{21}，x_{31} 的值都将等于零，也就是说 x_{21}，x_{31} 都是非基变量。

接下来，我们选取下一个西北角变量作为基变量，也就是表 3.4 中的 x_{12}。显然 $x_{12}=\min(5-3,3-0)=2$，这是因为销地还需要 3 个单位的物资，但是产地 A_1 的最大供应量为 $(5-3)=2$，所以 $x_{12}=2$。这样顺次由西北角往东南角移动得到第 2 步，继续运算，一直到我们在表 3.4 中看到的第 6 步。这就得到了我们的初始调运方案，也就是初始基础可行解。根据上述分配原则，待分配的 x_{ij} 数为

$$x_{ij}=\min\begin{cases}(a_i-i\text{ 行已经分配数总和})=\text{尚有多余物资数}\\(b_j-j\text{ 列已经分配数总和})=\text{尚待供应物资数}\end{cases}\tag{3.3}$$

表 3.4　西北角法初始方案的计算分配过程

序号	产地	销地				产量 a_i
		B_1	B_2	B_3	B_4	
第 1 步	A_1	3	x_{12}			5
	A_2	—				10
	A_3	—				15
	销量 b_j	3	3	12	12	
第 2 步	A_1	3	2			5
	A_2	—	x_{22}			10
	A_3	—	—			15
	销量 b_j	3	3	12	12	
⋮	⋮	⋮	⋮	⋮	⋮	⋮
第 6 步	A_1	3	2	—	—	5
	A_2	—	1	9	—	10
	A_3	—	—	3	12	15
	销量 b_j	3	3	12	12	

表 3.4 的第 6 步也就是初始方案的最后结果，其中 x_{ij} 的非零数共有 6 个$(m+n-1=6)$。从表 3.4 可见，这 6 个基变量在表中所在的位置没有形成一回路，所以，它就是初始方案的基础可行解。这个分配方案的总运输成本为

$$f(\boldsymbol{X})=\sum_{i=1}^{m}\sum_{j=1}^{n}c_{ij}x_{ij}=205\tag{3.4}$$

2. 最低费用法

上面提到的这个西北角法只是简单地按照产销量约束进行分配，并没有考虑到单位运费的高低情况。由于我们的目标是使总运费最低，所以，人们自然想到，单位运费低的决策

变量应优先考虑，于是提出了最低费用法。

最低费用法的基本思想是从单位运价表中选择最低的运费开始确定供销关系，然后划去该运价所在行或列；然后次低，一直到给出初始基可行解，求出初始方案为止。如表 3.5 所示。

表 3.5　例 3.2 运输问题最低费用法分配过程

序号	单位运费表(c_{ij})					分配数量表(x_{ij})					
第 1 步		B_1	B_2	B_3	B_4		B_1	B_2	B_3	B_4	a_i
	A_1	20	11	3	~~6~~	A_1			x_{13}	—	5
	A_2	5	9	10	~~2~~	A_2				—	10
	A_3	18	7	4	(1)	A_3				12	15
						b_j	3	3	12	12	
第 2 步		B_1	B_2	B_3	B_4		B_1	B_2	B_3	B_4	a_i
	A_1	~~20~~	~~11~~	(3)	~~6~~	A_1	—	—	5	—	5
	A_2	5	9	10	~~2~~	A_2				—	10
	A_3	18	7	4	(1)	A_3			x_{33}	12	15
						b_j	3	3	12	12	
	继续分配 ⋮										
第 6 步		B_1	B_2	B_3	B_4		B_1	B_2	B_3	B_4	a_i
	A_1	~~20~~	11	(3)	~~6~~	A_1	—	—	5	—	5
	A_2	(5)	9	~~10~~	~~2~~	A_2	3	3	4	—	10
	A_3	~~18~~	7	(4)	(1)	A_3			3	12	15
						b_j	3	3	12	12	

由表 3.5 第 1 步中运费表中可以看到，x_{34} 的运费最低，我们用一个括号表示出我们选中 1。为此先尽量满足 x_{34} 的需要量。因为产地 A_3 的产量为 15，销地 B_4 的需要量为 12。所以 $x_{34}=\min(15-0,12-0)=12$。这时销地 B_4 已经全部满足，也就不需要从其他产地调配物资，为此可以划掉销地 B_4 列的单价数据，得到表 3.5 中第 2 步所列的单位运费表，其中 x_{13} 的运费最低为 3。同理取 $x_{13}=5$，并划掉产地 A_1 行的其他运费，如此类推，在没有划掉的单位运费中再选费用 $c_{33}=4$，$x_{ij}=x_{33}=3$。按照这种方法，继续分配下去，最后得到表 3.5 中的第 6 步。根据总费用计算公式可得其总费用为

$$f(\boldsymbol{X})=\sum_{i=1}^{m}\sum_{j=1}^{n}c_{ij}x_{ij}=121 \tag{3.5}$$

可以看到比刚才用西北角法计算所得数值低很多。

3. 运费差额法

最低费用法的缺点是：为了节省一处的费用，有时造成在其他的地方要多花几倍的费用。因此，人们又提出运费差额法。它的基本思想是，一产地的产品假如不能按照最低运费就近供应，就考虑次低运费。这样就有一个差额，差额越大，说明不能按照最低运费调运的时候，运费增加越多，因而对差额最大处，就应当优先按最低运费分配。

运费差额法的基本的计算方法和步骤如下：

(1) 对每行每列的运价 c_{ij}，先计算每一行(或每一列)中最低费用与次低费用的差额(取正值)；

(2) 在所有行差、列差中选一个最大差额，如果有几个同时最大，则可以任选其中之一；

(3) 在最大差额所在行(列)中选一个最低运费，如果有几个同时最低，可以任选其一；

(4) 将步骤(3)中所确定的最低运费所对应的决策变量作为基变量，并确定其数值并画圈，然后划去其所在行或列，具体做法同最小元素法；

(5) 对剩余未划去的行列重复上述步骤，但当只剩下最后一行(列)时，不再计算行(列)差，而且直接按最小元素法分配运量，并划去相应的行或列。

如表 3.6 的第 1 步为未分配前各行、各列最低费用、次低费用差额的计算结果，由表 3.6可知销地 1 列的差额最大(13)，然后在销地 1 列选取运费最低元素 $c_{21}=5$，这一格作为第 1 个基变量，尽量先满足 $x_{21}=\min(10,3)=3$，把 $x_{21}=3$ 列入分配表 3.6 第 1 步中，由于销地 1 需要量 3 已经全部满足，不必再从其他点发货到销地 1，所以可以划掉销地 1 这列所有运费，此后再重新计算，得出新的运费差额。如表 3.6 第 2 步，其中产地 2 行的差额最大，等于 7，在产地 2 行中挑选最小元素 $c_{24}=2$ 所在格作为第 2 个基变量 x_{24}，其值为 7。由于产地 2 处的物资已经全部调走，因此可以划掉产地 2 行的所有运费。由此类推，最后得到表 3.6 的第 5 步的初始分配表，其总费用为

$$f(\boldsymbol{X})=\sum_{i=1}^{m}\sum_{j=1}^{n}c_{ij}x_{ij}=98 \tag{3.6}$$

差额法的初始方案总运费最低，主要原因是它的考虑方面比较全面。因为对于每一个产、销点，供求情况有时需要通过第 2 次调运才能满足；采用最大差额法，在差额最大行(列)中挑选运费最低者尽量先分配，排除了出现第 2 次分配时需要支付较高运费的可能性。最低费用法只考虑第 1 次分配时的费用最低，有时由于第 1 次挑选了最低运费，当出现第 2 次分配时不得不付出更高的运费。例如在最低运费中，首先满足 $c_{34}=1$，$x_{34}=12$，为此划掉销地 4 列的所有单价，从而排除了采用 $c_{24}=2$ 的可能性。

表 3.6 运费差额法求得的初始方案

序号	单位运费表(c_{ij})					分配数量表(x_{ij})					
第1步											产量
	20	11	3	6	3		—				5
	(5)	9	10	2	3		3				10
	18	7	4	1	3		—				15
	13	2	1	1		销量	3	3	12	12	
第2步											产量
	—	11	3	6	3		—				5
	—	9	10	(2)	7		3	—	—	7	10
	—	7	4	1	3		—				15
	—	2	1	1		销量	3	3	12	12	

续表

序号	单位运费表(c_{ij})					分配数量表(x_{ij})					
第3步											产量
	—	11	3	6	3		—			—	5
	—	—	—	—	—		3	—	—	7	10
	—	7	4	(1)	3		—			5	15
	—	4	1	5		销量	3	3	12	12	
第4步											产量
	—	11	(3)	—	8		—	—	5	—	5
	—	—	—	—	—		3	—	—	7	10
	—	7	4	—	3		—			5	15
	—	4	1	—		销量	3	3	12	12	
第5步											产量
	—	—	—	—	—		—		5	—	5
	—	—	—	—	—		3	—	—	7	10
	—	7	4	—	3		—	3	7	5	15
	—	—	—	—		销量	3	3	12	12	

表上作业法求初始方案的方法中,西北角法最简单,最低费用法次之,而运费差额法则比较复杂;而在所求得的初始方案中,运费差额法最好,最低费用法次之,西北角法则较差。一般说来,手工计算时采用最低费用法或运费差额法求初始方案,采用计算机计算时则可采用西北角法。

3.2.2 用位势法进行最优解的判别

与单纯形法相同,检验运输问题方案是否为最优方案也是通过检验数进行。下面,我们采用类比的方法,通过对比单纯形法的最优检验条件来推得运输问题的最优检验条件。

从单纯形法的最优检验条件可知,对于目标函数为最大的最优检验条件为 $c_j - z_j \leqslant 0$,其中,c_j 和 z_j 分别为决策变量 x_j 的价值系数和机会成本。而对于运输问题,与决策本来 x_{ij} 对应的价值系数和机会成本分别为 c_{ij} 和 z_{ij}。其中,机会成本 z_{ij} 为对应第 i 个产地和第 j 个销地的机会成本。即决策变量 x_{ij} 从第 i 个产地与(或)第 j 个销地获得单位增量时,其他决策变量减少而为其付出的代价或成本。由于运输问题的目标函数是求总运费最低,所以,其最优检验条件应为

$$z_{ij} - c_{ij} \leqslant 0 \tag{3.7}$$

式(3.7)的检验条件对于所有基变量和非基变量都成立。但从单纯形法的基本原理可知,所有基变量的检验数等于0。即对于所有基变量,有

$$z_{ij} = c_{ij} \tag{3.8}$$

前已述及,机会成本 z_{ij} 表示决策变量 x_{ij} 从第 i 个产地与(或)第 j 个销地获得单位增量时,其他决策变量减少而为其付出的代价或成本,即可把机会成本 z_{ij} 看成由两部分组成,一部分由第 i 个产地组成,另一部分由第 j 个销地组成。所以,对于所有基变量和非基变量的

机会成本,我们可令

$$z_{ij}=u_i+v_j \tag{3.9}$$

另外,又由于机会成本 z_{ij} 表示决策变量 x_{ij} 从第 i 个产地与(或)第 j 个销地获得单位增量时,其他决策变量减少而为其付出的代价或成本。请注意我们这里特意用"与(或)"表示,即只要总的单位增量相同时,从第 i 个产地和第 j 个销地获得的构成比例是无关紧要的。所以,可令任何一个 u_i 或 v_j 等于 0。这样,根据式(3.8),就能计算出一部分基变量对应的 u_i 和 v_j,然后利用式(3.9)计算出所有的 u_i、v_j 和 z_{ij},最后利用式(3.7)的最优检验条件检验某基本可行解或某一运输方案是否为最优。

这里需要指出的是,在实际计算过程中,令哪一个 u_i 或 v_j 等于 0 的原则是能尽快和方便地求得所有的 u_i、v_j 和 z_{ij},以便最后利用式(3.7)的最优检验条件检验某基本可行解或某一运输方案是否为最优。

上述通过令任一个 u_i 或 v_j 等于 0,从而求得所有的 u_i、v_j 和 z_{ij} 的方法称为位势法。

若对于某一基本可行解,其所有非基变量的检验数满足 $z_{ij}-c_{ij}\leqslant 0$,则该基本可行解是最优解,否则从 $z_{ij}-c_{ij}>0$ 中找最大者,对应 x_{ij} 就是入变量。

我们用位势法对例 3.2(用最低费用法求解)的初始解(表 3.5 第 6 步)进行检验。

(1) 先利用基变量的 c_{ij} 值计算出部分 u_i 和 v_j 的值,办法是列出运费表表 3.7,然后把表 3.5 第 6 步中基变量所对应的 c_{ij} 列到表 3.7 的相应表格里,表的最后列 u_i 表示发货单位约束条件的机会费用,表的最末一行 v_j 表示收货单位约束条件的机会费用。

令 $v_3=0$,根据基变量 $c_{ij}=z_{ij}=u_i+v_j$ 关系是可以逐步在表 3.8 推算出全部的 u_i 和 v_j 值,例如 $u_2=c_{23}-v_3=10-0=10$。

表 3.7　运费表(c_{ij})

产地	销地				
	B_1	B_2	B_3	B_4	u_i
A_1			3		?
A_2	5	9	10		?
A_3			4	1	?
v_j	?	?	0	?	

表 3.8　u_i 和 v_j 算法

产地	销地				
	B_1	B_2	B_3	B_4	u_i
A_1			3		3
A_2	5	9	10		10
A_3			4	1	4
v_j	−5	−1	0	−3	

(2) 利用已经计算得到的所有 u_i 和 v_j 的值,根据公式 $z_{ij}=u_i+v_j$ 计算所有的机会成本 z_{ij},其数据列于表 3.9 相应位置表中。非基变量各格划有斜线,斜线左上角表示相应的 z_{ij} 值,右下角表示运费单价 c_{ij} 值,因为非基变量的 $z_{ij}\neq c_{ij}$,所以应分别列出,对于基变量因为

$z_{ij}=c_{ij}$，所以不用斜线区分。

(3) 计算非基变量各格中的 $z_{ij}-c_{ij}$ 值，如果有某一非基变量的 $z_{ij}-c_{ij}>0$，说明现有的基本可行解不是最优解，例如表 3.9 中 $z_{24}-c_{24}=7-2>0$，为此需要进一步调整，寻找新的基本可行解，即需要进一步迭代改进。迭代改进的方法是在分配表上进行。

表 3.9 (z_{ij}/c_{ij})值及其检验

产地	销地				
	B_1	B_2	B_3	B_4	u_i
A_1	−2 / 20	2 / 11	3	0 / 6	3
A_2	5	9	10	(7) / (2)	10
A_3	−1 / 18	3 / 7	4	1	4
v_j	−5	−1	0	−3	

3.2.3 求新的更好的基础可行解

运输问题最优解的检验条件是所有的非基变量的检验数 $z_{ij}-c_{ij}\leqslant 0$，如果不能满足最优解的检验条件，可以选取检验数最大对应的 x_{ij} 作为入变量，在满足产销量约束的条件下迭代，求出新的调运方案。在确定入变量后进行迭代运算时，还需要解决 3 个问题：①入变量 x_{24} 的值是多大；②哪个基变量将被 x_{24} 所迭代；③怎样迭代才能取得新的基础可行解。

求新的基础可行解步骤如下：

1. 找入变量

从 $z_{ij}-w_{ij}>0$ 中找最大者，对应 x_{ij} 就是入变量。

2. 以 x_{ij} 为起点，寻找由原基变量构成的闭合回路

该回路只在每个拐角上各有一个基变量，从入变量 x_{ij} 出发，沿水平或垂直线上碰到某一基变量时，或穿越该基变量，或直角拐弯，最后必须回到入变量 x_{ij} 位置构成一闭合回路。闭合回路中必有偶数个基变量(包括 x_{ij} 本身)，且回路中每行每列只有两个变量。

3. 求入变量的最大值 Δ 及新基变量的解

从 x_{ij} 出发，沿任一个方向对回路拐角上的基变量依此标记“−”和“+”，表示该位置上的基变量“−”和“+” x_{ij} 的值，从而保证迭代后的基变量仍满足分配的平衡条件。

标有“−”的变量中最小者就是出变量 x_{i*j*}，对应 x_{i*j*} 的值就是所求入变量 x_{ij} 的最大值 Δ。

对标有“−”的变量减去 Δ，标有“+”的变量加上 Δ，从而得到新的基本可行解(注意：一定不要在出变量的位置上保留 0，而是删去它)；然后进行最优检验。

利用上述检验方法，对新的基础可行解进行再检验，再调整，直到求得满足最优检验条件的最优解为止。

例 3.2 的迭代运算过程如表 3.10 所示。

表 3.10 例 3.2 的迭代运算过程表

编号	检验表 $\{z_{ij}/w_{ij}\}$				u_i		分配表 $\{x_{ij}\}$				a_i
Ⅰ	−2 / 20	2 / 11	**3**	0 / 6	3					5	5
	5	**9**	**10**	**(7)** / 2	10		3	3	4^+	x_{24}	10
	−1 / 18	3 / 7	**4**	**1**	4				3^+	12^-	15
v_j	5	1	0	3		b_j	3	3	12	12	
编号	检验表 $\{z_{ij}/w_{ij}\}$				u_i		分配表 $\{x_{ij}\}$				a_i
Ⅱ	3 / 20	7 / 11	**3**	0 / 6	−2				5		5
	5	**9**	5 / 10	**2**	0		3	3		4^+	10
	4 / 18	**(8)** / 7	**4**	**1**	−1			x_{32}	7	8^+	15
v_j	5	9	5	2		b_j	3	3	12	12	
编号	检验表 $\{z_{ij}/w_{ij}\}$				u_i		分配表 $\{x_{ij}\}$				a_i
Ⅲ	3 / 20	6 / 11	**3**	0 / 6	−1				**5**		5
	5	8 / 9	5 / 10	**2**	1		**3**			**7**	10
	4 / 18	**7**	**4**	**1**	0			**3**	**7**	**5**	15
v_j	4	7	4	1		b_j	3	3	12	12	

从表 3.10 中可以看出，经过 3 步迭代，达到最优解：$x_{13}=5$，$x_{21}=3$，$x_{24}=7$，$x_{32}=3$，$x_{33}=7$，$x_{34}=5$；OBJ=98。

3.3 运输问题的一些具体问题

1. 同时存在多个可选的入变量

当检验数有多个同时最大时，一般选择运费低的一个作入变量。如果运费也一样低，则可以遵照差额费用法的原则选取。

2. 同时存在多个可选的出变量

一般选择运费高的一个出局。如果运费也一样高，则可以选择其中任意一个出局。注意，当同时存在多个可选出变量的时候，意味着将出现退化现象，即迭代后原问题基础可行解中将有新的值为 0 的基变量出现，它们必须保留在分配表中。退化问题下面将详细讨论。

3. 多个最优解

当迭代达到最优解时，若存在非基变量的检验数为 0 时，就存在着多个最优解；选择该检验数位置上的 x_{ij} 作入变量继续迭代就可以得到另一个最优解。

4. 闭合回路的画法

从入变量 x_{ij} 出发，遇到某个基变量则选一个 90 °方向拐角（允许穿越某个基变量），若

不能再遇到其他基变量,则返回上一拐角,换一个方向走,采用深探法。闭合回路不一定是矩形,可以是回形针形式的。

5. 产销不平衡

前面讲的表上作业法,是以产销平衡为前提的。但是实际问题可能是不平衡的。此时,必须先转化成为产销平衡的运输问题后,再进行求解,具体做法是这样的:

供过于求时,即 $\sum a_i > \sum b_j$,增加一个虚收点 D_{n+1},令 $b_{n+1} = \sum a_i - \sum b_j$;$w_{i,n+1}=0$,$i=1,2,\cdots,m$。

供小于求时,即 $\sum a_i < \sum b_j$,增加一个虚发点 W_{m+1},令 $a_{m+1} = \sum b_j - \sum a_i$;$w_{m+1,j} = 0$,$j=1,2,\cdots,n$。

添加了虚发点或虚收点后出现的新的变量被称为“虚变量”。

例 3.3 表 3.11 中所给的运输问题有关的数据相当于供不应求的问题。表中,发货点 1,2,3 为实际发货点,总的发货量为 28,发货点 4 为虚拟的发货点,及虚拟发货量 $a_4=2$,其相应的单位运输费用 $w_{4j}=0$。

在产销不平衡运输问题中,当增加虚行或虚列后,寻求初始基础可行解时,最好不先选用“虚变量”作为基变量,因为这样可能会增加迭代的次数。

表 3.11 供不应求的运输问题

产地	销地				
	B_1	B_2	B_3	B_4	产量 a_i
A_1	20	11	3	6	5
A_2	5	9	10	2	10
A_3	18	7	4	1	13
A_4	0	0	0	0	2(虚发量)
销量 b_j	3	3	12	12	30

6. 关于退化问题

当运输问题基础可行解的非零解个数少于 $m+n-1$ 时,这种情况称为退化。此时,为了利用基变量的机会成本对于其单位运费这一条件求得所有 u_i 和 v_j,需要选择某些等于 0 的决策变量为基变量。

选择哪些等于 0 的决策变量为基变量的根本原则是:必须能够利用基变量的机会成本等于其单位运费这一条件求得所有 u_i 和 v_j。在这一根本原则的前提下,实际操作时,还可注意以下原则:

(1) 不能使某一基变量独占一行一列;

(2) 尽量选择单位运费低的决策变量为基变量;

(3) 优先选择实变量为基变量,即先不选择虚产地或虚销地对应的虚变量为基变量。

以表 3.12 中基本可行解为例,如果确定 x_{33} 为入变量,迭代后 $x_{33}=20$,计算结果使 x_{23},x_{34} 都等于零。如果我们把 x_{23},x_{34} 都去掉,这样剩余的基变量就只有 6 个,它少于 $m+n-1$。为了使基变量的个数仍然保持 $m+n-1=7$ 个,从迭代后出现的两个零解中任意选一个作为基变量,习惯上保留 c_{ij} 值较小的那一个。

根据表 3.13 各地的产销量及运费，按照最低费用法可得到表 3.14 的初始基本可行解。显然，表 3.14 中基本可行解的非零个数只有 4 个，因此出现退化。此时，在表 3.14 中可以从 x_{12}，x_{13}，x_{21}，x_{31} 中挑选一个作为基变量，但是不能挑选 x_{32} 作为基变量。因为如果选择 x_{32} 作为基变量，则基变量 x_{11} 独占一行一列，从而导致无法计算出所有的 u_i 和 v_j。

我们现在令 $x_{13}=0$ 作为补充基变量，x_{13} 所对应的运费 $c_{13}=3$，并令 $v_3=0$，由此计算出表 3.15 中其他所有的 u_i 和 v_j，从而可以计算出非基变量的 z_{ij} 值如表 3.16 所示。根据表 3.16 中的有关数据，可以进一步检验是否为最优解。

表 3.12　退化问题举例

序号	产地	销地				产量 a_i
		B_1	B_2	B_3	B_4	
1	A_1		5	10		15
	A_2	$30+x_{33}$		$20-x_{33}$		50
	A_3			x_{33}	$20-x_{33}$	20
	A_4	$40-x_{33}$			$10+x_{33}$	50
	销量 b_j	70	5	30	30	
2	A_1		5	10		15
	A_2	50		0		50
	A_3			20		20
	A_4	20			30	50
	销量 b_j	70	5	30	30	

表 3.13　产销量及运费表

产地	销地			产量 a_i
	B_1	B_2	B_3	
A_1	2	4	3	30
A_2	5	3	6	20
A_3	7	5	6	20
销量 b_j	30	15	25	

表 3.14　表 3.13 的初始解

产地	销地			产量 a_i
	B_1	B_2	B_3	
A_1	30		0	30
A_2		15	5	20
A_3		0	20	20
销量 b_j	30	15	25	

表 3.15　求 u_i 和 v_j 的值

产地	销地			u_i
	B_1	B_2	B_3	
A_1	2		(3)	3
A_2		3	6	6
A_3		5	6	6
v_j	−1	−3	0	

表 3.16　检验表

产地	销地			u_i
	B_1	B_2	B_3	
A_1	2	0 / 4	3	3
A_2	5 / 5	3	6	6
A_3	5 / 7	3 / 5	6	6
v_j	−1	−3	0	

7. 产地的产量或需求地的需求量不是唯一

有的运输问题的产量或需求地的需求量不是唯一，这时，我们需要通过等价变换成产量或需求地的需求量唯一的运输问题。我们通过实例来说明。

例 3.4　3 个产地生产同一物质，供 3 个需求地使用，各产地产量和各需求地的需求量及从各产地到各需求地的单位重量物质的运费如下表 3.17 所示。

表 3.17　运费表

产地	需求地			产量/万 t	
	Ⅰ	Ⅱ	Ⅲ	最低	最高
A_1	2	4	3	6	11
A_2	1	5	6	7	7
A_3	3	2	4	4	7
需求量/万 t	10	4	6		

试将此产销不平衡及产地 A_1 和 A_3 的产量不是唯一的运输问题转化为标准的运输问题(产销平衡及各产地的产量是唯一的运输问题)。

解　因产地 $6 \leqslant A_1 \leqslant 11$，$4 \leqslant A_3 \leqslant 7$，需求量为 20，3 个产地的最高产量为 $25>20$(需求量)，所以增加一虚拟需求地Ⅳ，其需求量为 5，并将产地 A_1 和产地 A_3 的产量分为两个部分，则可将其转化为如表 3.18 所示标准的运输问题(其中 M 为很大的正数)。

表 3.18 转化后的标准运输问题运费表

产地	需求地				产量/万 t
	Ⅰ	Ⅱ	Ⅲ	Ⅳ	
A_1	2	4	3	M	6
A_1'	2	4	3	0	5
A_2	1	5	6	M	7
A_3	3	2	4	M	4
A_3'	3	2	4	0	3
需求量/万 t	10	4	6	5	

8. 目标函数最大的运输问题

上面我们讨论的运输问题通常都是求目标函数最小的运输问题。事实上，目标函数最大的运输问题在现实生产和管理中也是存在的。如例 3.1，如果我们把某一煤炭基地到某一省会城市的单位煤炭运费改成某一煤炭基地到某一省会城市的单位煤炭利润，求总利润最大的调运方案则是一个目标函数最大的运输问题。

由此可见，目标函数最大或是最小取决于问题目标的性质，如果问题的目标为效益型目标，则为目标函数最大；反之，如果问题的目标为成本型目标，则为目标函数最小。

求解目标函数最大的运输问题时，只要将最优检验条件(3.7)改为

$$c_{ij}-z_{ij}\leqslant 0 \tag{3.10}$$

即可。

3.4 习题讲解与分析

习题 3.1 用西北角法求表 3.19 运输问题的初始解，从该初始解出发求最优运输方案，并讨论该问题的解。

表 3.19 产销量及运费表

发货点	收货点			a_i
	D_1	D_2	D_3	
W_1	7	3	6	3
W_2	2	8	3	5
W_3	4	3	5	5
b_j	3	5	4	

解 习题 3.1 主要考核运输问题的初始解的确定，产销不平衡和退化问题。在求某一运输问题的初始解时，首先要确定所求的运输问题是否产销平衡，若产销不平衡，首先要化为产销平衡。另外，运输问题求解过程中容易出错的问题通常是退化时处理，此时，要耐心选择合适的基本量。

(1) 先化为产销平衡问题，如表 3.20 所示。

表 3.20 化为产销平衡问题

	D_1	D_2	D_3	D_4	a_i
W_1	7	3	6	0	3
W_2	2	8	3	0	5
W_3	4	3	5	0	5
b_j	3	5	4	1	

(2) 用西北角法求初始基本可行解,如表 3.21 所示。

表 3.21 西北角法求初始基本可行解

	D_1	D_2	D_3	D_4	a_i
W_1	3				3
W_2	0	5			5
W_3		0	4	1	5
b_j	3	5	4	1	

出现退化,缺两个基本量,选 x_{21} 为和 x_{32} 为基本量。

(3) 迭代计算,如表 3.22 所示。

表 3.22 习题 3.1 的迭代运算过程表

编号	检验表 (z_{ij}/w_{ij})				u_i		分配表(x_{ij})				a_i
I	7	13 / 3	(15 / 6)	10 / 0	10		3	x_2			3
	2	**8**	10 / 3	**5**	5		0	5			5
	−3 / 4	**3**	**5**	**0**	0			0	4	1	5
v_j	−3	3	5	0		b_j	3	5	4	1	
编号	检验表 (z_{ij}/w_{ij})				u_i		分配表(x_{ij})				a_i
II	3 / 7	**3**	5 / 6	0 / 0	0			3			5
	2	**8**	(10 / 3)	5 / 0	5		3	2	x_{23}		10
	−3 / 4	**3**	**5**	**0**	0			0	4	1	15
v_j	−3	3	5	0		b_j	3	3	12	12	
编号	检验表 (z_{ij}/w_{ij})				u_i		分配表(x_{ij})				a_i
III	4 / 7	**3**	5 / 6	0 / 0	0			**3**	**5**		3
	2	1 / 8	**3**	−2 / 0	−2		**3**		**2**		5
	4 / 4	**3**	**5**	**0**	0			**2**	**2**	**1**	5
v_j	4	3	5	0		b_j	3	5	4	1	

从上表可以看出,经过3步迭代,达到最优解:$x_{12}=3$,$x_{13}=5$,$x_{21}=3$,$x_{23}=2$,$x_{32}=2$,$x_{33}=2$,$x_{34}=1$;OBJ$=37$,且有多最优解(比较容易被忽略)。

习题3.2 某玩具公司分别生产A、B、C 3种新型玩具,每月可供量分别为1 000件、2 000件和2 000件,它们分别被送到甲、乙、丙 3个百货商店销售。已知每个百货商店每月各类玩具预期销售量为1 500件,由于经营方面原因,各百货商店销售不同玩具的盈利不同,如表3.23所示。又知丙百货商店要求至少供应C玩具1 000件,而拒绝进A玩具,求满足上述条件使总盈利额最大的供销分配方案。

表3.23 产销量和盈利表

	甲	乙	丙	可供量
A	5	4	—	1 000
B	16	8	9	2 000
C	12	10	11	2 000

解 习题3.2主要考核如何在产销平衡表和盈利表中表达运输问题的一些附加条件。

(1) 由于丙百货商店要求至少供应C玩具1 000件,所以C玩具可以在甲、乙、丙3个百货商店进行分配的数量为2 000－1 000＝1 000件。丙百货商店还需要A、B、C 3种新型玩具数量为1 500－1 000＝500件。

(2) 丙百货商店拒绝进A玩具,所以将丙百货销售A玩具的盈利设为0。

(3) 由于需要分配的玩具数量为1 000＋2 000＋1 000＝4 000件;需要优化供应3个百货商店的玩具数量为1 500＋1 500＋500＝3 500件。可供量大于需求量,所以,要增加一个虚拟的丁百货商店,其需求量为500件。

根据(1)～(3)分析可知,原运输问题可用表3.24产销盈利表示。

表3.24 产销盈利表

	甲	乙	丙	丁	可供量
A	5	4	0	0	1 000
B	16	8	9	0	2 000
C	12	10	11	0	1 000
需求量	1 500	1 500	500	500	

利用目标函数为最大的运输问题求解方法(求解过程略),可求得表3.24运输问题的最优解为A玩具送乙百货500件,B玩具送甲百货1 500件,B玩具送丙百货500件,C玩具送乙百货1 000件(条件要求),总盈利额为51 500。

第4章 整数规划

4.1 整数规划问题及其数学模型

4.1.1 问题的提出

在第1章讨论的线性规划模型中的决策变量取值范围是连续型的，这些模型的最优解不一定是整数，决策变量允许取小数。但是对于许多实际问题来说，若决策变量代表产品的件数、个数、台数、箱数、辆数等，则变量只有取整数时才有意义，这些变量的线性规划问题应当有一个整数约束条件。

例4.1 某厂在一计划期间内拟生产甲、乙两种大型设备。该厂有充分的生产能力来加工制造这两种设备的全部零部件，所需原材料和能源也可满足供应，不过有A、B两种紧缺物资的供量受到严格控制，与此有关的数据如表4.1所示。问该厂在本计划期内应安排生产甲、乙设备各多少台，才能使利润达到最大？

表4.1 生产数据表

原料	单台设备所需原材料数量		可供量
	甲	乙	
A/t	2	1	9
B/kg	5	7	35
单台利润/万元	6	5	

设 x_1, x_2 分别为该计划期内生产甲、乙设备的台数，z 为生产这两种设备可获得的总利润。显然 x_1, x_2 都须是非负整数，其数学模型为

$$\max z = 6x_1 + 5x_2$$

$$\text{s.t.} \begin{cases} 2x_1 + x_2 \leqslant 9 \\ 5x_1 + 7x_2 \leqslant 35 \\ x_1 \geqslant 0, x_2 \geqslant 0 \\ x_1, x_1 \text{ 为整数} \end{cases} \tag{4.1}$$

在这个数学模型中，第4个约束条件 x_1, x_2 为整数，称为整数约束。因此整数规划可以

定义为：含有整数性约束的线性规划问题。

4.1.2　整数规划的数学模型

整数规划模型的一般形式为

$$\max\ (\min) f(x) = \sum_{j=1}^{n} c_j x_j$$

$$\text{s.t.} \begin{cases} \sum_{j=1}^{n} a_{ij} x_j \leqslant (=, \geqslant) b_i, & i = 1,2,\cdots,m \\ x_j \geqslant 0 \text{ 且为整数}, & j = 1,2,\cdots,n \end{cases} \tag{4.2}$$

上述模型中要求所有的变量均为整数，这种整数规划问题称为纯整数规划；实际上有些整数规划问题只要求部分变量为整数，这种问题称为混合型整数规划。

虽然整数规划与线性规划在形式上相差不多，但是由于整数规划的解是离散的正整数，其最优解不一定在其可行域的顶点上取得，所以整数规划的求解难度要比一般线性规划大得多。若将模型(4.2)去掉整数规划的整数约束，x_j 为整数，则该规划就变成了一个线性规划，一般称这个线性规划为该整数规划的松弛问题。

4.1.3　整数规划的典型问题

在现实生活的许多领域中都有整数规划实例，这里我们仅介绍其中的几个典型问题。

1. 投资决策问题

设有 n 个投资项目，其中的 j 个项目需要资金 a_j 万元，将来可获利润 c_j 万元。若现有资金总额为 b 万元，则应选择哪些投资项目，才能获利最大？

设
$$x_j = \begin{cases} 1, & \text{若对第 } j \text{ 个项目投资} \\ 0, & \text{不投资} \end{cases} \quad (j=1,2,\cdots,n) \tag{4.3}$$

设 z 为可获得的总利润(万元)，则该问题的数学模型为

$$\max z = \sum_{j=1}^{n} c_j x_j$$

$$\text{s.t.} \begin{cases} \sum_{j=1}^{n} a_j x_j \leqslant b \\ x_j = 0 \quad \text{或} \quad 1, j = 1,2,\cdots n \end{cases} \tag{4.4}$$

这是一个0-1规划，因为决策变量 $x_j(j=1,2,\cdots,n)$ 只能取0或1值。它是整数规划的一个重要典型，因为许多实际问题都可归结于这类模型，而且它的解法曾推动了一般整数规划解法的研究。

2. 设备购置问题

某厂拟用 M 元资金购买 m 种设备 $A_1, A_2, \cdots, A_m$，其中设备 A_i 单价为 $p_i(i=1,2,\cdots,m)$。现有 n 个地点 $B_1, B_2, \cdots, B_n$ 可装置这些设备，其中 B_j 处最多可装置 b_j 台$(j=1,2,\cdots,n)$。预计将一台设备 A_i 装置 B_j 处可获利 c_{ij} 元。问于 B_j 处可获纯利 c_{ij} 元，则应如何购置这些设备，才能使预计总利润为最大？

设:y_i为购买设备 A_i 的设备数;x_{ij}为将设备 A_i 装置于 B_j 处的台数,总利润为 z。则该问题的数学模型为

$$\max\ z=\sum_{i=1}^{m}\sum_{j=1}^{n}c_{ij}x_{ij}$$

$$\text{s.t.}\begin{cases}\sum_{i=1}^{m}x_{ij}\leqslant b_j, & j=1,2,\cdots,n\\ \sum_{i=1}^{m}p_i\sum_{j=1}^{n}x_{ij}\leqslant M\\ x_{ij}\geqslant 0,\text{且为整数}\\ i=1,2,\cdots,m;j=1,2,\cdots,n\end{cases}\tag{4.5}$$

这是一个纯整数规划。

3. 工厂选址问题

某种商品有 n 个销地,各销地的需求量分别为 b_j t/d,$j=1,2,\cdots,n$。现拟在 m 个地点中选址建厂,来生产这种商品以满足供应,则规定一个地址最多只能建一个工厂。若选 i 厂址建厂,将来生产能力为 a_i t/d,固定费用为 d_i 元/d,$i=1,2,\cdots,m$。已知 i 厂址至销地 j 的运价为 c_{ij} 元/t。应如何选择厂址和安排调运,能使总费用最少?

设 $y_i=\begin{cases}1, & \text{若在 } i \text{ 址建厂}\\ 0, & \text{否则}\end{cases}$,$x_{ij}$为厂址 i 至销地 j 的运量(t/d),z 为总费用,则该问题的数学模型为

$$\min z=\sum_{i=1}^{m}\sum_{j=1}^{n}c_{ij}x_{ij}+\sum_{i=1}^{m}d_iy_i$$

$$\text{s.t.}\begin{cases}\sum_{j=1}^{n}x_{ij}\leqslant a_iy_i, & i=1,2,\cdots,m\\ \sum_{j=1}^{n}x_{ij}=b_j, & j=1,2,\cdots,n\\ x_{ij}\geqslant 0, & y_i=0\ \text{或}\ 1\end{cases}\tag{4.6}$$

由于 x_{ij} 为连续变量,y_i 只取 0 或 1 值,因此这是一个混合整数规划,也是一个混合 0-1 规划。

除上述 3 个问题外,典型整数规划问题还有下料问题,产品配套问题,任务分配问题等。任务分配问题将在 4.3 节专门介绍。

4.2 整数规划问题的解法

在解整数规划问题时,可以通过它的松弛问题(不考虑整数约束条件),利用线性规划的单纯形法设法求得整数解。但是简单地采用求解线性规划问题的单纯形法往往不能求出整数解,而采用舍入取整的方法则要么破坏约束条件,要么得不到最优解。下面以例 4.2 做详细说明。

例 4.2 求解线性规划问题。

$$\max z=6x_1+4x_2$$

$$\text{s.t.}\begin{cases}2x_1+4x_2\leqslant 13\\2x_1+x_2\leqslant 7\\x_1\geqslant 0,x_2\geqslant 0\\x_1,x_2\text{ 为整数}\end{cases}\tag{4.7}$$

解 暂不考虑整数约束条件,用单纯形法求得最优解为$(x_1,x_2)=(2.5,2)$,目标函数为23。此时x_1不满足整数约束条件,如果令$x_1=3$,则不能满足第1和第2个约束条件;如果令$x_1=2$,则其目标函数为20,此解不是最优解,因为存在$(x_1, x_2)=(3,1)$,其目标函数为22,很明显优于$(x_1, x_2)=(2,2)$。

由此可见,整数规划的可行解是离散的、可数的点集,它包含在相应的松弛问题的可行域范围内,故在不考虑整数约束条件时所求得松弛问题的最优解,是相应的整数规划问题最优解的上限,即整数规划的最优解不优于相应的线性规划问题的最优解,这一概念是整数规划求解的重要依据。

整数规划问题的可行解是有限多个点,当问题的规模较小时,可以采用枚举法,如果问题为二维时还可采用图解法求解。但当问题的规模较大时,它是一个组合最优化问题,采用枚举法的计算量将会大得难以求解,故还需寻找其他求解方法,常用的有分支定界法和割平面法。

需要指出:如果给定的规划模型为纯整数规划,但在约束条件中,某些b_i或a_{ij}值为非整数型,那么必须在求解前把非整数型换算为整数型,然后添加松弛变量或剩余变量。例如给定的约束条件为$2x_1+\frac{1}{3}x_2\leqslant\frac{21}{2}$,那么经变换后的等效约束条件为$12x_1+2x_2\leqslant 63$,加松弛变量最后得到$12x_1+2x_2+x_3=63$,才可进行求解。

4.2.1 整数规划的图解法

类似于二维线性规划问题的图解法,二维整数规划问题也有相应的图解法。这种方法简单直观,便于更好地理解整数规划问题及其解的性质。下面就以例4.3来说明该方法的实施步骤。

例 4.3 用图解法求解整数规划。

$$\max z=6x_1+4x_2$$

$$\text{s.t.}\begin{cases}2x_1+4x_2\leqslant 13\\2x_1+x_2\leqslant 7\\x_1\geqslant 0,x_2\geqslant 0\\x_1,x_2\text{ 为整数}\end{cases}\tag{4.8}$$

先画出该整数规划松弛问题的可行域,并在域内用o号标记所有代表整数可行解的点,如图4.1所示。

再画出目标函数的等值线及法线方向,按线性规划的方法找出松弛问题的最优点B。

然后让目标函数的等值线从 B 点逆着问题目标要求的有利方向(在本例即逆着 z 等值线的法线方向)朝域内平移,首次碰到的那个"o"号点 $C(3,1)$ 就是该整数规划问题的最优点。

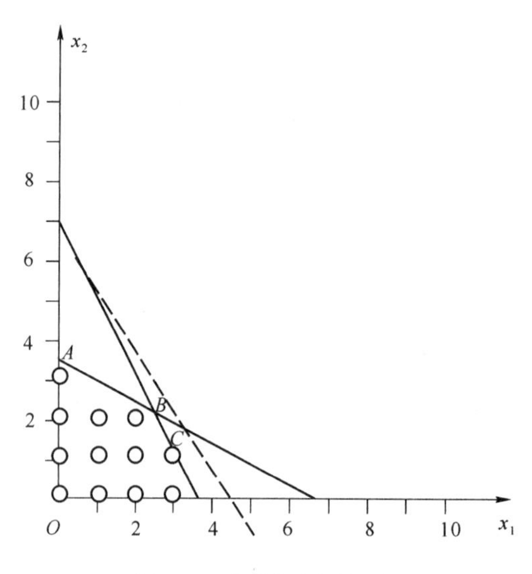

图 4.1　整数规划图解法

4.2.2　整数规划的分支定界法

分支定界法的基本思想是:永远只解松弛问题,根据松弛问题的最优解作为定界,通过不断分支缩小解空间,逼近整数规划的最优解。其基本步骤是:先求出整数规划问题的松弛问题的最优解,若该解不满足整数性约束,则以该解为出发点,将原问题分解为两个分支问题,且每一分支问题各增加了一个新约束,因而可行域缩小;然后求分支问题的最优解,获得分支问题的界;只要得不到整数解就继续分支,也就不断增加新约束,从而使分支问题的可行域越来越小;由于增加的新约束会使分支问题的解的分量逐渐逼近整数,因此分到一定程度,分支问题的松弛解将满足整数性约束。在分支的过程中,当某一分支无可行解,则这一枝停止分支,称为剪枝,记为 $F(1)$;当某一分支得到松弛问题的整数解,则该分支也就得到最优解,停止分支,记为 $F(2)$;设该整数解的目标函数值是当前各分支中整数解最好的,称为当前最好解,它就形成了一个可供比较的标杆,若后续分支的松弛解目标函数值(界)小于等于"当前最好解",则该分支被"剪枝",记为 $F(3)$。剪枝过程大大减少了计算量,只需保留松弛解不满足整数要求且目标函数值大于"当前最好解"的松弛问题继续分支。注意,"当前最好解"需在后续分支获得整数解时进行更新,迭代结束时的"当前最好解"即原整数规划的最优解。

下面以例 4.3 为例叙述分支定界法解题步骤。

(1) 在全部可行域中解松弛问题,若松弛问题的最优解为整数解,那么它就是整数规划的最优解。

(2) 分支过程。若最优解中某个决策变量 $x_k=b_k$ 不符合整数解要求,则取 b_k 的整数部分 $\lfloor b_k \rfloor$,于是有 $\lfloor b_k \rfloor < b_k < \lfloor b_k \rfloor + 1$。

例 4.3 中 $b_1=2.5$，则$\lfloor b_1 \rfloor=2$。

重新构造两个约束条件 $x_k \leqslant \lfloor b_k \rfloor$ 和 $x_k \geqslant \lfloor b_k \rfloor+1$，分别将两个约束条件加到原整数规划问题中，形成两个分支整数规划问题。

不难看出，此步骤从松弛问题的可行解集合中去掉了$\lfloor b_k \rfloor < b_k < \lfloor b_k \rfloor+1$ 的部分，即去掉中间非整数解的区域，并形成两个不相交的子域。

(3) 定界过程。

设两个分支的松弛问题为问题 1 和问题 2，它们的最优解就构成了子整数规划问题的上界。比较两个问题的松弛解有如表 4.2 所示的几种情况。

表 4.2　分支问题松弛解可能出现的情况

序号	问题 1	问题 2	说明
1	无可行解 $F(1)$	无可行解 $F(1)$	整数规划无可行解
2	无可行解 $F(1)$	整数解 $F(2)$	此整数解即最优解
	整数解 $F(2)$	无可行解 $F(1)$	
3	无可行解 $F(1)$	非整数最优解	对问题 2 继续分支
	非整数最优解	无可行解 $F(1)$	对问题 1 继续分支
4	整数解 $F(2)$	整数解 $F(2)$	较优的一个为最优解
5	整数解，目标函数优于问题 2，$F(2)$	非整数解 $F(3)$	问题 1 的整数解即最优解
6	整数解 $F(2)$	非整数解，目标函数优于问题 1	问题 1 停止分支，判断该整数解是否为当前最好解，对问题 2 继续分支
7	非整数解	非整数解	选目标函数值优的问题继续分支

表 4.2 中情况 2，4，5 找到最优解。

情况 3：在有非整数解的缩减域上继续分支定界法。

情况 6：问题 1 被“剪枝”，判断该整数解是否为“当前最好解”，是则被保留，用于以后与问题 2 的后续分支所得到的解进行比较，若后续分支遇到情况 1,2,4,5 都可通过与“当前最好解”比较得到最优整数解，算法停止；遇到情况 3，若其中非整数解小于等于“当前最好解”，算法停止，“当前最好解”即整数规划的最优解；否则，对非整数解对应的区域继续分支迭代；遇到情况 6，若其中整数解大于“当前最好解”，则用该整数解更新“当前最好解”，对非整数解的区域继续分支迭代。

情况 7：选择目标函数值优的子问题先进行分支，往下的过程可能会使目标函数值劣的一侧子问题被剪枝，也可能被选中继续分支。

为了叙述上文字的简化，上述解的比较都指它们目标函数值的比较。

下面继续例 4.3 的分支定界计算。

原问题的松弛问题最优解为 $x_1=2.5, x_2=2, z=23$。这不是该整数规划问题的可行解，但 $z=23$ 为该问题的上界。

令$[b_1]=2$，构造两个约束条件 $x_1 \leqslant 2$ 和 $x_1 \geqslant 3$，分别加到原整数规划问题中，可得两个分支问题如下：

问题Ⅰ：
$$\max z_1 = 6x_1 + 4x_2$$
$$\text{s.t.} \begin{cases} 2x_1 + 4x_2 \leqslant 13 \\ 2x_1 + x_2 \leqslant 7 \\ x_1 \leqslant 2 \\ x_1, x_2 \geqslant 0 \text{ 且为整数} \end{cases}$$

问题Ⅱ：
$$\max z_2 = 6x_1 + 4x_2$$
$$\text{s.t.} \begin{cases} 2x_1 + 4x_2 \leqslant 13 \\ 2x_1 + x_2 \leqslant 7 \\ x_1 \geqslant 3 \\ x_1, x_2 \geqslant 0 \text{ 且为整数} \end{cases}$$

对问题Ⅰ和问题Ⅱ松弛问题求解,解的结果见表4.3。

表4.3　分支后的松弛解

	问题Ⅰ	问题Ⅱ
x_1	2	3
x_2	9/4	1
z	21	22

由表4.3可知,问题Ⅱ有整数解,且目标函数值为22,是问题Ⅱ的最优值,构成紧上界。问题Ⅰ为非整数解,且目标函数值为21,小于问题Ⅱ的目标函数值,属于情况5,问题Ⅰ被剪枝,由此得出问题Ⅱ的解$(x_1, x_2)=(3, 1)$即是原问题的最优解。

4.2.3　整数规划的割平面法

整数规划的割平面法的基本思想是在松弛问题中逐次增加一个新约束(即割平面),它能割去原松弛可行域中一块不含整数解的区域。逐次割下去,直到切割最终所得松弛可行域的一个最优极点即整数解为止。

割平面法的具体解法我们就不再详细介绍了,有兴趣的读者可以参阅参考文献[1]~[3]。

4.3　任务分配问题

在实际工作中,管理部门经常面临这样一些问题:有m项任务要完成,有m项资源(资源可以理解为人、机器设备数等)能够完成任务。因任务性质的要求或管理上的需要等缘故,每项任务只能交给一个对象去完成。由于每个对象的特点与能力不同,完成各项任务的效益也各不相同。那么如何分配资源才能使完成各项任务的总效益最高,总耗费最少。这类问题就称为任务分配问题或指派问题。

4.3.1　任务分配问题的数学模型

当分配问题的目标函数要求总耗费最少时,则问题可以归纳为min型分配问题;当寻求总效率最高时,则问题可以归纳为max型分配问题。这两类问题虽然目标函数不同,但数学模型的形式是一致的。

例4.4　有甲、乙、丙、丁4个熟练工人,他们都是多面手,有4个任务要他们完成,若规定每人只分配一次任务,而每项任务只能由一个人完成,每人为完成每项任务的工时耗费如表4.4所示,问如何分配使完成任务的总工时耗费最少?

表 4.4 任务分配工时耗费表

机床	零件				机床
	A	B	C	D	
甲	4	1	8	2	1
乙	9	8	4	7	1
丙	8	4	6	3	1
丁	6	5	7	2	1
零件	1	1	1	1	

各种资源为完成不同任务所能达到的效率 a_{ij} ($a_{ij}>0$)往往利用表格方式表示,这种表常称为效率表或效率矩阵。表 4.4 就是效率表,由表 4.4 中可看出,当分配甲去完成 A 任务时,他的工时耗费为 4,当分配丙去完成 C 任务时,它的工时耗费是 6,其他类推。

在问题比较简单的情况下,可以采用枚举法,即列出所有可能方案,再经比较后选出最优解。例如,由两人去完成任务时的方案为:2!=2 个;当 3 人完成 3 次任务时的方案为3!=6;当 m 等于 10 时则方案数 $10!=3.6228\times10^6$,这时就是利用计算机也难以计算。

为了寻求一种有效解法,我们给出这类问题的数学模型。

设:x_{ij} 为第 i 个工人分配去做第 j 项任务;

a_{ij} 为第 i 个工人为完成第 j 项任务时的工时消耗。

则
$$x_{ij}=\begin{cases}1, & \text{当分配第 } j \text{ 项任务给第 } i \text{ 个工人时}\\ 0, & \text{当不分配第 } j \text{ 项任务给第 } i \text{ 个工人时}\end{cases}\qquad i,j=1,2,\cdots,m$$

由于每人只允许分配一项任务,且每项任务只能由一人来完成,故其数学模型、目标函数及约束条件如下:

$$\min f(\boldsymbol{X})=\sum_{i=1}^{m}\sum_{j=1}^{m}a_{ij}x_{ij}$$

$$\begin{cases}\sum x_{ij}=1, & i=1,2,\cdots,m\\ \sum x_{ij}=1, & j=1,2,\cdots,m\\ x_{ij}=0(\text{或 }1)\end{cases}\tag{4.9}$$

任务分配问题的数学模型与运输问题相似,但与运输问题相比较任务分配问题具有自己的特点。实际上分配问题是 0-1 规划问题。虽然我们可以利用运输问题解法求解分配问题,但由于分配问题出现严重的自然退化,计算效率往往不高。下面介绍另一种解法——匈牙利解法。

4.3.2 任务分配问题的解法——匈牙利解法

这种方法是匈牙利数学家考尼格(Konig)提出的,因此得名匈牙利解法(The Hungarian Method of Assignment)。

1. 匈牙利解法的基本思想

匈牙利解法是基于任务分配问题的标准形的,标准形要满足下述条件:

(1) 目标要求为 min;

(2) 人数和任务数相同,即效益矩阵$\{a_{ij}\}$为 n 阶方阵;

(3) 阵中所有元素 $a_{ij}\geqslant 0$,且为常数;

(4) 每人只做一个任务。

匈牙利解法的理论根据是考尼格提出并证明了的两个定理。

定理 4.1 设一个任务分配问题的效率矩阵为$\{a_{ij}\}$。若$\{a_{ij}\}$中每一行元素分别减去一个常数 u_i,每一列元素分别减去一个常数 v_j,得到一个新的效益矩阵$\{b_{ij}\}$,其中每一个元素 $b_{ij}=a_{ij}-u_i-v_j$,则$\{b_{ij}\}$的最优解等价于$\{a_{ij}\}$的最优解。

定理 4.2 若一方阵中的一部分元素为零,一部分元素非零,则覆盖方阵内所有零元素的最少直线数等于位于不同行、不同列的零元素最多个数。

匈牙利解法的基本思路是:先按照定理 4.1 中所述方法不断变化效益矩阵,设法在原有效率矩阵基础上经变换后找出一组有 m 个不同行、不同列零元素的新效率矩阵;然后在新效率矩阵中,令对应于不同行、不同列的那组零元素所对应的 $x_{ij}=1$,其余 $x_{ij}=0$。由此可以计算出目标函数为

$$\min f(\boldsymbol{X}) = \sum_{i=1}^{m}\sum_{j=1}^{m} a_{ij}x_{ij} \tag{4.10}$$

这样就得到新效率矩阵的最优解,根据定理 4.1,它也是原问题的最优解。

验证是否获得最优解的办法是:设法用最少的直线数覆盖方阵中位于不同行、不同列的零元素。如果覆盖所有零元素的最少直线数等于 m,则得最优解,否则不是最优解。

2. 匈牙利解法的计算步骤

在这里为了便于大家理解匈牙利解法,我们用例 4.4 来说明解法的各步骤。

第一步:效益矩阵的初始变换——零元素的获得

变换效率矩阵,使新矩阵的每行每列至少有一个零。

(1) 行变换:找出每行最小元素,再从该行各元素中减去这个最小元素,如图 4.2(b)所示,画有括号的数字分别表示行或列的最小元素。

(2) 列变换:找出每列最小元素,再从该列各元素中减去这个最小的元素,如图 4.2(c)所示。

经变换后的效率矩阵其每行、每列至少有一个零元素。

$$\begin{pmatrix} 4 & (1) & 8 & 2 \\ 9 & 8 & (4) & 7 \\ 8 & 4 & 6 & (3) \\ 6 & 5 & 7 & (2) \end{pmatrix} \rightarrow \begin{pmatrix} (3) & (0) & 7 & 1 \\ 5 & 4 & (0) & 3 \\ 5 & 1 & 3 & 0 \\ 4 & 3 & 5 & 0 \end{pmatrix} \rightarrow \begin{pmatrix} 0 & 0 & 7 & 1 \\ 2 & 4 & 0 & 3 \\ 2 & 1 & 3 & 0 \\ 1 & 3 & 5 & 0 \end{pmatrix}$$

(a) (b) (c)

图 4.2 效率矩阵的变化过程

第二步:最优性检验

检查图 4.2(c),能否找到 m 个位于不同行、不同列的零元素,即检查覆盖所有零元素的直线是否为 m 条。

(1) 逐行检查

从第一行开始,如果该行只有一个零元素,就对这个零元素标上括号,划去与含括号零

元素同在一列的其他零元素。

如果该行没有零元素,或有两个或多个零元素(已划去的不记在内),则转下行。如图4.3(a)。

标括号的意义可理解为该项任务已分配给某人。如果该行只有一个零,说明只能有唯一分配方案,划掉括号同列零元素可理解为该任务已分配,此后不再考虑分配给他人。当该行有两个或更多的零元素时,不记括号,其理由是至少有两个分配方案,为使以后分配时具有一定灵活性,故暂不分配。

(2) 逐列检查

在逐行检查基础上,由第一列开始逐列检查,如该列只有一个零元素就对这个零元素标括号,再划去含括号同行的零元素。若该列没有零元素或有两个以上的零元素,则转到下一列,如图4.3(b)所示。

$$\begin{pmatrix} 0 & 0 & 7 & 1 \\ 2 & 4 & (0) & 3 \\ 2 & 1 & 3 & (0) \\ 1 & 3 & 5 & 0 \end{pmatrix} \rightarrow \begin{pmatrix} (0) & 0 & 7 & 1 \\ 2 & 4 & (0) & 3 \\ 2 & 1 & 3 & (0) \\ 1 & 3 & 5 & 0 \end{pmatrix}$$

(a) (b)

图4.3 对图4.2的检查过程

(3) 重复以上步骤(1)(2)后可能出现3种情况:

1) 每行都有一个零元素标括号,显然这些含括号的零必然在不同行、不同列,因此得到了最优解。

2) 每行、每列都有两个或更多的零,这表示对这个人可以分配两项不同的任务中的任意一个。这时可以从剩有零元素最少的行开始,比较这行各零元素所在列中零元素的个数,选择零元素少的那列的这个零元素标括号,划掉同行同列的其他零元素。然后重复前面步骤,直到所有零都做了标记。

3) 矩阵中所有零都做了标记,但标有括号的零元素少于 m 个。这时我们就要找出能覆盖矩阵中所有零元素的最少直线的集合,步骤如下:

① 对没有括号的行打√;

② 对打√行上所有零元素的列打√;

③ 再对打√列上有括号的行打√;

④ 重复上两步,直到过程结束;

⑤ 对没有打√的行画横线,对所有打√的列画竖线,这就得到覆盖矩阵所有零的最少直线数。

图4.3(b)属于这种情况,经过变化,我们得到图4.4。

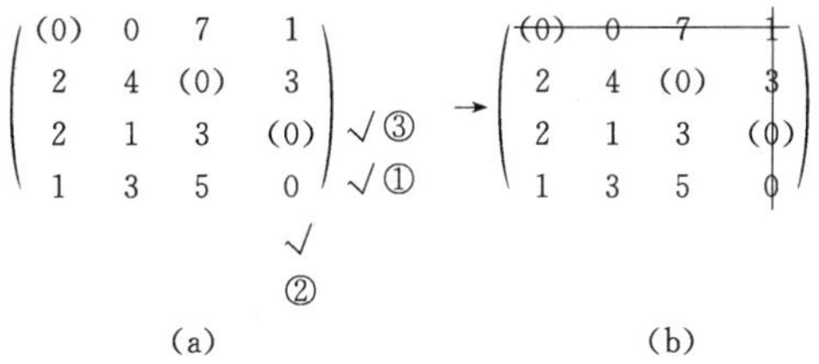

$$\begin{pmatrix} (0) & 0 & 7 & 1 \\ 2 & 4 & (0) & 3 \\ 2 & 1 & 3 & (0) \\ 1 & 3 & 5 & 0 \end{pmatrix} \begin{matrix} \\ \\ \surd③ \\ \surd① \end{matrix} \rightarrow \begin{pmatrix} (0) & 0 & 7 & 1 \\ 2 & 4 & (0) & 3 \\ 2 & 1 & 3 & (0) \\ 1 & 3 & 5 & 0 \end{pmatrix}$$

(a) 第4列下方标注:√ ②   (b) 第1行画横线,第4列画竖线

(a) (b)

图4.4 覆盖矩阵所有零的最少直线数

图 4.4 的每一列表示每一项工作,每一行表示每个人。这样以上打√的含义是:从图 4.4(a)中可以看出第 4 项工作可以由第 3 个人或第 4 个人来做,原来已经分配第 2 人,但不是最优解,为此考虑分配给第 4 人是否更好些。第 4 列、第 3 行、第 4 行打√号,实际上反映它们间可以有调换关系。

第三步:非最优阵的变换——0 元素的移动

当表中的覆盖所有零的直线数小于 m 时,得到的不是最优解,因此需要对表中矩阵进行进一步变换,其过程如下:

① 在未被直线覆盖的所有元素,找出最小元素;

② 所有未被直线覆盖的元素都减去这个最小元素;

③ 覆盖线十字交叉处的元素都加上这个最小元素;

④ 只有一条直线覆盖的元素的值保持不变。

如此变换,我们得到新的效率矩阵,这一过程实际上是运用定理 4.1,但变换后的效率矩阵将出现更多零元素,这样更易于标出 m 个不同行、不同列的零元素提供可能。

以图 4.4(b)为例,未划线的元素中最小值为 1,经过变换得到图 4.5(b)。

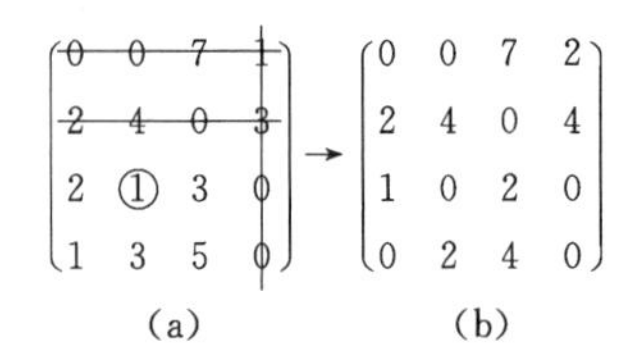

图 4.5 非最优阵的变换

第四步:重新标号

抹掉原来所有标号,回到第二步,按第二步的步骤(1)(2)重新进行标号,直到得到最优解。

我们以图 4.5 为例。

① 先逐行标号,由于第 2 行只有一个零,先进行分配,此后每行都有两个零,为此转到逐列标号。

② 当对第 3 列第 2 行零元素标以括号后,我们碰到每行、每列都有两个零的情况。这是我们可任选某一零元素标以括号,如图 4.6(b)。这里我们把第 1 行、第 1 列的零标括号,并划掉该标号的同行、同列的其他零元素,再重复地逐行逐列标号。

③ 这样我们就得到不同行、不同列的 4 个零元素,这就是最优分配方案,即 $x_{11}=x_{23}=x_{32}=x_{41}=1$,其余 $x_{ij}=0$。

最终分配方案为:甲→A、乙→C、丙→B、丁→D,其目标函数值为:

$$\sum_{i=1}^{m}\sum_{j=1}^{m}a_{ij}x_{ij}=4+4+4+2=14$$

$$\begin{pmatrix} (0) & 0 & 7 & 2 \\ 2 & 4 & (0) & 4 \\ 1 & 0 & 2 & 0 \\ 0 & 2 & 4 & 0 \end{pmatrix} \rightarrow \begin{pmatrix} (0) & 0 & 7 & 2 \\ 2 & 4 & (0) & 4 \\ 1 & (0) & 2 & 0 \\ 0 & 2 & 4 & 0 \end{pmatrix} \rightarrow \begin{pmatrix} (0) & 0 & 7 & 2 \\ 2 & 4 & (0) & 4 \\ 1 & (0) & 2 & 0 \\ 0 & 2 & 4 & (0) \end{pmatrix}$$

(a) (b) (c)

图 4.6 试分配过程

如果我们选择第 1 行、第 2 列这一格的零并标上括号,则继续标号后的最优方案为:甲→B、乙→C、丙→D、丁→A，目标函数仍然为14，还可以找到其他分配方案，但是目标函数值都是14。

4.3.3 目标函数为max的任务分配问题

如果目标函数为max型，这个模型不是标准的任务分配模型，不能直接运用匈牙利解法求解，这就需要先对max模型进行变换，然后再求解。

例4.5 有甲、乙、丙、丁4人分别操作4台机器，每个工人操作不同机器时的产值见表4.5，求对4个工人分配不同机器时总产值最大的方案。

表4.5 任务分配的权益表

人员	机器				人员
	A	B	C	D	
甲	14	9	4	15	1
乙	11	7	9	10	1
丙	13	2	10	5	1
丁	17	9	15	13	1
机器	1	1	1	1	

因为求 $\max f(\boldsymbol{X})$ 问题与求 $-\min[-f(\boldsymbol{X})]$ 相同，所以将max型的效率矩阵 $\{a_{ij}\}$ 变成 $\{-a_{ij}\}$ 求min问题，如表4.6所示。

表4.6 转为最小问题效益表

人员	机器			
	A	B	C	D
甲	−14	−9	−4	15
乙	−11	−7	−9	−10
丙	−13	−2	−10	−5
丁	−17	−9	−15	−13

由于匈牙利解法的效率矩阵各元素要求 $a_{ij}\geqslant 0$，所以需要对表4.6再进行变换，方法是在效率矩阵图4.5中找出最大的元素（表中为17），由最大元素减去表4.5各个元素，这样就得到了一个标准矩阵，如图4.7(a)，然后利用一般的匈牙利解法求最优解。

$$\begin{pmatrix} 3 & 8 & 13 & (2) \\ (6) & 10 & 8 & 7 \\ (4) & 15 & 7 & 12 \\ (0) & 8 & 2 & 13 \end{pmatrix} \rightarrow \begin{pmatrix} 1 & 6 & 11 & (0) \\ (0) & (4) & (2) & 1 \\ 0 & 11 & 3 & 8 \\ 0 & 8 & (2) & 13 \end{pmatrix} \rightarrow$$

(a) (b)

$$\begin{pmatrix} 1 & 2 & 9 & 0 \\ 0 & 0 & 0 & 1 \\ 0 & 7 & 1 & 8 \\ 0 & 4 & 0 & 13 \end{pmatrix} \rightarrow \begin{pmatrix} 1 & 2 & 9 & (0) \\ \cancel{0} & (0) & \cancel{0} & 1 \\ (0) & 7 & 1 & 8 \\ \cancel{0} & 4 & (0) & 13 \end{pmatrix}$$

(c) (d)

图4.7 求解过程表

图4.7(d)为该问题的一个最优解，这时甲→D、乙→B、丙→A、丁→C，目标函数为 $\max f(\boldsymbol{X})=15+7+13+15=50$。

4.3.4 其他非标准任务分配问题

在实际生产管理中，有的任务分配问题可能遇到人数和任务数不相等，或一个人可做多个任务等情况，此时，我们必须转换成人数和任务数相等，一个人只做一个任务的任务分配问题。下面我们分别进行讨论。

1. 人数和任务数不相等

这种情况可通过增加虚拟人或虚拟任务，将其转换为人数和任务数相等的任务分配问题。效率矩阵中虚拟人或虚拟任务所对应的元素值取0。

2. 一个人可做多个任务

这种情况应说明一个人可做几个任务，或那些人可做几个任务。我们通过实例来说明。

例4.6 有一两个人和3个任务的分配问题，其效率矩阵如下，规定甲和乙都可做两个任务，试将其转换为一个人只做一个任务的标准任务分配问题。

	A	B	C
甲	2	5	6
乙	3	4	7

解 (1)由于甲和乙都可做两个任务，所以我们将甲和乙都变成两个人，甲和甲′，乙和乙′，甲和甲′做任务A、B和C效率相同，乙和乙′做任务A、B和C效率相同，即将上述任务分配问题看成4个人做3个任务的任务分配问题，其效率矩阵变换为

	A	B	C
甲	2	5	6
乙	3	4	7
甲′	2	5	6
乙′	3	4	7

(2) 增加一虚拟任务D，将上述效率矩阵变换为如下的一个人只做一个任务且人数等于任务数的标准任务分配问题。

	A	B	C	D
甲	2	5	6	0
乙	3	4	7	0
甲′	2	5	6	0
乙′	3	4	7	0

4.4 习题讲解与分析

习题4.1 求表4.7效率矩阵的任务分配问题使目标函数最大。

表 4.7　目标函数最大效率矩阵

	A	B	C	D	E	F
甲	184	62	319	423	836	663
乙	315	862	287	381	984	726
丙	969	96	430	630	169	656
丁	49	738	596	440	51	777
戊	675	324	816	689	187	291
己	238	112	334	61	160	606

解　习题 4.1 主要考核目标函数最大的任务分配问题求解，但任务数较多，且数据比较大，需要认真计算。

(1) 化为目标函数最小的任务分配问题。用表 4.7 中的最大数据 984 减去表 4.7 中的每一个数据，得到表 4.8 的目标函数最小任务分配问题。

表 4.8　目标函数最小效率矩阵

800	922	665	561	148	321	
669	122	697	603	0	258	
15	888	554	354	815	328	
935	246	388	544	933	207	
309	660	168	295	797	693	
746	872	650	923	824	378	

(2) 行列变换。利用定理 4.1 将表 4.8 效率矩阵变换成每行每列都有零元素，如表 4.9 所示。

表 4.9　变换成每行每列都有零元素

652	735	517	286	(0)	173
669	83	697	476	0 *	258
(0)	834	539	212	800	313
728	(0)	181	210	726	0 *
141	453	(0)	0 *	629	525
368	455	272	418	446	(0)

(3) 在表 4.9 中进行第一次试分配，从表 4.9 中可知，含括号零元素只有 5 个，非最优，进一步变换得到如表 4.10 所示效率矩阵。

(4) 在表 4.10 中进行第 2 次试分配，从表 4.10 中可知，已得到最优解。

表 4.10 进一步变换得到的效率矩阵

569	652	253	22	(0)	173
586	(0)	433	212	0 *	258
(0)	834	358	31	883	396
728	0 *	(0)	29	809	83
322	634	0 *	(0)	893	789
285	372	8	154	446	(0)

从表 4.10 最优解可知,最优分配方案为:甲—E,乙—B,丙—A,丁—C,戊—D,己—F;$\max f(x)=836+862+969+596+689+606=4\,558$。

习题 4.2 有一两个人和 4 个任务的分配问题,其效率矩阵如下,规定甲和乙其中一个人做两个任务,试将其转换为一个人只做一个任务的标准任务分配问题。

	A	B	C	D
甲	2	5	3	7
乙	3	4	6	2

解 习题 4.2 主要考核如何将甲和乙其中一个人做两个任务化为一个人只做一个任务的标准任务分配问题。

(1) 解法 1,将原问题看成如下两个任务分配问题:

	A	B	C	D
甲	2	5	3	7
乙	3	4	6	2
甲′	2	5	3	7
丙	0	0	0	0

	A	B	C	D
甲	2	5	3	7
乙	3	4	6	2
乙′	3	4	6	2
丙	0	0	0	0

其中,丙为虚拟人,分别解上述两个任务分配问题,取目标函数较小的一个任务分配问题的分配方案为原问题的最优分配方案。

(2) 解法 2,将原问题看成如下任务分配问题:

	A	B	C	D
甲	2	5	3	7
乙	3	4	6	2
丙	2	4	3	2
丁	0	0	0	0

其中,丁为虚拟人。丙所在一行的数字取每列元素中最小的一个。这样,当丙分配做 A 或 C 任务,则丙就是甲,即甲做两个任务;当丙分配做 B 或 D 任务,则丙就是乙,即乙做两个任务。

显然,解法 2 较为简单。

第5章 动态规划

动态规划是20世纪50年代初由美国数学家贝尔曼(R. Bellman)等人提出的一种解决多阶段决策问题的优化方法。该方法根据多阶段决策问题的特点,提出了多阶段决策问题的最优化原理。利用动态规划的最优性原理,可以解决生产管理和工程技术等领域的许多实际问题,如最优路径,资源分配、生产计划和库存等。由于动态规划的解题思路独特,所以,它在处理某些最优化问题时,比线性规划或非线性规划更有效。

5.1 动态规划的最优性原理及其算法

5.1.1 求解多阶段决策问题的方法

为了对多阶段决策问题和动态规划的求解基本思路有一个直观的了解,让我们先研究一个最短路径问题。

1. 最短路径问题

如图5.1所示表示一道路交通示意图。图5.1中的数字表示两点间的距离。试确定A点到B点的最短路径。

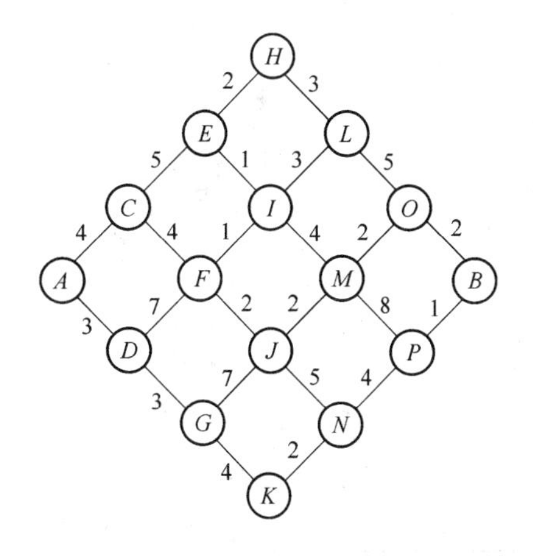

图5.1 某一道路示意图

解法1 采用决策树法(如图5.2)或枚举法,可列出从A点到B点的20条路径,其中最短的一条路径为 A→C→F→J→M→O→B,其长度为16。

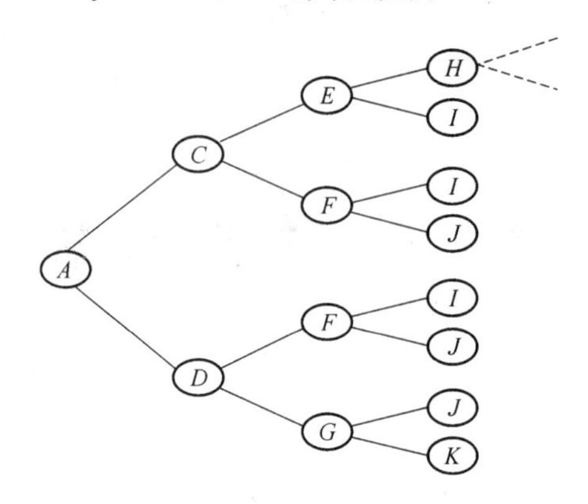

图 5.2　用决策树求最短路径示意图

解法 2　在叙述解法 2 之前,让我们先来考虑一个问题。设 A→C→F→J→M→O→B 是 A 到 B 的最短路径,那么,A→C→F→J→M→O 一定是 A 到 O 的最短路径吗?

上述问题的答案是肯定的。我们可以用反证法进行证明。设 A→C→F→J→M→O 不是 A 到 O 的最短路径,那么一定存在另一条从 A 到 O 的最短路径,设该最短路径为 A→D→G→J→M→O,则可以推得 A 到 B 的最短路径应为 A→D→G→J→M→O→B,而不是 A→C→F→J→M→O→B。这原假设 A→C→F→J→M→O→B 是 A 到 B 的最短路径矛盾。所以上述结论是正确的。

根据上述问题的答案可推出这样的结论:如果我们找到从 A 到 B 的最优路径,则同时也找到了从 A 到该最优路径中间各点的最优路径。即最优路径的子路径也是最优的。

另外,从道路交通示意图 5.1 可以看出,该交通图表现出明显的阶段性,它可分为 6 个阶段,如图 5.3 所示。

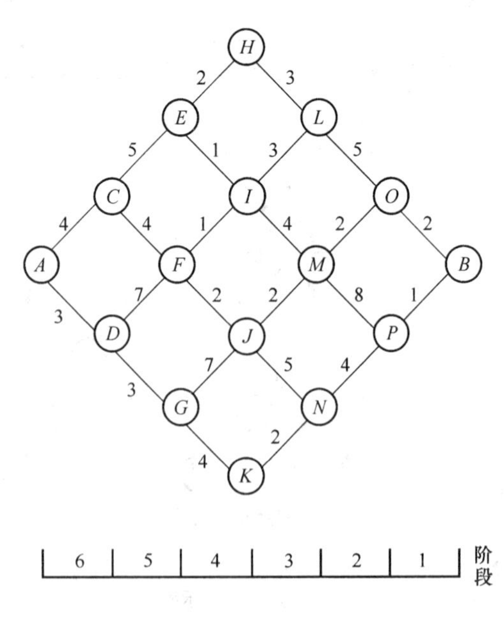

图 5.3　某一道路分阶段示意图

从图5.3容易看出，第1阶段的两个节点O和P到终点B的最短路径是显而易见的，阶段2的3个节点L、M和N到终点B的最短路径必须先通过阶段1的节点O或P然后再到终点B。同样，阶段3的4个节点H、I、J和K到终点B的最短路径必须先通过阶段2的节点L、M或N然后再到终点B。如此等等。

由此可见，要从图5.1或图5.3中找到从A点到B点的最优路径，可采用逆向搜索方法。为此，令$f_k(s_i)$表示从第k阶段节点s_i到终点的最短路径长，$d_k(s_i,s_j)$表示第k阶段某一节点s_i到第$k-1$阶段某一节点s_j的直接距离长度，当k阶段某一节点s_i到第$k-1$阶段某一节点s_j没有直接连接时，$d_k(s_i,s_j)$定义为∞，则图5.3中每一阶段各节点到终点B的最短路径可按如下方法逆向地从第1阶段到第6阶段逐步求得。

第1阶段各点到终点B的最短路径分别为

$$f_1(O)=2,\quad f_1(P)=1$$

第2阶段各节点到终点B的最短路径可按如下方法求得：

由于
$$f_2(L)=d_2(L,O)+f_1(O)=5+2=7$$
所以，节点L到终点B的最短路径为$L\to O\to B$。

由于
$$f_2(M)=\min\begin{Bmatrix}d_2(M,O)+f_1(O)\\d_2(M,P)+f_1(P)\end{Bmatrix}=\min\begin{Bmatrix}2+2\\8+1\end{Bmatrix}=4$$
所以，节点M到终点B的最短路径为$M\to O\to B$。

由于
$$f_2(N)=d_2(N,P)+f_1(P)=4+1=5$$
所以，节点N到终点B的最短路径为$N\to P\to B$。

第3阶段各节点到终点B的最短路径可按如下方法求得：

由于
$$f_3(H)=d_3(H,L)+f_2(L)=3+7=10$$
所以，节点H到终点B的最短路径为$H\to L\to O\to B$；

由于
$$f_3(I)=\min\begin{Bmatrix}d_3(I,L)+f_2(L)\\d_3(I,M)+f_2(M)\end{Bmatrix}=\min\begin{Bmatrix}3+7\\4+4\end{Bmatrix}=8$$
所以，节点I到终点B的最短路径为$I\to M\to O\to B$；

由于
$$f_3(J)=\min\begin{Bmatrix}d_3(J,M)+f_2(M)\\d_3(J,N)+f_2(N)\end{Bmatrix}=\min\begin{Bmatrix}2+4\\5+5\end{Bmatrix}=6$$
所以，节点J到终点B的最短路径为$J\to M\to O\to B$；

由于
$$f_3(K)=d_3(K,N)+f_2(N)=2+5=7$$
所以，节点K到终点B的最短路径为$K\to N\to P\to B$；

第4阶段各节点到终点B的最短路径可按如下方法求得：

由于
$$f_4(E)=\min\begin{Bmatrix}d_4(E,H)+f_3(H)\\d_4(E,I)+f_3(I)\end{Bmatrix}=\min\begin{Bmatrix}2+10\\1+8\end{Bmatrix}=9$$
所以，节点E到终点B的最短路径为$E\to I\to M\to O\to B$；

由于
$$f_4(F)=\min\begin{Bmatrix}d_4(F,I)+f_3(I)\\d_4(F,J)+f_3(J)\end{Bmatrix}=\min\begin{Bmatrix}1+8\\2+6\end{Bmatrix}=8$$
所以，节点F到终点B的最短路径为$F\to J\to M\to O\to B$；

由于
$$f_4(G)=\min\begin{Bmatrix}d_4(G,J)+f_3(J)\\d_4(G,K)+f_3(K)\end{Bmatrix}=\min\begin{Bmatrix}7+6\\4+7\end{Bmatrix}=11$$

所以,节点 G 到终点 B 的最短路径为 $G\rightarrow K\rightarrow N\rightarrow P\rightarrow B$。

第5阶段各节点到终点 B 的最短路径可按如下方法求得:

由于
$$f_5(C)=\min\begin{Bmatrix}d_5(C,E)+f_4(E)\\d_5(C,F)+f_4(F)\end{Bmatrix}=\min\begin{Bmatrix}5+9\\4+8\end{Bmatrix}=12$$

所以,节点 C 到终点 B 的最短路径为 $C\rightarrow F\rightarrow J\rightarrow M\rightarrow O\rightarrow B$;

由于
$$f_5(D)=\min\begin{Bmatrix}d_5(D,F)+f_4(F)\\d_5(D,G)+f_4(G)\end{Bmatrix}=\min\begin{Bmatrix}7+8\\3+11\end{Bmatrix}=14$$

所以,节点 D 到终点 B 的最短路径为 $D\rightarrow G\rightarrow K\rightarrow N\rightarrow P\rightarrow B$。

第6阶段节点 A 到终点 B 的最短路径可按如下方法求得:

由于
$$f_6(A)=\min\begin{Bmatrix}d_6(A,C)+f_5(C)\\d_6(A,D)+f_5(D)\end{Bmatrix}=\min\begin{Bmatrix}4+12\\3+14\end{Bmatrix}=16$$

所以,节点 A 到终点 B 的最短路径为 $A\rightarrow C\rightarrow F\rightarrow J\rightarrow M\rightarrow O\rightarrow B$。

从上面求解始点 A 到终点 B 最短路径过程可知,我们不仅得到了始点 A 到终点 B 的最短路径,而且也得到了其他各点到终点 B 的最短路径。

2. 多阶段决策问题

前已述及,求图5.1的最短路径问题具有明显的阶段性。例如,某一旅游者如果要试图获得从始点 A 到终点 B 的最短路径,则当他处在某一阶段某一节点时,都必须作出决策,以决定向下一阶段哪一个节点行走。由此可见,求最短路径问题是一个多阶段决策问题。

一般地,如果能够把某一决策问题看作是一种前后关联且具有链状结构的多阶段过程,我们就把这种决策问题称为多阶段决策问题。

在多阶段决策问题中,各阶段采取的决策,一般来说是与时间有关的,决策依赖于当前的状态(如上例中,下一步如何走,取决于处在哪一个阶段的哪一个节点),又随即引起状态的转移(如上例中,当旅行者处在某一阶段某一节点时,一旦他作出决策下一步如何行走,就自然转移到下一个阶段的特定状态),一个决策序列就在变化的状态中产生出来。这样,多阶段决策有"动态"含义,所以,通常把处理多阶段问题的方法称为动态规划。

5.1.2 最优化原理和动态规划递推关系

1. 基本概念

(1) 阶段。把多阶段决策问题分为若干个相互联系的阶段,常用 k 表示。由于在求解多阶段决策问题时,一般采用反向递推,所以阶段的编号也是逆向的。当然也可以正向递推。但我们建议初学最好统一采用反向递推。

(2) 状态。每一阶段开始时所处的状态,它描述了研究过程所处的状况。在最短路径问题中,状态既是某一阶段某一支路的始点,又是下一阶段某一支路的终点。通常,一个阶段有一个或若干个状态。如最短路径问题中,第6阶段只有一个状态(节点 A)。而第5阶段有两个状态(节点 C 和节点 D)。

某一阶段某一状态用状态变量 s_k 表示,第 k 阶段的所有状态集合用 S_k 表示,各阶段所有状态集合用 S 表示。显然有

$$s_k\in S_k\subset S$$

动态规划中的状态必须满足无后效性。所谓无后效性是指如果某一阶段的状态给定后，则在这阶段以后过程的发展不受这阶段以前各状态的影响。即过去的历史只能通过当前的状态去影响它未来的发展，当前的状态是以往历史的全部总结。

(3) 决策。当多阶段决策过程处于某一阶段某一状态时，可以作出不同的决定，从而决定下一阶段的状态，这种决定称为决策。某一阶段 k 某一状态 s_k 所作出的决策用决策变量 $x_k(s_k)$ 表示，第 k 阶段状态 s_k 的允许决策集合用 $D_k(s_k)$ 表示，第 k 阶段各状态的允许决策集合用 D_k 表示，所有各阶段各状态的允许决策集合用 D 表示。显然有

$$x_k(s_k) \in D_k(s_k) \subset D_k \subset D$$

(4) 策略。按顺序排列的决策组合的集合，通常指某一阶段某一状态到终点的顺序排列的决策组合的集合。用

$$P_k(s_k) = \{ x_k(s_k), x_{k-1}(s_{k-1}), \cdots, x_1(s_1) \}$$

表示从第 k 阶段状态 s_k 出发到终点的一个子策略。从第 k 阶段状态 s_k 出发到终点的允许策略集合为 P，则 $P_k(s_k) \in P$。

(5) 状态转移方程。状态转移方程表示从某一阶段某一状态到下一个阶段另一状态的演变过程。它反映相邻两个阶段的状态和决策变量之间的相互关系。如果给定某一阶段的某一状态 s_k 及其在该状态下的决策变量 $x_k(s_k)$，则就可确定下一阶段的某一特定状态 s_{k-1}（按逆向划分阶段）。这种相邻两个阶段的状态转移关系称为状态转移方程，记为：$s_{k-1} = T_k[s_k, x_k(s_k)]$。

在最短路径问题中，由于前一阶段的终点就是后一阶段的始点，所以，最短路径问题的状态转移方程为

$$s_{k-1} = T_k[s_k, x_k(s_k)] = x_k(s_k)$$

(6) 直接效果函数。直接效果函数表示在某一阶段某一状态下，采取某一决策后到下一阶段某一状态的直接效果值。它是状态变量 s_k 和决策变量 $x_k(s_k)$ 的函数，记为：$d_k[s_k, x_k(s_k)]$。

(7) 总效果(指标)函数。总效果(指标)函数表示在某一阶段某一状态下，采取某一策略后到终点的总效果值。它是状态变量和一系列决策变量的函数，即为从第 k 阶段状态 s_k 出发到终点的子策略 $P_k(s_k)$ 的函数。记为：$V_k = V_k[P_k(s_k)]$。

(8) 最优效果(指标)函数。表示在某一阶段某一状态下，采取最优策略后到终点的最优效果值。记为：$f_k(s_k) = \text{Opt}\{V_k[P_k(s_k)] \mid P_k(s_k) \in P\}$。

2. 最优化原理及动态规划递推关系

(1) 最优化原理

动态规划的最优性原理是由美国科学家 Bellman 于 1951 年提出的。它可以表述为：作为整个过程的最优策略具有这样的性质，即无论过去的状态和决策如何，对前面所形成的状态而言，余下的诸决策必须构成最优策略。或者可简述为：最优策略的子策略也是最优的。

(2) 递推关系

动态规划递推关系的表现形式取决于总指标函数的形式。当总指标函数为累加的形式时，即

$$V_k = \sum_{j=1}^{k} d_j(s_j, x_j)$$

动态规划递推关系为如下形式

$$f_k(s_k)=\underset{x_k}{\mathrm{Opt}}\{d_k(s_k,x_k)+f_{k-1}(s_{k-1})\}\quad k=1,2,\cdots,K \tag{5.1}$$

其中,K 为总阶段数。

当总指标函数为连乘的形式时,即

$$V_k=\prod_{j=1}^{k}d_j(s_j,x_j)$$

动态规划递推关系为如下形式

$$f_k(s_k)=\underset{x_k}{\mathrm{Opt}}\{d_k(s_k,x_k)\cdot f_{k-1}(s_{k-1})\}\quad k=1,2,\cdots,K \tag{5.2}$$

其中,K 为总阶段数。

3. 建立动态规划模型的基本步骤

(1) 划分阶段。将所研究的问题划分为 K 个阶段,并对阶段进行编号。一般按逆向编号。

(2) 确定状态变量 s_k。正确确定状态变量 s_k,使它既能描述过程的演变又能满足无后效性。

(3) 确定决策变量 $x_k(s_k)$及其允许的决策集合 $D_k(s_k)$。

(4) 写出状态转移方程。$s_{k-1}=g(s_k,x_k)$。

(5) 确定直接效果函数。一般为问题直接给出或可根据问题的已知条件经过计算后得到。

(6) 列出最优指标函数的递推关系式。根据指标函数的形式取式(5.1)的累加递推关系式或式(5.2)的连乘递推关系式。

(7) 确定边界条件。当最优指标函数的递推关系式为式(5.1)时,边界条件为 $f_0(s_0)=0$;而当最优指标函数的递推关系式为式(5.2)时,边界条件为 $f_0(s_0)=1$。

5.2 动态规划模型举例

5.2.1 资源分配问题

所谓资源分配问题,就是将一定数量的一种或若干种资源(例如人员、资金、机器设备、时间等)恰当地分配给若干个使用者,并且使目标函数最优。

例 5.1 某公司有 4 个推销员在北京、上海和广州 3 个市场推销货物,这 3 个市场的推销人员数与收益的关系如表 5.1 所示,试作出使总收益最大的分配方案。

表 5.1 推销人员数与收益的关系表

市场	推销员				
	0	1	2	3	4
北京	20	32	47	57	66
上海	40	50	60	71	82
广州	50	61	72	84	83

解 (1) 划分阶段。分成3个阶段,即 $K=3$,并按逆向编号,广州 $k=1$,上海 $k=2$,北京 $k=3$,分配推销员的优先顺序为北京→上海→广州。

(2) 确定状态变量 s_k。状态变量 s_k 表示第 k 阶段初尚未分配的推销员数。显然有 $s_3=4$,s_2 和 s_1 的可能取值范围为0～4。

(3) 确定决策变量 x_k。决策变量 x_k 表示分配给第 k 阶段市场的推销员数。显然有,$x_k \leqslant s_k$;

(4) 确定状态转移方程。根据前面定义的状态变量 s_k 和决策变量 x_k 的意义,可得其状态转移方程为 $s_{k-1}=s_k-x_k$;

(5) 确定直接效果函数 $d_k(s_k,x_k)$。它表示第 k 阶段初有推销员数 s_k,分配给第 k 市场 x_k 个推销员时所产生的直接效益。这些效益指标由表5.1给出;

(6) 最优指标函数。由于3个市场的总效益等于3个市场的效益之和,即其指标函数为累加形式,所以最优指标函数为

$$f_k(s_k)=\max_{x_k}\{d_k(s_k,x_k)+f_{k-1}(s_{k-1})\},\quad k=1,2,3$$

(7) 边界条件。$f_0(s_0)=0$。

各阶段计算过程如下:

第1阶段,$s_1=0,1,2,3,4$。

$$f_1(s_1)=\max_{x_1}\{d_1(s_1,x_1)+f_0(s_0)\}=\max_{x_1}\{d_1(s_1,x_1)\}$$

$$f_1(0)=\max_{x_1\leqslant 0}\{d_1(0,x_1)\}=d_1(0,0)=50$$

$$f_1(1)=\max_{x_1\leqslant 1}\{d_1(1,x_1)\}=\max\{d_1(1,0),d_1(1,1)\}=\max\{50,61\}=61$$

$$f_1(2)=\max_{x_1\leqslant 2}\{d_1(2,x_1)\}=\max\{d_1(2,0),d_1(2,1),d_1(2,2)\}=\max\{50,61,72\}=72$$

$$f_1(3)=\max_{x_1\leqslant 3}\{d_1(3,x_1)\}=\max\begin{Bmatrix}d_1(3,0)\\d_1(3,1)\\d_1(3,2)\\d_1(3,3)\end{Bmatrix}=\max\begin{Bmatrix}50\\61\\72\\84\end{Bmatrix}=84$$

$$f_1(4)=\max_{x_1\leqslant 4}\{d_1(4,x_1)\}=\max\begin{Bmatrix}d_1(4,0)\\d_1(4,1)\\d_1(4,2)\\d_1(4,3)\\d_1(4,4)\end{Bmatrix}=\max\begin{Bmatrix}50\\61\\72\\84\\83\end{Bmatrix}=84$$

第2阶段,$s_2=0,1,2,3,4$。

$$f_2(s_2)=\max_{x_2}\{d_2(s_2,x_2)+f_1(s_1)\}$$

$$f_2(0)=\max_{x_2}\{d_2(0,x_2)+f_1(0)\}=d_2(0,0)+f_1(0)=40+50=90$$

$$f_2(1)=\max_{x_2}\{d_2(1,x_2)+f_1(s_1)\}=\max\begin{Bmatrix}d_2(1,0)+f_1(1)\\d_2(1,1)+f_1(0)\end{Bmatrix}$$

$$=\max\begin{Bmatrix}\underline{40+61}\\50+50\end{Bmatrix}=101$$

$$f_2(2)=\max_{x_2}\{d_2(2,x_2)+f_1(s_1)\}=\max\left\{\begin{matrix}d_2(2,0)+f_1(2)\\d_2(2,1)+f_1(1)\\d_2(2,2)+f_1(0)\end{matrix}\right\}$$

$$=\max\left\{\begin{matrix}\underline{40+72}\\50+61\\60+50\end{matrix}\right\}=112$$

$$f_2(3)=\max_{x_2}\{d_2(3,x_2)+f_1(s_1)\}=\max\left\{\begin{matrix}d_2(3,0)+f_1(3)\\d_2(3,1)+f_1(2)\\d_2(3,2)+f_1(1)\\d_2(3,3)+f_1(0)\end{matrix}\right\}$$

$$=\max\left\{\begin{matrix}\underline{40+84}\\50+72\\60+61\\71+50\end{matrix}\right\}=124$$

$$f_2(4)=\max_{x_2}\{d_2(4,x_2)+f_1(s_1)\}=\max\left\{\begin{matrix}d_2(4,0)+f_1(4)\\d_2(4,1)+f_1(3)\\d_2(4,2)+f_1(2)\\d_2(4,3)+f_1(1)\\d_2(4,4)+f_1(0)\end{matrix}\right\}$$

$$=\max\left\{\begin{matrix}40+84\\\underline{50+84}\\60+72\\71+61\\82+50\end{matrix}\right\}=134$$

第3阶段 $s_3=4$。

$$f_3(4)=\max_{x_3}\{d_3(4,x_3)+f_2(s_2)\}=\max\left\{\begin{matrix}d_3(4,0)+f_2(4)\\d_3(4,1)+f_2(3)\\d_3(4,2)+f_2(2)\\d_3(4,3)+f_2(1)\\d_3(4,4)+f_2(0)\end{matrix}\right\}$$

$$f_3(4)=\max\left\{\begin{matrix}20+134\\32+124\\\underline{47+112}\\57+101\\66+90\end{matrix}\right\}=159$$

根据以上3个阶段的计算结果可知,使总收益最大的最优分配方案是:北京市场2个推销员,上海市场0个推销员,广州市场2个推销员,总收益为159单位。

5.2.2 项目选择问题

所谓项目选择问题，就是将一定数量资金投资于若干个项目，每个项目的投资额和收益已知，要求确定或选择投资的项目，使得各投资项目的收益之和最大。

例 5.2 某工厂预计明年有 3 个新建项目，每个项目的投资额及其投资后的效益如表 5.2所示。工厂拥有资金总额为 19 万元，问如何选择项目才能使总收益最大？

表 5.2 投资额及其投资后的效益表 万元

项目	投资额 W_k	收益 V_k
A	6	2
B	13	5
C	8	3

解 上述问题可用如下线性规划模型表示：

$$\max f(x) = \sum_k v_k x_k$$

$$\begin{cases} \sum_k w_k x_k \leqslant 19 \\ x_k = \begin{cases} 0, & k\text{ 项未入选} \\ 1, & k\text{ 项入选} \end{cases} \end{cases}$$

这是一类 0-1 规划问题，该问题是经典的旅行背包问题(Knapsack)。下面用动态规划方法求解。

(1) 划分阶段。分成 3 个阶段，即 $K=3$，并按逆向编号，项目 C 为 $k=1$，项目 B 为 $k=2$，项目 A 为 $k=3$，选择项目的优先顺序为 A→B→C。

(2) 确定状态变量 s_k。状态变量 s_k表示第 k 阶段初尚未分配的资金额。显然有 $s_3=19$，s_2 和 s_1 的可能取值范围为 0～19。

(3) 确定决策变量 x_k。决策变量 x_k表示第 k 阶段项目是否入选其取为 0 或 1，其定义如下：

$$x_k=\begin{cases} 1, & \text{第 } k \text{ 阶段项目入选} \\ 0, & \text{第 } k \text{ 阶段项目落选} \end{cases}$$

(4) 确定状态转移方程。根据前面定义的状态变量 s_k 和决策变量 x_k 的意义，可得其状态转移方程为 $s_{k-1}=s_k-w_k x_k$。

(5) 确定直接效果函数 $d_k(s_k,x_k)$。它表示第 k 阶段决策变量确定后的收益，这些收益指标由表 5.2 给出。

(6) 最优指标函数。由于 3 个项目的总收益等于 3 个项目的收益之和，即其指标函数为累加形式，所以最优指标函数为

$$f_k(s_k)=\max_{x_k}\{d_k(s_k,x_k)+f_{k-1}(s_{k-1})\}, \quad k=1,2,3$$

(7) 边界条件。$f_0(s_0)=0$。

各阶段计算过程如下。

第1阶段,当 $s_1<8$ 时,$x_1=0$,而当 $s_1\geqslant 8$ 时,$x_1=0$ 或 1。

$$f_1(s_1)=\max_{x_1}\{d_1(s_1,x_1)+f_0(s_0)\}=\max_{x_1}\{d_1(s_1,x_1)\}$$

$$f_1(s_1<8)=\max\{d_1(s_1,0)\}=0$$

$$f_1(s_1\geqslant 8)=\max\{d_1(s_1,0),d_1(s_1,1)\}=\max\{0,3\}=3$$

第2阶段,当 $s_2<8$ 时,$x_1=x_2=0$;当 $8\leqslant s_2<13$ 时,$x_2=0$,$x_1=0$ 或 1;当 $s_2\geqslant 13$ 时,$x_2=0$ 或 1。

$$f_2(s_2)=\max_{x_2}\{d_2(s_2,x_2)+f_1(s_1)\}$$

$$f_2(s_2<8)=\max\{d_2(s_2,0)+f_1(s_1<8)\}=0$$

$$f_2(8\leqslant s_2<13)=\max\{d_2(s_2,0)+f_1(s_1>8)\}=3$$

$$f_2(s_2\geqslant 13)=\max\begin{Bmatrix}d_2(s_2,1)+f_1(s_1<8)\\d_2(s_2,0)+f_1(s_1>8)\end{Bmatrix}=\max\begin{Bmatrix}5+0\\0+3\end{Bmatrix}=5$$

第3阶段,$s_3=19$,$x_3=0$ 或 1。

$$f_3(s_3)=\max_{x_3}\{d_3(s_3,x_3)+f_2(s_2)\}$$

$$=\max\begin{Bmatrix}d_3(s_3,1)+f_2(s_2\geqslant 13)\\d_3(s_3,0)+f_2(s_2>13)\end{Bmatrix}=\max\begin{Bmatrix}2+5\\0+5\end{Bmatrix}=7$$

根据以上计算结果可知,最优分配方案为选A和B两个项目,总收益为7万元。项目选择问题也可用如图5.4所示决策树求解。从该决策树图可知,最优分配方案也是选A和B两个项目。其结果和动态规划计算方法的结果是一致的。

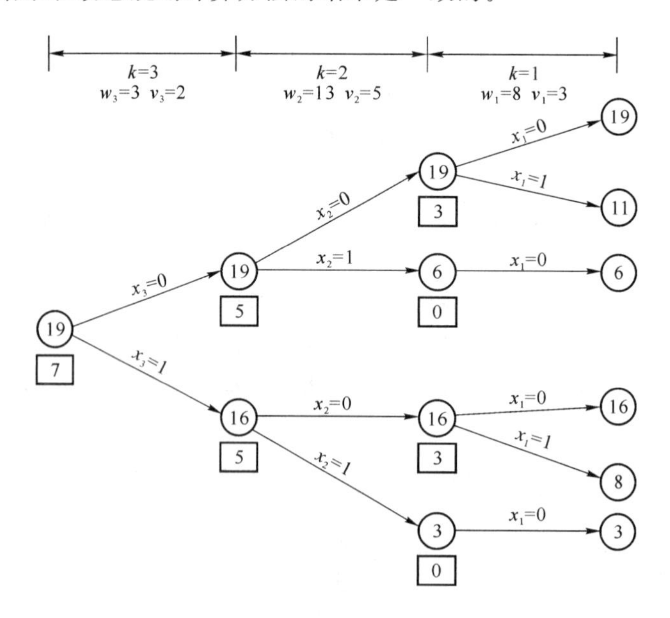

图5.4 项目选择问题决策树

5.2.3　生产和库存控制问题

一个工厂生产的某种产品，在一定的时期内，增大生产批量，能够降低产品的单位成本，但是若超过市场的需求量，就会造成产品的积压而增加存储的费用。因此如何正确地制订生产计划，使得在整个计划期内，生产和存储的总费用最小，这就是生产和库存控制问题。

例 5.3　某工厂生产某种产品的月生产能力为 10 件，已知今后 4 个月的产品成本及销售量如表 5.3 所示。如果本月产量超过销售量时，可以存储起来备以后各月销售，一件产品的月存储费为 20 元，试安排月生产计划并做到：

① 保证满足每月的销售量，并规定计划期初和期末库存为零；

② 在生产能力允许范围内，安排每月生产量计划使产品总成本(即生产费用加存储费)最低。

表 5.3　产品成本及销售量表

月份	阶段 k	产品成本 c_k/件	月销售量 y_k	月初库存 s_k	月末库存 s_{k-1}
1	4	700	6	$s_4=0$	s_3
2	3	720	7	s_3	s_2
3	2	800	12	s_2	s_1
4	1	760	6	s_1	$s_0=0$

(1) 划分阶段。分成 4 个阶段，即 $K=4$，并按逆向编号，4 月份 $k=1$，3 月份 $k=2$，2 月份 $k=3$，1 月份 $k=4$，产品生产计划安排的优先顺序为 1 月份→2 月份→3 月份→4 月份。

(2) 确定状态变量 s_k。状态变量 s_k 表示第 k 阶段初的库存量。显然有 $s_4=0, s_0=0$。

(3) 确定决策变量 x_k。决策变量 x_k 表示第 k 阶段产品的生产量。

(4) 确定状态转移方程。根据前面定义的状态变量 s_k 和决策变量 x_k 的意义，可得其状态转移方程为 $s_{k-1}=s_k+x_k-y_k$，其中，y_k 为第 k 阶段的产品销售量。

(5) 确定直接效果函数 $d_k(s_k,x_k)$。它表示第 k 阶段决策变量确定后的成本。由已知条件可得 $d_k(s_k,x_k)=c_k x_k+20s_k$。

(6) 最优指标函数。由于 4 个月的总成本等于 4 个月的成本之和，即其指标函数为累加形式。所以最优指标函数为

$$f_k(s_k)=\min_{x_k}\{d_k(s_k,x_k)+f_{k-1}(s_{k-1})\},\quad k=1,2,3,4$$

(7) 边界条件。$f_0(s_0)=0$。

各阶段计算过程如下：

第 1 阶段，由于第 4 月(第 1 阶段)末的库存量为 0，即第 1 阶段初的库存量加上第 1 阶段的生产量应等于第 1 阶段的销售量。所以有 $s_1+x_1=y_1=6$。另外，由于前 3 个月的总产量最多为 30 件，前 3 个月的固定销售量为 25，所以 4 月初可能的库存量为 0～5 件，即 $s_1=0$～5。

$$f_1(s_1)=\min_{x_1}\{d_1(s_1,x_1)+f_0(s_0)\}=\min_{x_1}\{d_1(s_1,x_1)\}=d_1(s_1,x_1)$$

$$f_1(0)=d_1(0,6)=6\times 760=4\ 560$$

$$f_1(1)=d_1(1,5)=5\times 760+20\times 1=3\ 820$$

$$f_1(2)=d_1(2,4)=4\times 760+20\times 2=3\ 080$$

$$f_1(3)=d_1(3,3)=3\times 760+20\times 3=2\ 340$$

$$f_1(4)=d_1(4,2)=2\times 760+20\times 4=1\ 600$$

$$f_1(5)=d_1(5,1)=1\times 760+20\times 5=8\ 600$$

第 2 阶段,由于前 2 个月的总产量最多为 20 件,前 2 个月的固定销售量为 13,所以 3 月(第 2 阶段)初可能的库存量小于等于 7 件,即 $s_2\leqslant 7$;另外,由于第 3 月的销售量 $y_2=12$,所以为了保证第 2 阶段的销售量,即 $s_2+x_2\geqslant y_2=12$,第 2 阶段初的库存量不能小于 2(由于 $x_2\leqslant 10$),即 $s_2\geqslant 2$。由此可得,第 2 阶段初的库存量变化范围为 $s_2=2\sim 7$。

$$f_2(s_2)=\min_{x_2}\{d_2(s_2,x_2)+f_1(s_1)\}$$

$$f_2(2)=d_2(2,10)+f_1(0)=10\times 800+2\times 20+4\ 560=12\ 600$$

$$f_2(3)=\min\left\{\begin{array}{l}d_2(3,10)+f_1(1)\\d_2(3,9)+f_1(0)\end{array}\right\}=\min\left\{\begin{array}{l}10\times 800+3\times 20+3\ 820\\\underline{9\times 800+3\times 20+4\ 560}\end{array}\right\}$$

$$=11\ 820$$

$$f_2(4)=\min\left\{\begin{array}{l}d_2(4,10)+f_1(2)\\d_2(4,9)+f_1(1)\\d_2(4,8)+f_1(0)\end{array}\right\}=\min\left\{\begin{array}{l}10\times 800+4\times 20+3\ 080\\9\times 800+4\times 20+3\ 820\\\underline{8\times 800+4\times 20+4\ 560}\end{array}\right\}$$

$$=11\ 040$$

$$f_2(5)=\min\left\{\begin{array}{l}d_2(5,10)+f_1(3)\\d_2(5,9)+f_1(2)\\d_2(5,8)+f_1(1)\\d_2(5,7)+f_1(0)\end{array}\right\}=\min\left\{\begin{array}{l}10\times 800+5\times 20+2\ 340\\9\times 800+5\times 20+3\ 080\\9\times 800+5\times 20+3\ 820\\\underline{9\times 800+5\times 20+4\ 560}\end{array}\right\}$$

$$=10\ 260$$

$$f_2(6)=\min\left\{\begin{array}{l}d_2(6,10)+f_1(4)\\d_2(6,9)+f_1(3)\\d_2(6,8)+f_1(2)\\d_2(6,7)+f_1(1)\\d_2(6,6)+f_1(0)\end{array}\right\}=\min\left\{\begin{array}{l}10\times 800+6\times 20+1\ 600\\9\times 800+6\times 20+2\ 340\\8\times 800+6\times 20+3\ 080\\7\times 800+6\times 20+3\ 820\\\underline{6\times 800+6\times 20+4\ 560}\end{array}\right\}$$

$$=9\ 480$$

$$f_2(7)=\min\left\{\begin{array}{l}d_2(7,10)+f_1(5)\\d_2(7,9)+f_1(4)\\d_2(7,8)+f_1(3)\\d_2(7,7)+f_1(2)\\d_2(7,6)+f_1(1)\\d_2(7,5)+f_1(0)\end{array}\right\}=\min\left\{\begin{array}{l}10\times 800+7\times 20+860\\9\times 800+7\times 20+1\ 600\\8\times 800+7\times 20+2\ 340\\7\times 800+7\times 20+3\ 080\\6\times 800+7\times 20+3\ 820\\\underline{5\times 800+7\times 20+4\ 560}\end{array}\right\}$$

$$=8\ 700$$

第 3 阶段,由于第 1 个月的总产量最多为 10 件,第 1 个月的固定销售量为 6,所以 2 月(第 3 阶段)初可能的库存量小于等于 4 件,即 $s_3\leqslant 4$。另外,注意到条件,$s_2\geqslant 2$,所以,根据状态转移方程可知,第 3 阶段的决策变量应满足 $10\geqslant x_3\geqslant 9-s_3$。

$$f_3(s_3)=\min_{x_3}\{d_3(s_3,x_3)+f_2(s_2)\}$$

$$f_3(0)=\min\left\{\begin{array}{l}d_3(0,10)+f_2(3)\\d_3(0,9)+f_2(2)\end{array}\right\}=\min\left\{\begin{array}{l}\underline{10\times720+0\times20+11\ 820}\\9\times720+0\times20+12\ 600\end{array}\right\}$$

$$=19\ 020$$

$$f_3(1)=\min\left\{\begin{array}{l}d_3(1,10)+f_2(4)\\d_3(1,9)+f_2(3)\\d_3(1,8)+f_2(2)\end{array}\right\}=\min\left\{\begin{array}{l}\underline{10\times720+1\times20+11\ 040}\\9\times720+1\times20+11\ 820\\8\times720+1\times20+12\ 600\end{array}\right\}$$

$$=18\ 260$$

$$f_3(2)=\min\left\{\begin{array}{l}d_3(2,10)+f_2(5)\\d_3(2,9)+f_2(4)\\d_3(2,8)+f_2(3)\\d_3(2,7)+f_2(2)\end{array}\right\}=\min\left\{\begin{array}{l}\underline{10\times720+2\times20+10\ 260}\\9\times720+2\times20+11\ 040\\8\times720+2\times20+11\ 820\\7\times720+2\times20+12\ 600\end{array}\right\}$$

$$=17\ 500$$

$$f_3(3)=\min\left\{\begin{array}{l}d_3(3,10)+f_2(6)\\d_3(3,9)+f_2(5)\\d_3(3,8)+f_2(4)\\d_3(3,7)+f_2(3)\\d_3(3,6)+f_2(2)\end{array}\right\}=\min\left\{\begin{array}{l}\underline{10\times720+3\times20+9\ 480}\\9\times720+3\times20+10\ 260\\8\times720+3\times20+11\ 040\\7\times720+3\times20+11\ 820\\6\times720+3\times20+12\ 600\end{array}\right\}$$

$$=16740$$

$$f_3(4)=\min\left\{\begin{array}{l}d_3(4,10)+f_2(7)\\d_3(4,9)+f_2(6)\\d_3(4,8)+f_2(5)\\d_3(4,7)+f_2(4)\\d_3(4,6)+f_2(3)\\d_3(4,5)+f_2(2)\end{array}\right\}=\min\left\{\begin{array}{l}\underline{10\times720+4\times20+8\ 700}\\9\times720+4\times20+9\ 480\\8\times720+4\times20+10\ 260\\7\times720+4\times20+11\ 040\\6\times720+4\times20+11\ 820\\5\times720+4\times20+12\ 600\end{array}\right\}$$

$$=15\ 980$$

第4阶段，由于 $s_4=0$，$10\geqslant x_4\geqslant6$，$s_3=x_4-6$，所以

$$f_4(0)=\min\left\{\begin{array}{l}d_3(0,10)+f_3(4)\\d_3(0,9)+f_3(3)\\d_3(0,8)+f_3(2)\\d_3(0,7)+f_3(1)\\d_3(0,6)+f_3(0)\end{array}\right\}=\min\left\{\begin{array}{l}\underline{10\times700+0\times20+15\ 980}\\9\times700+0\times20+16\ 740\\8\times700+0\times20+17\ 500\\7\times700+0\times20+18\ 260\\6\times700+0\times20+19\ 020\end{array}\right\}$$

$$=22\ 980$$

根据以上计算结果可知，最优生产计划为：第1月生产10件，第2月生产10件，第3月生产5件，第4月生产6件，总成本为22 980元。

5.2.4 目标函数为乘积形式的动态规划

例 5.4 某工厂有 A，B，C 3 部机器串联生产某种产品，由于工艺技术问题，产品常出现次品。统计结果表明，机器 A，B，C 产生次品的概率分别为 $P_A=30\%$，$P_B=40\%$，$P_C=20\%$，而产品必须经过 3 部机器顺序加工才能完成。为了降低产品的次品率，决定拨款 5 万元进行技术改造，以便最大限度地提高产品的成品率指标。现提出如下 4 种改进方案。

方案 1：不拨款，机器保持原状。

方案 2：加装监视设备，每部机器需用款 1 万元。

方案 3：加装设备，每部机器需用款 2 万元。

方案 4：同时加装监视及控制设备，每部机器需用款 3 万元。

采用各方案后，各部机器的次品率如表 5.4。

表 5.4 不同方案下的各部机器的次品率表

机器	拨款情况			
	不拨款	1 万元	2 万元	3 万元
	次品率(%)			
机器 A	30	20	10	5
机器 B	40	30	20	10
机器 C	20	10	10	6

试确定机器 A、B 和 C 的拨款额，使得最终产品的产品率最高。

解 (1) 划分阶段。分成 3 个阶段，即 $K=3$，并按逆向编号，机器 C，$k=1$；机器 B，$k=2$；机器 A，$k=3$；拨款的优先顺序为机器 A→机器 B→机器 C。

(2) 确定状态变量 s_k。状态变量 s_k 表示第 k 阶段初尚未分配的资金额，以万元为单位。显然有 $s_3=5$。

(3) 确定决策变量 x_k。决策变量 x_k 表示第 k 阶段的拨款额，显然 $x_k \leqslant s_k$。

(4) 确定状态转移方程。根据前面定义的状态变量 s_k 和决策变量 x_k 的意义，可得其状态转移方程为 $s_{k-1}=s_k-x_k$。

(5) 确定直接效果函数 $d_k(s_k,x_k)$。它表示第 k 阶段决策变量确定后(即拨款额确定后)的机器成品率。机器的成品率可由机器的次品率推得，即

$$R_A=(1-P_A),R_B=(1-P_B),R_C=(1-P_C)$$

其中，R_A，R_B，R_C 表示机器 A、机器 B、机器 C 的产品成品率。

(6) 最优指标函数。由于最终产品的成品率 R 等于机器 A、机器 B、机器 C 的产品成品率之积，即

$$R=R_A*R_B*R_C=(1-P_A)(1-P_B)(1-P_C)$$

所以，最优指标函数为

$$f_k(s_k)=\max_{x_k}\{d_k(s_k,x_k)\cdot f_{k-1}(s_{k-1})\},\quad k=1,2,3$$

(7) 边界条件。$f_0(s_0)=1$。

第 1 阶段计算，$s_1=0,1,2,3,4,5$。

$$f_1(s_1)=\max_{x_1}\{d_1(s_1,x_1)\cdot f_0(s_0)\}=f_1(s_1)=\max_{x_1}\{d_1(s_1,x_1)\}$$

$$f_1(0)=\max\{d_1(0,0)\}=1-0.2=0.8$$

$$f_1(1)=\max\{d_1(1,0),d_1(1,1)\}=\min\{0.8,0.9\}=0.9$$

$$f_1(2)=\max\{d_1(2,0),d_1(2,1),d_1(2,2)\}=\min\{0.8,0.9,0.9\}=0.9$$

$$f_1(3)=\max\{d_1(3,0),d_1(3,1),d_1(3,2),d_1(3,3)\}$$
$$=\max\{0.8,0.9,0.9,0.94\}=0.94$$

$$f_1(4)=\max\{d_1(4,0),d_1(4,1),d_1(4,2),d_1(4,3)\}$$
$$=\max\{0.8,0.9,0.9,0.94\}=0.94$$

$$f_1(5)=\max\{d_1(5,0),d_1(5,1),d_1(5,2),d_1(5,3)\}$$
$$=\max\{0.8,0.9,0.9,0.94\}=0.94$$

第 2 阶段计算，$s_2=2,3,4,5$（由于 $s_2=5-x_3$，x_3 最大为 3）。

$$f_2(s_2)=\max_{x_2}\{d_2(s_2,x_2)\cdot f_1(s_1)\}$$

$$f_2(2)=\max\begin{Bmatrix}d_2(2,0)\cdot f_1(2)\\ d_2(2,1)\cdot f_1(1)\\ d_2(2,2)\cdot f_1(0)\end{Bmatrix}=\max\begin{Bmatrix}0.6\cdot 0.9\\ 0.7\cdot 0.9\\ \underline{0.8\cdot 0.8}\end{Bmatrix}=0.64$$

$$f_2(3)=\max\begin{Bmatrix}d_2(3,0)\cdot f_1(3)\\ d_2(3,1)\cdot f_1(2)\\ d_2(3,2)\cdot f_1(1)\\ d_2(3,3)\cdot f_1(0)\end{Bmatrix}=\max\begin{Bmatrix}0.6\cdot 0.94\\ 0.7\cdot 0.9\\ \underline{0.8\cdot 0.9}\\ \underline{0.9\cdot 0.8}\end{Bmatrix}=0.72$$

$$f_2(4)=\max\begin{Bmatrix}d_2(4,0)\cdot f_1(4)\\ d_2(4,1)\cdot f_1(3)\\ d_2(4,2)\cdot f_1(2)\\ d_2(4,3)\cdot f_1(1)\end{Bmatrix}=\max\begin{Bmatrix}0.6\cdot 0.94\\ 0.7\cdot 0.94\\ 0.8\cdot 0.9\\ \underline{0.9\cdot 0.9}\end{Bmatrix}=0.81$$

$$f_2(5)=\max\begin{Bmatrix}d_2(5,0)\cdot f_1(5)\\ d_2(5,1)\cdot f_1(4)\\ d_2(5,2)\cdot f_1(3)\\ d_2(5,3)\cdot f_1(2)\end{Bmatrix}=\max\begin{Bmatrix}0.6\cdot 0.94\\ 0.7\cdot 0.94\\ 0.8\cdot 0.94\\ \underline{0.9\cdot 0.9}\end{Bmatrix}=0.81$$

第 3 阶段计算，$s_3=5$。

$$f_3(5)=\max\begin{Bmatrix}d_3(5,0)\cdot f_2(5)\\ d_3(5,1)\cdot f_2(4)\\ d_3(5,2)\cdot f_2(3)\\ d_3(5,3)\cdot f_2(2)\end{Bmatrix}=\max\begin{Bmatrix}0.7\cdot 0.81\\ \underline{0.8\cdot 0.81}\\ \underline{0.9\cdot 0.72}\\ \underline{0.95\cdot 0.64}\end{Bmatrix}=0.648$$

利用回溯方法可得最优方案有 3 个，分别为

第 1 方案：机器 A、B 和 C 分别拨款 1 万元、3 万元和 1 万元；

第 2 方案：机器 A、B 和 C 分别拨款 2 万元、2 万元和 1 万元；

第 3 方案：机器 A、B 和 C 分别拨款 2 万元、3 万元和 0 万元。

总成品率均为0.648。

5.2.5 连续性变量动态规划问题解法

例5.5 设某厂计划全年生产某种产品A。其4个季度的订货量分别为600 kg，700 kg，500 kg和1 200 kg。已知生产产品A的生产费用与产品的平方成正比，系数为0.005。厂内有仓库可存放产品，存储费为每千克每季度1元。求最优的生产安排使年总成本最小。

解 4个季度为4个阶段，采用阶段编号与季度顺序一致。

设s_k为第k季初的库存量，则边界条件为$s_1=s_5=0$。

设x_k为第k季的生产量，设y_k为第k季的订货量；s_k, x_k, y_k都取实数，状态转移方程为

$$s_{k+1}=s_k+x_k-y_k$$

仍采用反向递推，但注意阶段编号是正向的。

目标函数为

$$f_1(x)=\min_{x_1,x_2,x_3,x_4}\sum_{i=1}^{4}(0.005x_i^2+s_i)$$

第1步：(第4季度)总效果

$$f_4(s_4,x_4)=0.005\,{x_4}^2+s_4$$

由边界条件有：$s_5=s_4+x_4-y_4=0$，解得

$$x_4^*=1\,200-s_4$$

将x_4^*代入$f_4(s_4,x_4)$，可得

$$f_4(s_4,x_4)=0.005(1\,200-s_4)^2+s_4=7\,200-11s_4+0.005\,{s_4}^2$$

第2步：(第3、4季度) 总效果 $f_3(s_3,x_3)=0.005\,{x_3}^2+s_3+f_4^*(s_4)$。

将$s_4=s_3+x_3-500$代入 $f_3(s_3,x_3)$，可得

$$\begin{aligned}f_3(s_3,x_3)&=0.005x_3^2+s_3+7\,200-11(x_3+s_3-500)\\&\quad+0.005\,(x_3+s_3-500)^2\\&=0.01x_3^2+0.01x_3s_3-16x_3+0.005s_3^2-15s_3+13\,950\end{aligned}$$

$$\frac{\partial f_3(s_3,x_3)}{\partial x_3}=0.02x_3+0.01s_3-16=0$$

解得$x_3^*=800-0.5s_3$，代入$f_3(s_3,x_3)$，可得

$$f_3^*(s_3)=7\,550-7s_3+0.002\,5s_3^2$$

第3步：(第2、3、4季度) 总效果

$$f_2(s_2,x_2)=0.005\,{x_2}^2+s_2+f_3(s_3,x_3)$$

将$s_3=s_2+x_2-700$代入$f_2(s_2,x_2)$，可得

$$\begin{aligned}f_2(s_2,x_2)&=0.005x_2^2+s_2+7\,550-7(x_2+s_2-700)\\&\quad+0.002\,5\,(x_2+s_2-700)^2\end{aligned}$$

$$\frac{\partial f_2(s_2,x_2)}{\partial x_2}=0.015x_2+0.005(s_2-700)-7=0$$

解得$x_2^*=700-(1/3)s_2$，代入$f_2(s_2,x_2)$，可得

$$f_2^*(s_2)=10\ 000-6s_2+(0.005/3)s_2^2$$

第4步:(第1、2、3、4季度)总效果

$$f_1(s_1,x_1)=0.005x_1{}^2+s_1+f_2{}^*(s_2)$$

将 $s_2=s_1+x_1-600=x_1-600$ 代入 $f_1(s_1,x_1)$,可得

$$f_1(s_1,x_1)=0.005x_1^2+s_1+10\ 000-6(x_1-600)$$
$$+(0.005/3)(x_1-600)^2$$

$$\frac{\partial f_1(s_1,x_1)}{\partial x_1}=(0.04/3)x_1-8=0$$

解得 $x_1^*=600$,代入 $f_1(s_1,x_1)$,可得

$$f_1^*(s_2)=11\ 800$$

由此回溯:得最优生产—库存方案为

$x_1{}^*=600,s_2{}^*=0$; $x_2{}^*=700,s_3{}^*=0$; $x_3{}^*=800,s_4{}^*=300$;$x_4{}^*=900$。

通过上面动态规划的连续变量解法,我们注意到这样几个特点:

(1) 通过对阶段总效果函数的求导(对该阶段决策变量)可以得到阶段最优决策,省去了离散变量动态规划确定最优决策变量的大量计算工作;

(2) 阶段最优决策和阶段最优效果函数都只是该阶段初始状态的函数,而这个函数是下一步计算的基础,这是动态规划算法的本质特征;

(3) 通过将状态转移函数代入总效果函数中的间接效果函数,把以前各阶段的累计效果表达为只与本阶段的初始状态变量和决策变量有关,这就是所谓的"无记忆性"。

5.2.6 动态规划方法求解非线性规划

利用动态规划方法可以求解一些特殊形式的非线性规划,下面我们通过实例来介绍。

例5.6 求解如下非线性规划。

$$\max f(x)=\sqrt{x_1}+\sqrt{x_2}+\sqrt{x_3}$$
$$\begin{cases}x_1+x_2+x_3=27\\x_1,x_2,x_3\geqslant 0\end{cases}$$

解 这实际上是一个资源分配问题。设分配次序为 x_1, x_2, x_3,阶段正向编号,但逆向递推,由约束条件可得边界条件 $s_1=27$, $s_4=0$。

第3阶段:分配给 x_3

$$f_3(x_3)=\sqrt{x_3}$$

由边界条件和状态转移方程有 $s_4=s_3-x_3=0$,即 $x_3{}^*=s_3$;因此有

$$f_3^*(s_3)=\sqrt{s_3}$$

第2阶段:分配给 x_2

$$f_2(s_2,x_2)=\sqrt{x_2}+f_3^*(s_3)$$

由状态转移方程有 $s_3=s_2-x_2$,代入上式得

$$f_2(s_2,x_2)=\sqrt{x_2}+\sqrt{s_2-x_2}$$

$$\partial f_2/\partial x_2=1/2\ \sqrt{x_2}-1/2\ \sqrt{s_2-x_2}=0$$

解得 $$x_2^* = s_2/2,\quad f_2^*(s_2) = \sqrt{2s_2}$$

第 1 阶段:分配给 x_1

$$x_1(s_1, x_1) = \sqrt{x_1} + f_2^*(s_2) = \sqrt{x_1} + \sqrt{2s_2}$$

由状态转移方程有 $s_2 = s_1 - x_1 = 27 - x_1$,代入上式得

$$f_1(s_1, x_1) = \sqrt{x_1} + \sqrt{2(27 - x_1)}$$

$$\partial f_1/\partial x_1 = 1/2\ \sqrt{x_1} - 1/\sqrt{54 - 2x_1} = 0$$

解得 $$x_1^* = 9,\quad f_1^*(s_1) = 9$$

回溯得 $$x_1^* = x_2^* = x_3^* = 9$$

5.3 习题讲解与分析

习题 5.1 有给定厚度的金属板材 30 m²,通过裁剪可焊接成如图 5.5 所示的封闭的长方体。设该长方体可承受的压力 F 与图 5.5 中 3 个面的面积 x_1, x_2, x_3 有如下关系:

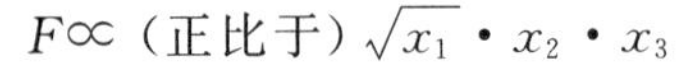

$$F \propto (\text{正比于}) \sqrt{x_1} \cdot x_2 \cdot x_3$$

求最优的裁剪方案使 F 最大。(设任何裁剪方案都无余料)

(1) 建立该问题的数学模型;

(2) 用连续型的动态规划方法求最优方案。

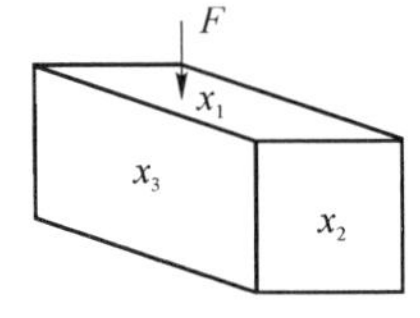

图 5.5 长方体

解 习题 5.1 主要考核根据题意建立动态规划数学模型,并用连续型的动态规划方法进行求解。

(1) 该问题的数学模型为

$$\max f(x) = \sqrt{x_1} \cdot x_2 \cdot x_3$$

$$\text{s.t.} \begin{cases} x_1 + x_2 + x_3 = 15 \\ x_1, x_2, x_3 > 0 \end{cases}$$

(2) 分 3 阶段分配 x_1, x_2, x_3 的值,分配顺序 x_1, x_2, x_3,设 s_k 为分配 x_k 前所余料的面积,则有状态转移公式 $s_k = s_{k-1} - x_{k-1}$。

由题意可知有边界条件 $s_1 = 15, s_4 = 0$。

第 3 阶段:

$$f_3(s_3, x_3) = x_3, s_4 = s_3 - x_3 = 0, \text{故有}\quad x_3^* = s_3, f_3^*(s_3) = s_3。$$

第 2 阶段:

$$s_3 = s_2 - x_2,\quad f_2(s_2, x_2) = x_2 \cdot f_3^*(s_3) = x_2(s_2 - x_2)$$

$$\frac{\partial f_2}{\partial x_2} = s_2 - 2x_2 = 0$$

解得 $$x_2^* = s_2/2,\quad f_2^*(s_2) = s_2^2/4$$

第 1 阶段:

$$s_2 = 15 - x_1,\quad f_1(s_1, x_1) = \sqrt{x_1} \cdot f_2^*(s_2) = \sqrt{x_1} \cdot \frac{(15 - x_1)^2}{4}$$

$$\frac{\partial f_1}{\partial x_1}=\frac{1}{2}x_1^{-1/2}\cdot\frac{(15-x_1)^2}{4}-x_1^{1/2}\frac{(15-x_1)}{2}=0$$

解得 $$x_1^*=3,\quad f_1^*(15,3)=\frac{1}{4}\sqrt{3}\cdot 12^2\approx 62.35$$

回溯：$x_1^*=3$，$s_2^*=12$，$x_2^*=6$，$s_3^*=6$，$x_3^*=6$。

答：最优裁剪方案为 $x_1=3, x_2=6, x_3=6$，承受最大压力 $F=62.35$。

习题 5.2 某工厂有机床100台，这种机床可作两种工作。用这种机床做第1种工作，运行1周后将有2/5机床受损，做第2种工作，运行一周后将有1/10机床受损。1台机床用来做第1种工作每周可获利10元，做第2种工作每周可获利7元，如何在3周内对这100台机床分配上述两项工作使总利润最大(提示：该题必须采用连续变量动态规划求解，受损的机床不再参加工作)。

解 分3个阶段，阶段序号与周数一致。机器分配的顺序显然与周数一致。设第 k 周开始所剩余的可用机床数为状态变量 s_k，设每 k 周分配给第1种工作的机床数为 x_k，则分配给第2种工作的机床数为 s_k-x_k。

因此有状态转移方程：$s_{k+1}=\frac{3}{5}x_k+\frac{9}{10}(s_k-x_k)=\frac{9}{10}s_k-\frac{3}{10}x_k$。

阶段直接效益函数：$d(s_k,x_k)=10x_k+7(s_k-x_k)=7s_k+3x_k$。

目标函数的递推公式为 $f_k(s_k,x_k)=d(s_k,x_k)+f_{k+1}^*(s_{k+1},x_{k+1}^*)$。

第3周计算：

$$f_3(s_3,x_3)=7s_3+3x_3$$

显然，令 $x_3^*=s_3$ 使收益最大，故有

$$f_3(x_3^*)=f_3^*(s_3)=10s_3$$

第2周计算：

$$f_2(s_2,x_2)=7s_2+3x_2+f_3^*(s_3)=7s_2+3x_2+10s_3$$

由状态转移函数有 $10s_3=9s_2-3x_2$，代入上式得

$$f_2(s_2,x_2)=16s_2$$

该收益函数与 x_2 无关，因此有

$$f_2^*(s_2)=16s_2$$

第1周计算：

$$f_1(s_1,x_1)=7s_1+3x_1+16s_2$$

将状态转移方程 $s_2=\frac{9}{10}s_1-\frac{3}{10}x_1$，边界条件 $s_1=100$，代入上式得

$$f_1(s_1,x_1)=\frac{214}{10}s_1-\frac{18}{10}x_1=2\,140-\frac{18}{10}x_1$$

显然，令 $x_1^*=0$ 使收益最大，故有

$$f_1^*(s_1)=2\,140$$

答：回溯可知各阶段机器分配最优方案为

第1周100台机器全都分配做第2种工作；

第2周在剩下的机床中可以任意分配；

第3周剩下的机床全部分配做第1种工作。

习题 5.3 用动态规划求解如下非线性规划

$$\max f(x)=4x_1+9x_2+2x_3^2$$

$$\begin{cases}x_1+x_2+x_3=10\\x_1\geqslant 0,x_2\geqslant 0,x_3\geqslant 0\end{cases}$$

解 习题5.3主要考核如何用动态规划方法求解一些可看成资源分配的特殊类型非线性规划问题。用动态规划方法求解这样一类的非线性规划问题时,为了尽量减少计算量,如果某一变量所对应的目标函数中的分项函数比较复杂,则要把该变量所对应的计算顺序往后移。从原问题的非线性规划可知,变量 x_3 所对应的目标函数中的分项函数 $2x_3^2$ 最复杂,所以变量 x_3 计算顺序放在最后。

(1) 分配优先序为 x_3,x_2,x_1,阶段编号与分配序号一致,但逆向计算。

(2) $f_k^*(s_k)$为从第 k 阶段到第3阶段的最优指标函数,且动态规划基本方程如下:

① 状态转移方程:$s_k=s_{k-1}-x_{k-1},s_1=10,s_4=0$

② 指标函数 $f_k^*(s_k)=\max\{\Phi(x_k)+f_{k+1}^*(s_{k+1})\},k=1,2,3$

③ 边界条件:$f_4^*(s_4)=0$

第3阶段 $x_1^*=s_3,f_3^*(s_3)=4x_1=4s_3$

第2阶段 $f_2(s_2)=9x_2+4s_3,s_3=s_2-x_2$

$$f_2(s_2)=9x_2+4s_3=5x_2+4s_2$$

$$f_2^*(s_2)=5s_2+4s_2=9s_2(\text{因为 } x_2^*=s_2)$$

第1阶段 $f_1(s_1)=2x_3^2+9s_2,s_2=10-x_3,f_1(s_1)=2x_3^2+90-9x_3$

$$f_1^*(s_1)=200(\text{因为 } x_3^*=10)$$

最优解 $x_3^*=10,x_1^*=x_3^*=0,f_1^*(s_1)=200$。

第 6 章　图与网络分析

图论是近数十年来得到蓬勃发展的一个新兴的数学分支,它的理论和方法在许多领域中得到广泛的应用并且取得了丰硕的成果,成为运筹学的一个重要的分支。

对图和网络的研究可追溯到 18 世纪 40 年代。关于图的第一篇论文是由瑞士数学家列昂那德·欧拉(Leonhard Euler,1707—1783)给出的,并于 1736 年在圣彼得堡科学院发表。欧拉对于图的研究源于所谓的哥尼斯堡桥问题(Königsberg Bridge Problem)。

虽然,对图和网络的研究已有 200 多年的历史,但是,直到 20 世纪中期以后,随着离散数学和计算机的发展,图和网络的研究才得到了很快发展。目前,图和网络广泛地应用于心理学、化学、电工学、运输规划、管理学、销售学以及教育学等各个不同的领域中的不同学科,并取得了丰硕的成果。

6.1　图和网络的基本概念

在日常生活中,我们经常可见到各种各样的图和网络。如道路交通图,市内电话网中由交换局与中继线组成的中继网络图等。18 世纪的东欧东普鲁士有个哥尼斯堡城(苏联的加里宁格勒),哥尼斯堡城是建立在两条河流的汇合处以及河中的两个小岛上。总共有 7 座小桥将两个小岛以及小岛与城市的其他部分连接起来,如图 6.1 所示。当时,哥尼斯堡城的居民热衷于这样的一个游戏:一个游人从两岸或小岛的某一点出发,是否可走过所有 7 座桥,每座桥经过一次,且仅一次,最后回到出发的原点?当时,有很长一段时间,没有人想出这种走法,又没有人说明这种走法不存在。这就是著名的“7 桥问题”。

1736 年,瑞士数学家欧拉(E Euler)发表了一篇题为“依据几何位置的解题方法”的论文。在这篇论文中,欧拉把“7 桥问题”归结为如图 6.2 所示的问题,并证明了不存在“7 桥问题”的走法。

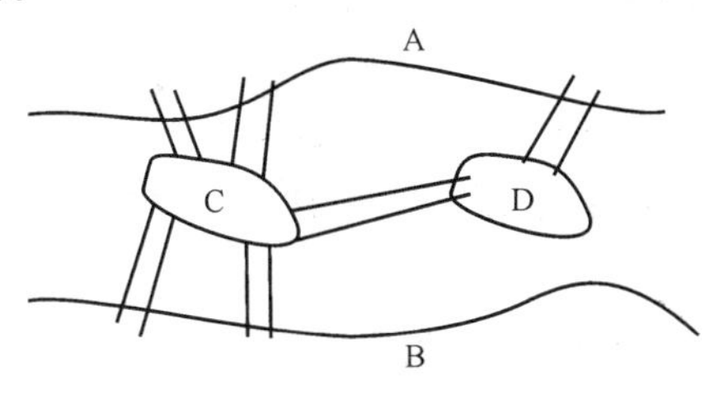

图 6.1　普雷·格尔河

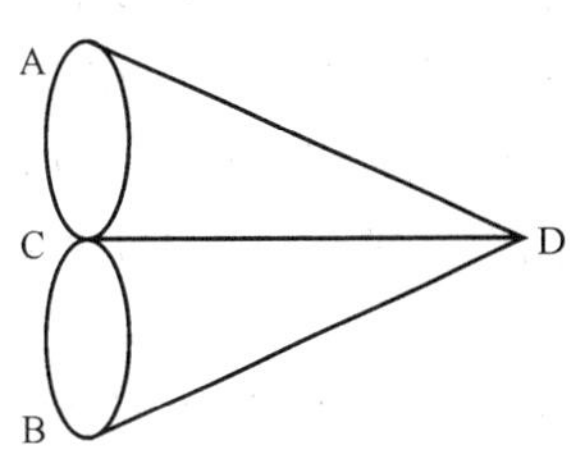

图 6.2　7 桥问题示意图

6.1.1 图的定义

1. 图与网络

让我们先看两个图的实例。图6.3表示某一道路交通示意图。

在图6.3中,点① ～⑦ 分别表示7个道路交叉点,各交叉点之间的连线表示道路。

图6.4表示某一市内电话网的中继网络示意图。在图6.4中,点①～⑦分别表示7个交换局,其中,④ 为汇接局,各交叉点之间的连线表示中继线。

从上面两个实例可以看出,图可以用来表示自然界和人类社会中事物以及事物之间的关系。如图6.3表示7个道路交叉点以及7个道路交叉点之间的相互连接关系;而图6.4表示7个交换局以及7个交换局之间的相互连接关系。图6.3和图6.4用于表示自然界和人类社会中事物以及事物之间关系的图形都具有如下共同的基本要素。

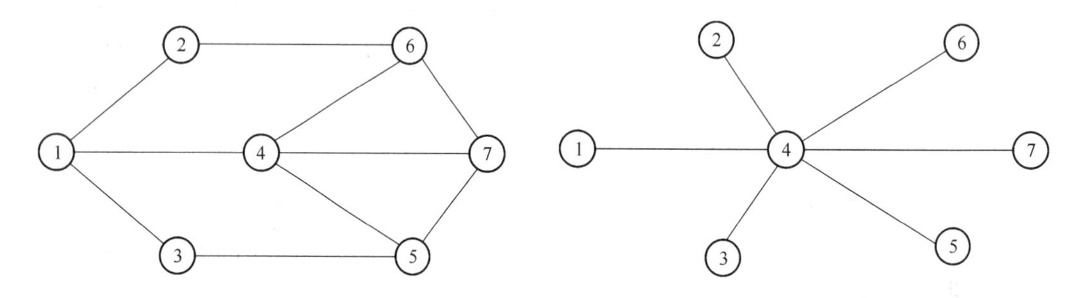

图6.3　某一道路交通示意图　　　图6.4　某一市内电话网的中继网络示意图

(1) 节点 (Vertex)。表示物理实体、事物、概念,一般用 v_i 表示。图6.3和图6.4中的节点分别表示道路交叉点和交换局。

(2) 边 (Edge)。节点间的连线,表示有关系,一般用 e_{ij} 表示。图6.3和图6.4中的边分别表示道路和中继线。

任何一个图总是由一些节点和一些边组成。因此,图(Graph)是节点和边的集合,一般用 $G(V,E)$ 表示。其中,$V=\{v_1,v_2,\cdots, v_n\}$表示点集,$E=\{e_{ij}\}$表示边集。

对于某一图,若对该图的每一边定义一个表示连接强度的权值,用 w_{ij} 表示,则把该图称为网络(Network),又称加权图(Weighted graph)。如在图6.3中,我们可对每一边定义一个表示两个道路交叉点的距离的权值;而在图6.4中,我们可对每一边定义一个表示连接两个交换局中继线的电路数的权值。

2. 无向图与有向图

若某一图中的所有边都没有方向,则称该图为无向图,无向图用 $G(V,E)$ 表示。如图6.3和图6.4都是无向图。在无向图中 $e_{ij}=e_{ji}$,或 $(v_i, v_j)=(v_j, v_i)$。

若某一图中的所有边都有方向,则称该图为有向图。有向图用 $G(V,A)$ 表示。如图6.5是有向图。在有向图中,边又称为弧,用 a_{ij} 表示,i, j 的顺序是不能颠倒的,弧的方向用箭头表示。

图中既有边又有弧,称为混合图。如图6.6所示为混合图。

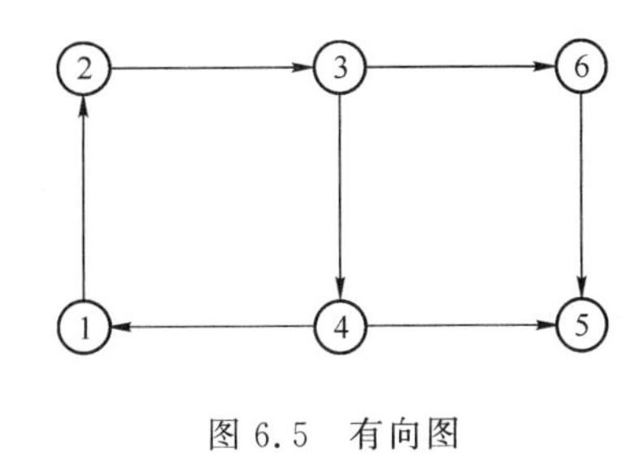

图 6.5 有向图

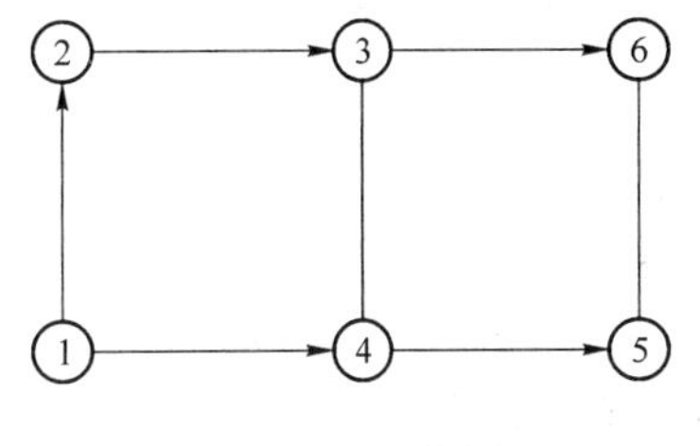

图 6.6 混合图

6.1.2 基本概念和术语

1. 端点,关联边,相邻,次

对于某一图 $G(V,E)$,若节点 v_i, v_j之间有一条边 e_{ij},则称 v_i, v_j是 e_{ij}的端点(end vertex),而 e_{ij}是节点 v_i, v_j的关联边(incident edge)。如在图 6.6 中,节点③和④是边 e_{34} 的两个端点,而边 e_{34} 是节点③和④的关联边。同一条边的两个端点称为相邻(adjacent)节点,具有共同端点的边称为相邻边。如在图 6.6 中,节点③和④是相邻节点,边 e_{34} 和边 e_{36}是相邻边。

一条边的两个端点相同,称为自环(self-loop);具有两个共同端点的两条边称为平行边(parallel edges)。既没有自环也没有平行边的图称为简单图(simple graph)。图 6.5 和图 6.6都是简单图。

在无向图中,与节点相关联边的数目,称为该节点的"次"(degree),记为 $d(v_i)$。如在图 6.4 中, $d(v_4)=6,d(v_1)=1$。次数为奇数的点称为奇点(odd),次数为偶数的点称为偶点(even)。如在图 6.4 中,节点 4 为偶点,其余 6 个节点为奇点。可以证明,图中奇点的个数总是偶数个。图中每个节点都是偶点的图称为偶图(even graph)。

在有向图中,由节点指向外的弧的数目称为正次数,记为 $d^+(v_i)$,指向该节点的弧的数目称为负次数,记为 $d^-(v_i)$。如在图 6.5 中,$d^+(v_3)=2,d^-(v_3)=1$。

次数为 0 的点称为孤立点(isolated vertex),次数为 1 的点称为悬挂点(pendant vertex)。

2. 链,圈,路径,回路,欧拉回路

某一图 $G(V,E)$〔或 $G(V,A)$〕中某些相邻节点的序列 $\{v_1,v_2,\cdots,v_n\}$ 构成该图的一条链(link),又称为行走(walk);首尾相连的链称为圈(loop),或闭行走。如在图 6.5 中,相邻节点的序列 $\{v_2,v_3,v_6,v_5'\}$ 构成该图的一条链。而相邻节点的序列 $\{v_2,v_3,v_6,v_5,v_4,v_1,v_2\}$ 构成该图的一个圈或闭行走。

在无向图中,节点不重复出现的链称为路径(path)。如在图 6.3 中,相邻节点的序列 $\{v_1,v_4,v_6,v_7\}$构成的链为该图的一条路径。

在有向图中,节点不重复出现且链中所有弧的方向一致,则称为有向路径(directed path)。首尾相连的路径称为回路(circuit)。如在有向图 6.5 中,相邻节点的序列 $\{v_2,v_3,v_4,v_1\}$ 构成该图的一条路径,而相邻节点的序列 $\{v_2,v_3,v_4,v_1,v_2\}$ 构成该图的一个回路。

走过图中每条边一次且仅一次的闭行走称为欧拉回路。可以证明,偶图一定存在欧拉回路(一笔画定理)。

3. 连通图,子图,成分

设有两个图 $G_1(V_1,E_1)$,$G_2(V_2,E_2)$,若 $V2\subseteq V_1$,$E_2\subseteq E_1$,则 G_2 是 G_1 的子图。即图 G_2 的点集和边集分别为 G_1 的点集和边集的子集。显然,链,圈,路径(简称路),回路都是原图的子图。

如果某一无向图中的任意两点间至少存在一条路径,则称该无向图为连通图(connected graph),否则为非连通图(disconnected graph)。非连通图中的每个连通子图称为成分(component)。

若某一图可在平面上画出而没有任何边相交,则该图称为平面图(plane graph)。

6.2 树图与最小生成树

树图是一种特殊的图。由于它的形状与树的枝干结构相似而得名。如图 6.7 是一个倒置的树图,其根(root)在上,树叶(leaf)在下。这种树图可用来表示多级辐射制的电信网络、管理的指标体系、家谱、分类学、组织结构等。树图简称为树。

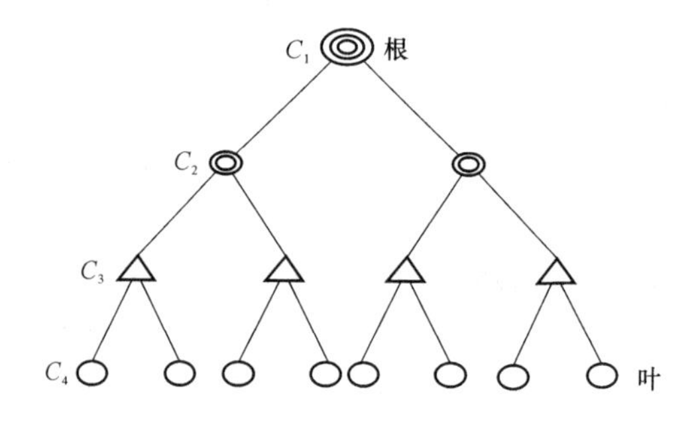

图 6.7 倒置的树图

6.2.1 树的定义及其性质

一个无回路的连通图称为树(tree),记为 T。树是最简单的连通图,树是网络图论中的重要组成部分,没有特别声明,树都是在无向图中讨论。由树的定义可知,树具有下列性质:

(1) 任何树必存在次数为 1 的点;

(2) 设树 T 具有 n 个节点,则其边恰好为 $n-1$ 条;

(3) 任何有 n 个节点,$n-1$ 条边的连通图必是一棵树。

根据树的定义或性质可知,如果在某一树图中,任意两个不相邻的节点间增加一条边,则恰好得到一个圈或回路,同时该图就转变为不是一个树图(破坏了无回路的特性)。另外,如果在某一树图中,任意去掉一条边,则该图的连通性就被破坏,该图也被转变为不是一个树图。

6.2.2 图的生成树

给定连通图 $G=(V,E)$,若它的部分图 $T=(V,E_T)$是树,则称 T 是连通图 G 的生成树(spanning tree)。显然连通图 G 的生成树 T 包含图 G 的所有的节点,但其边则为连通图 G

边一部分。

如果将连通图的每个节点规定一个唯一的标号，则该连通图称为标记图，标记图的生成树称为标记树(labeled tree)。

设某一连通图 G 有 P 个节点 $v_1, v_2, \cdots, v_P$，则寻找该连通图的一棵树的基本方法是：先令 $V=\{v_1\}$，$V'=\{v_2, \cdots, v_P\}$，在保证不构成回路的情况下，每次在连通图 G 中任取一个始点在集合 V，终点在集合 V'的边，并将该边的终点节点划归集合 V。这样反复进行下去，直到节点集合 V'为空集为止，从连通图 G 中所选的边即构成该连通图的一棵树。

显然，从某一连通图 G 可形成该连通图的很多生成树。可以证明，对于任何一个具有 $n(n\geqslant 2)$ 个节点的连通图，共有 n^{n-2} 个不同的标记树(Caylay 定理)。

对于给定一个具有 P 个节点 $v_1, v_2, \cdots, v_P$ 的连通图 G，在寻找其生成树过程中，如果把 V 中的第 1 个节点记为 0 代，与 0 代直接相连接的节点记为 1 代，与 1 代直接相连接的节点记为 2 代，如此等等，则有如下两种比较特殊寻找生成树的方法。

深探法(depth first search)：从连通图 G 中某一节点开始延伸选边到下一个节点时，在保证不构成回路的情况下，下一代节点比上一代节点优先延伸。图 6.8 给出采用深探法从 v_1 开始搜索的生成树，如图 6.8 中粗线所示，粗线的箭头表示搜索的顺序。

广探法(breadth first search)：从连通图 G 中某一节点开始延伸选边到下一个节点时，在保证不构成回路的情况下，上一代节点比下一代节点优先延伸。图 6.9 给出采用广探法从 v_1 开始搜索的生成树，如图 6.9 中粗线所示。

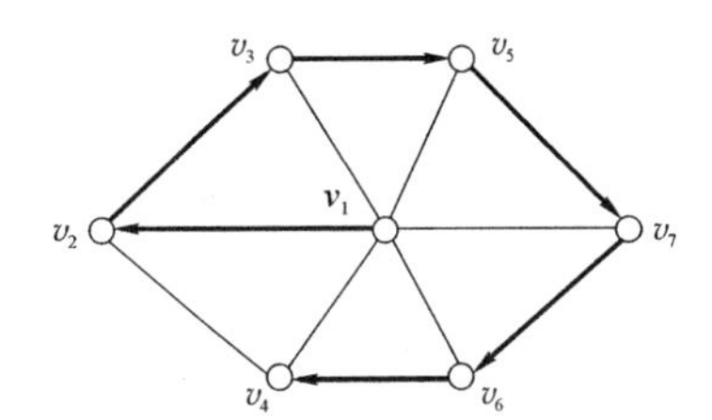

图 6.8 深探法的结果

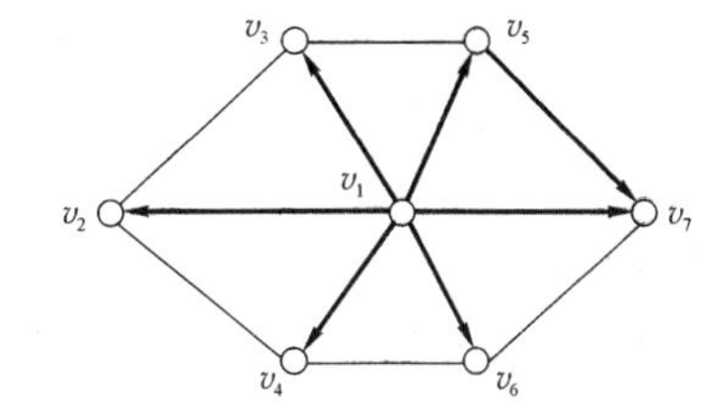

图 6.9 广探法的结果

根据深探法和广探法的特点可知，按深探法形成的生成树细长，分支少；而广探法形成的生成树矮小，分支多。

6.2.3 最小生成树

对于给定一个连通图 $G(V,E)$，其所有的生成树中，有一棵生成树比较特殊，这棵树就是最小生成树。最小生成树的定义是其所有边的长度总和小于等于其他生成树所有边的长度总和。

最小生成树在实际中有重要的应用。如有 n 个乡村，各村间由道路连通且道路的长度是已知的。问如何沿道路敷设光缆线路，才能使 n 个乡村连通且总长度最短？

这个问题实际上就是在已知边长度的连通图(道路交通图)中找最小生成树。

根据最小生成树和树的定义，可得如下最小生成树的算法。

选边法：将连通图中所有边权从小到大排列，在保证不构成回路的条件下，依次选所剩最小边，直到所有节点连通为止。

破圈法:将连通图中所有边权从大到小排列,在保证不破坏连通的条件下,依次去掉剩余最大边破圈,直到没有回路为止。

如对于图6.10的连通图,按照上述两种算法均可得到图6.11的最小生成树。其中,选边法的选边顺序依次为:e_{25},e_{56},e_{36},e_{34},e_{41},e_{57};而破圈法的选边破圈的依次顺序是:e_{67},e_{13},e_{21},e_{53},e_{23},e_{46}。其权值和为37。

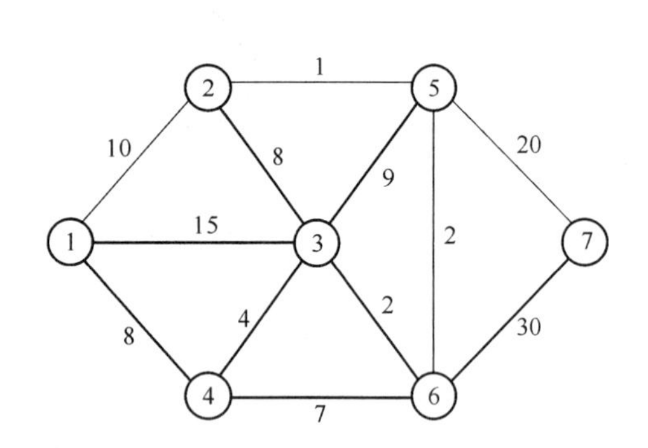

图6.10 连通图

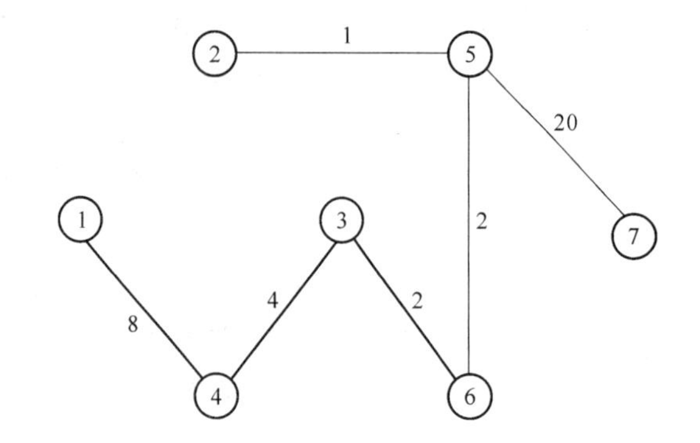

图6.11 连通图6.10的最小生成树

前面我们把网络的边权看成是两个节点间的距离,所以,某一连通图的最小生成树具有明显的实际意义。然而,网络的边权可以有多种解释,它不仅可以看成是成本型(如距离)指标,也可以看成是效益型(如流量、效率等)指标。当把网络的边权看成是效益型指标时,某一连通图的最大生成树则更具有明显的实际意义。

类似最小生成树的算法,最大生成树也有选边法和破圈法两种。

选边法:将连通图中所有边权从大到小排列,在保证不构成回路的条件下,依次选所剩最大边,直到所有节点连通为止。

破圈法:将连通图中所有边权从小到大排列,在保证不破坏连通的条件下,依次去掉剩余最小边破圈,直到没有回路为止。

如对于图6.10的连通图,按照上述两种算法均可得到图6.12的最大生成树。其中,选边法的选边顺序依次为:e_{67},e_{57},e_{31},e_{21},e_{35},e_{14};而破圈法的选边破圈的依次顺序是:e_{25},e_{63},e_{56},e_{43},e_{46},e_{23}。其权值和为92。

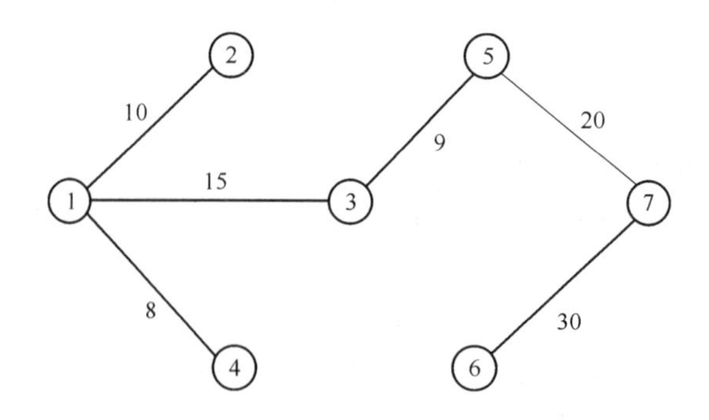

图6.12 连通图6.10的最大生成树

以上介绍的选边法和破圈法求最小生成树或最大生成树比较直观,适合于手工计算,但不太适合计算机编程实现。下面给出一适用于计算机编程实现的算法。

6.2.4　最小生成树的算法：Prim 算法

Prim 算法基于如下定理和推论。

定理 6.1　指定图 G 中任一点 v_i，如果 v_j 是距 v_i 最近的相邻节点，则关联边 e_{ji} 必在某个最小生成树中。

推论 6.1　将网络中的节点划分为两个不相交的集合 V_1 和 V_2，$V_2=V-V_1$，则 V_1 和 V_2 间权值最小的边必定在某个最小生成树中。

根据推论 6.1，下面直接给出基于网络边权矩阵的 Prim 算法：

(1) 根据网络写出边权矩阵，两点间若没有边，则用∞表示；

(2) 从 v_1 开始标记，在第一行打√，划去第一列；

(3) 从所有打 √ 的行中找出尚未划掉的最小元素，对该元素画圈，划掉该元素所在列，与该列数对应的行打 √；

(4) 若所有列都被划掉，则已找到最小生成树，即所有画圈元素所对应的边；否则，返回第(3) 步。

该算法中，打 √ 行对应的节点在推论 6.1 的 V_1 集合中，未划去的列在 V_2 集合中。应用 Prim 算法对图 6.13(a)道路交通图的最小生成树求解的结果如图 6.13(b)所示，图 6.13(b)中√的下标表示算法的进程。

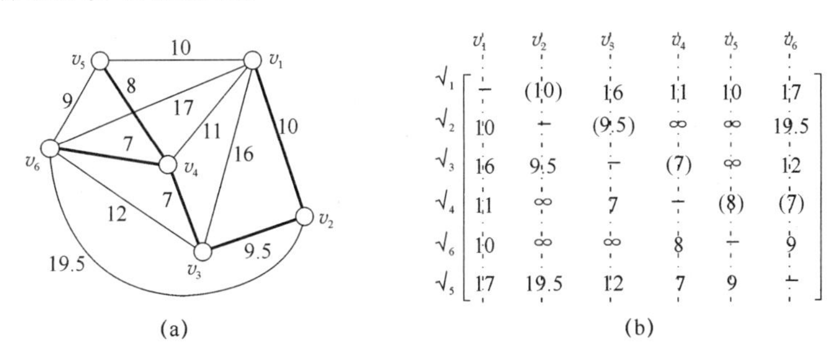

图 6.13　Prim 算法实例

当网络中的权值是流量，我们往往希望求最大流量生成树。将定理 6.1 及其推论 6.1 中的“最小”换成“最大”同样成立。因此 Prim 算法经过适当改变后，也可用于求最大生成树。

6.3　最短路径问题

在现实生活和实际生产工作中，有很多问题需要求最短路径。如某一旅行者从某地出发，要到某一旅游景点旅游，他希望在给定的交通网络图中，选择一条到旅游景点的最短路径，以便节省时间或费用。再如，管道线路铺设以及设备更新等问题也都可能需要求最短路径问题。

最短路径问题通常可分为两类：从始点到其他各点的最短路径；所有任意两点间的最短路径。

6.3.1 从始点到其他各点最短路径的算法

在给定的某一赋权网络中,求始点到其他各点的最短路径算法通常分为两类:第一类是用于求解赋权网络中不存在负数边权,这类算法目前最好的是 Dijkstra 算法;第二类是用于求解赋权网络中存在负数边权,这类算法目前最好的是 Warshall-Floyd 算法。下面我们分别介绍。

1. Dijkstra 算法

Dijkstra 算法可用于计算两节点之间或一个节点到所有节点之间的最短路径。它的基本思路是,若$(v_1,v_2,\cdots,v_{n-1},v_n)$是从 v_1 到 v_n 的最短路径,则$(v_1,v_2,\cdots,v_{n-1})$也必是从 v_1 到 v_{n-1}的最短路径。因此,可采用标号的方法,从始点开始,逐步向外搜索从始点到其他各点的最短路径。

Dijkstra 算法的基本步骤如下:

(1) 令 d_{ij} 表示 v_i 到 v_j 的直接距离(两点之间有边),若两点之间没有边,则令 $d_{ij}=\infty$,若两点之间是有向边,则 $d_{ji}=\infty$;令 $d_{ii}=0$,L_{ij} 表示节点 v_i 到节点 v_j 的最短路径长,s 表示始点,t 表示终点。

(2) 从始点 s 出发,因为 $L_{ss}=0$,将 0 填入节点 s 旁的小方框内,表示节点 s 已标号,令 $s\in V$,其余节点属于 V',即其余节点均未标号。

(3) 找出与已标号节点相邻的所有未标号节点,在这些未标号节点中,选取一个与始点 s 距离最短的节点 v_{j1},即计算

$$L_{sj1}=\min_{r,j}\{L_{sr}+d_{rj}\} \tag{6.1}$$

上式中,r 为已标号节点下标,j 为与已标号节点相邻的未标号节点的下标,$j1$ 为下一个要标号的节点下标。

(4) 将 L_{sj1} 填入节点 v_{j1} 旁的小方框内,表示节点 v_{j1} 已标号,令 $v_{j1}\in V$,并从集合 V' 中去掉节点 v_{j1}。

(5) 重复以上步骤(3)、步骤(4),直到所有节点均已标号或标号无法进行下去为止。

例 6.1 求图 6.14 始点到终点 t 的最短路径及其长度。

解 按照 Dijkstra 算法,先将 0 填入节点 s 旁的小方框内,然后,按照式(6.1)依次选择与始点 s 距离最近的节点 v_{j1}进行标号,并把该距离 L_{sj1} 填入节点 v_{j1},旁的小方框内。依次选择离始点 s 最近的节点的顺序分别为 v_4, v_2, v_5, v_3, v_6, v_t,如图 6.15 所示。

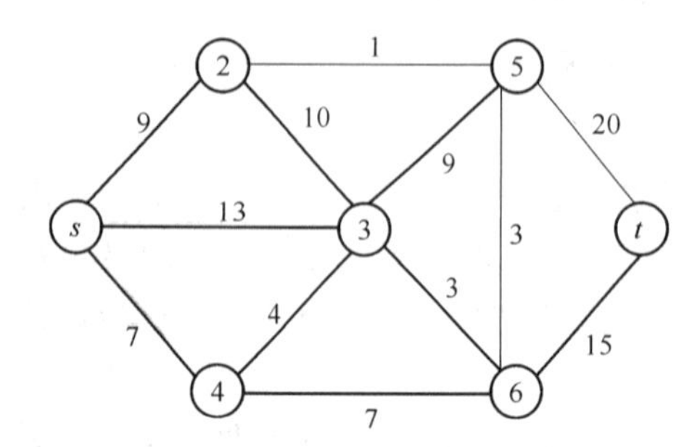

图 6.14 求最短路径图

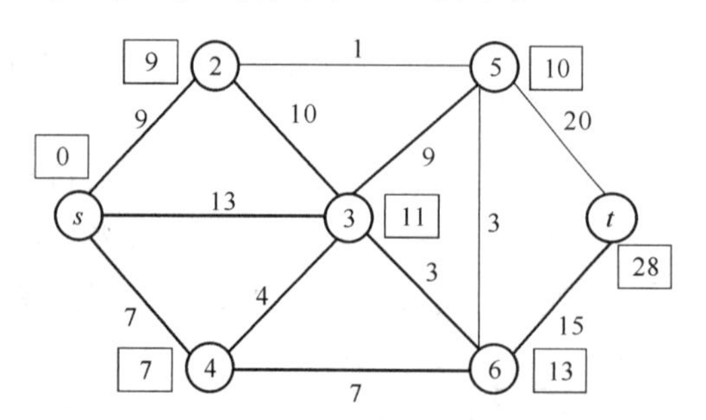

图 6.15 例 6.1 的最短路径标号过程图

根据图 6.15 的标号结果，采用反向追踪可确定始点 s 到终点 t 的最短路径为 $s\to2\to5\to6\to t$，长度为 28。

按照式(6.1)确定下一个要标号的节点实际上是等价于下面两个准则之一：

准则 6.1：每次选择离始点 s 最近的未标号节点进行标号；

准则 6.2：每次将已标号节点做最小延伸，并比较取其中最小的一个延伸所到达的节点进行标号。

显然，准则 6.1 概念较清晰，而准则 6.2 较容易手工操作。但计算机编程则需要用式(6.1)。

Dijkstra 算法可以应用于简单有向图和混合图。在标号过程中，若给定的网络是有向图或混合图，则所谓相邻必须是箭头指向的节点。对于有向图或混合图，若标号无法进行下去时，仍然有一些节点未标号，则表明始点 s 到这些节点没有向路径。

对于无向图，应用 Dijkstra 算法 $n-1$ 次，可以求得始点到所有节点的最短路。另外无向图的始点到所有节点的最短路也是一棵生成树，但不一定是最小生成树。

2. Warshall-Floyd 算法

Warshall-Floyd 算法可以解决有负权值边(弧)的最短路问题，它可求出某一指定节点到其他各节点的最短路。Warshall-Floyd 算法是基于这样的事实：如果节点 v_S 到节点 v_j 的最短路径总是沿着某一特定的路径先到达节点 v_i，然后再沿边 (v_i, v_j) 到达节点 v_j，则这一特定路径肯定也是节点 v_S 到节点 v_i 的最短路径。因此，Warshall-Floyd 算法是一个逐次逼近过程，由如下迭代式完成。

$$d^t(v_s, v_j) = \min_i \{d^{t-1}(v_s, v_i) + w_{ij}\},\ t=1,2,\cdots \tag{6.2}$$

若对于所有节点 $v_j \in V$，均满足

$$d^t(v_s, v_j) = d^{t-1}(v_s, v_j) \tag{6.3}$$

则停止迭代，并通过反向追踪寻找 v_S 到节点 v_j 的最短路径。

在迭代式(6.2)中，w_{ij} 表示节点 v_i 到节点 v_j 的直接距离，若节点 v_i 到节点 v_j 无直接边或弧相连，则 $w_{ij}=\infty$。$d^t(v_i, v_j)$ 表示迭代 t 步后，节点 v_i 到节点 v_j 的最短路径长度。当 $t=0$ 时，$d^0(v_S, v_i)=0$。

例 6.2　求图 6.16 具有负权网络图始点 v_1 到终点 v_8 的最短路径及其长度。

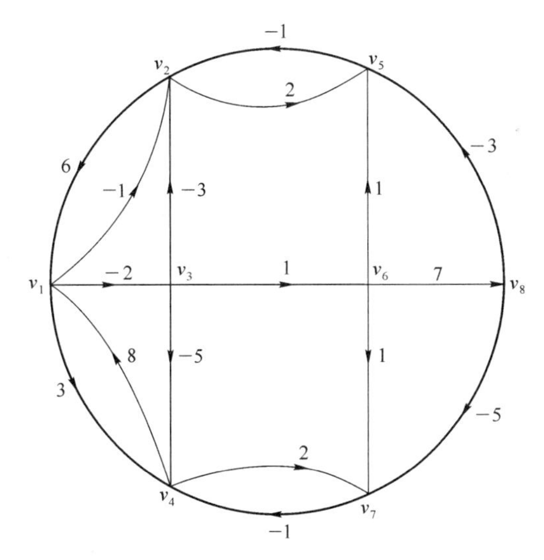

图 6.16　有负权网络图

解 (1)用表格形式列出各节点之间的直接距离,直接距离为∞时在表格中省略不写,如表6.1所示。

表6.1 求图6.16最短路径迭代过程表

	W_{ij}								$d^t(v_1, v_j)$			
	v_1	v_2	v_3	v_4	v_5	v_6	v_7	v_8	$t=1$	$t=2$	$t=3$	$t=4$
v_1	0	−1	−2	3					0	0	0	0
v_2	6	0			2				−1	−5	−5	−5
v_3		−3	0	−5		1			−2	−2	−2	−2
v_4	8			0			2		3	−7	−7	−7
v_5		−1			0					1	−3	−3
v_6					1	0	1	7		−1	−1	−1
v_7				−1			0			5	−5	−5
v_8					−3		−5	0			6	6

(2) 根据迭代式(6.2)分别计算当迭代步骤 $t=1,2,\cdots$时,始点 v_1 到其他各点的最短路径长度。

① 当 $t=1$ 时,$d^1(v_1,v_i)=W_{ij}$,即为始点 v_1 到其他各点的直接距离。在表6.1中,第一行各数字表示始点 v_1 到其他各点的直接距离,所以,$t=1$ 时所在列的各数字即为第一行对应的各数字。

② 当 $t=2$ 时,根据迭代式(6.2),有

$$d^2(v_1,v_j)=\min_i\{d^1(v_1,v_i)+w_{ij}\}\ ,\ j=1,2,\cdots,8 \tag{6.4}$$

对于给定一个 j,上面式子表示将 $t=1$ 时所在列的各数字与节点 v_j 所在列各对应的数字相加,并取其最小值,如 $j=2$ 时,有

$$d^2(v_1,v_2)=\min\ \{0-1,-1+0,-2-3\}=-5$$

其中数字为∞省去。其他计算结果见表6.1中 $t=2$ 时所在列的各数字。

③ 当 $t=3$ 时,根据迭代式(6.2),有

$$d^3(v_1,v_j)=\min_i\{d^2(v_1,v_i)+w_{ij}\}\ ,\ j=1,2,\cdots,8 \tag{6.5}$$

对于给定的一个 j,上面公式表示将 $t=2$ 时所在列的各数字与节点 v_j 所在列各对应的数字相加,并取其最小值,如 $j=3$ 时,有

$$d^3(v_1,v_3)=\min\{0-2,-2+0\}=-2$$

其中数字为∞省去。其他计算结果见表6.1中 $t=3$ 时所在列的各数字。

④ 当 $t=4$ 时,根据迭代式(6.2),有

$$d^4(v_1,v_j)=\min_i\{d^3(v_1,v_i)+w_{ij}\},\ j=1,2,\cdots,8 \tag{6.6}$$

对于给定的一个 j,上面公式表示将 $t=3$ 时所在列的各数字与节点 v_j 所在列各对应的数字相加,并取其最小值,如 $j=4$ 时,有

$$d^4(v_1,v_4)=\min\ \{0+3,-2-5,-7+0,-5-1\}=-7$$

其中数字为∞省去。其他计算结果见表6.1中 $t=4$ 时所在列的各数字。

(3) 从表 6.1 可见,当 $t=3$ 时所在列的各数字与 $t=4$ 时所在列的各对应数字均相同,所以停止迭代。利用反向追踪寻找始点 v_1 到终点 v_8 的最短路径为 $v_1 \to v_3 \to v_6 \to v_8$。

反向追踪的具体方法是:

① 因为 $v_1 \to v_8$ 的最短距离为 6,是将 $t=2$ 时所在列的各数字与节点 v_8 所在列各对应的数字相加,并取其最小值,即根据公式

$$d^3(v_1, v_8)=\min\{\underline{-1}+7\}=6$$

这表示 $v_1 \to v_8$ 的最短路径是先到节点 v_6,然后再到节点 v_8。

② 因为 $v_1 \to v_6$ 的最短距离为 -1,是将 $t=1$ 时所在列的各数字与节点 v_6 所在列各对应的数字相加,并取其最小值,即根据公式

$$d^3(v_1, v_8)=\min\{\underline{-2}+1,\ -1+0\}=-1$$

这表示 $v_1 \to v_6$ 的最短路径是先到节点 v_3,然后再到节点 v_6。

③ 因为 $v_1 \to v_3$ 的最短距离为 -1,即为 $v_1 \to v_3$ 之间距离,所以可得始点 v_1 到终点 v_8 的最短路径为 $v_1 \to v_3 \to v_6 \to v_8$。

6.3.2　所有任意两点间的最短路径算法

在某些实际问题中,需要求无负权网络所有任意两点间的最短路径。当然,我们可以用 Dijkstra 算法逐点计算所有任意两点间的最短路径。但是,这种计算过程效率较低。下面,我们通过实例介绍另外一种求无负权网络所有任意两点间的最短路径算法。

例 6.3　求图 6.17 无负权网络所有任意两点间的最短路径及其长度。

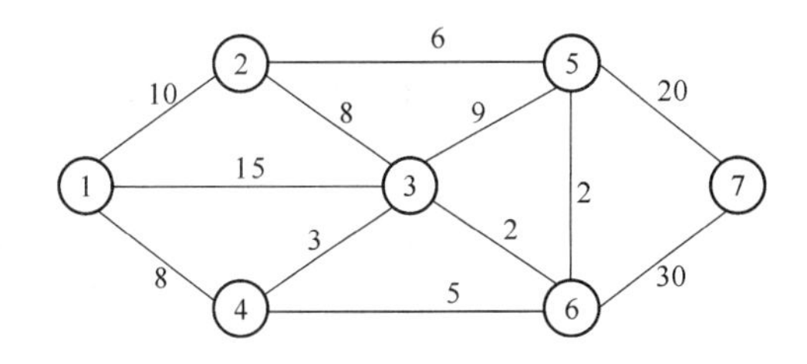

图 6.17　无负权网络图

解　(1) 令网络中任意两点之间的直接距离矩阵为 $\boldsymbol{D}^0$,即

$$\boldsymbol{D}^0=(d_{ij}^0)=\begin{pmatrix} 0 & 10 & 15 & 8 & \infty & \infty & \infty \\ & 0 & 8 & \infty & 6 & \infty & \infty \\ & & 0 & 3 & 9 & 2 & \infty \\ & & & 0 & \infty & 5 & \infty \\ & \text{对} & \text{称} & & 0 & 2 & 20 \\ & & & & & 0 & 30 \\ & & & & & & 0 \end{pmatrix}$$

(2) 找出网络中任意两点经过一次转接的所有可能路径,并取其中最短路径作为任意两点经过一次转接的最短路径。即计算

$$d_{ij}^1=\min_e\{d_{ie}^0+d_{ej}^0\} \tag{6.7}$$

上式中,e 为转接点。如

$$d_{13}^1=\min\{d_{11}^0+d_{13}^0,d_{12}^0+d_{23}^0,d_{13}^0+d_{33}^0,d_{14}^0+d_{43}^0,\\ d_{15}^0+d_{53}^0,d_{16}^0+d_{63}^0,d_{17}^0+d_{73}^0\}$$

$$d_{13}^1=\min\{15,18,15,11,\infty,\infty,\infty\}=d_{14}^0+d_{43}^0=11$$

于是可得到任意两点经过一次转接的最短路径长矩阵 $\boldsymbol{D}^1$,即

$$\boldsymbol{D}^1=(d_{ij}^1)=\begin{pmatrix} 0 & 10 & 11 & 8 & 16 & 13 & \infty \\ & 0 & 8 & 11 & 6 & 8 & 26 \\ & & 0 & 3 & 4 & 2 & 29 \\ & & & 0 & 7 & 5 & 35 \\ & \text{对} & \text{称} & & 0 & 2 & 20 \\ & & & & & 0 & 22 \\ & & & & & & 0 \end{pmatrix}$$

在计算某两个节点的最短路时,同时记下对应的最短路径,并以矩阵 $\boldsymbol{A}^1$ 表示该最短路径。

$$\boldsymbol{A}^1=\begin{pmatrix} 0 & 1\to2 & 1\to4\to3 & 1\to4 & 1\to2\to5 & 1\to4\to6 & \to \\ & 0 & 2\to3 & 2\to3\to4 & 2\to5 & 2\to5\to6 & 2\to5\to7 \\ & & 0 & 3\to4 & 3\to6\to5 & 3\to6 & 3\to5\to7 \\ & & & 0 & 4\to6\to5 & 4\to6 & 4\to6\to7 \\ & \text{对} & \text{称} & & 0 & 5\to6 & 5\to7 \\ & & & & & 0 & 6\to5\to7 \\ & & & & & & 0 \end{pmatrix}$$

(3) 利用 $\boldsymbol{D}^1$ 矩阵,可计算矩阵 $\boldsymbol{D}^2=\{d_{ij}^2\}$ 的各个元素,即计算

$$d_{ij}^2=\min_e\{d_{ie}^1+d_{ej}^0\} \tag{6.8}$$

上式中,e 为转接点。于是可得到任意两点经过两次转接的最短路径长矩阵 $\boldsymbol{D}^2$,即

$$\boldsymbol{D}^2=(d_{ij}^2)=\begin{pmatrix} 0 & 10 & 11 & 8 & 15 & 13 & 35 \\ & 0 & 8 & 11 & 6 & 8 & 26 \\ & & 0 & 3 & 4 & 2 & 24 \\ & & & 0 & 7 & 5 & 27 \\ & \text{对} & \text{称} & & 0 & 2 & 20 \\ & & & & & 0 & 22 \\ & & & & & & 0 \end{pmatrix}$$

在计算某两个节点的 d_{ij}^2 时,同时记下对应的最短路径,并以矩阵 $\boldsymbol{A}^2$ 表示该最短路径。

$$\boldsymbol{A}^2=\begin{pmatrix} 0 & 1\to2 & 1\to4\to3 & 1\to4 & 1\to4\to3\to6\to5 & 1\to4\to3\to6 & 1\to4\to6\to5\to7 \\ & 0 & 2\to3 & 2\to3\to4 & 2\to5 & 2\to5\to6 & 2\to5\to7 \\ & & 0 & 3\to4 & 3\to6\to5 & 3\to6 & 3\to6\to5\to7 \\ & & & 0 & 4\to6\to5 & 4\to6 & 4\to6\to5\to7 \\ & \text{对} & \text{称} & & 0 & 5\to6 & 5\to7 \\ & & & & & 0 & 6\to5\to7 \\ & & & & & & 0 \end{pmatrix}$$

(4) 如此类推，$\boldsymbol{D}^k$ 矩阵的各元素可按下式计算：

$$d_{ij}^k = \min_e \{ d_{ie}^{k-1} + d_{ej}^0 \} \tag{6.9}$$

同样，在计算某两个节点的 d_{ij}^k 时，同时记下对应的最短路径，并以矩阵 $\boldsymbol{A}^k$ 表示该最短路径。

(5) 当 $\boldsymbol{D}^k = \boldsymbol{D}^{k-1}$ 时，停止计算。如对于例 6. 3，可以验证，$\boldsymbol{D}^3 = \boldsymbol{D}^2$。即任意两点之间的最短路及其最短路径分别由如下 $\boldsymbol{D}^2$ 和 $\boldsymbol{A}^2$ 确定。

需要提出注意的是，$\boldsymbol{D}^2$ 矩阵并不一定代表网络中两点之间的最短路的最多经转次数为 2 次。这是由于 $\boldsymbol{D}^2$ 是在 $\boldsymbol{D}^1$ 的基础上计算得到的。一般地，对于 $\boldsymbol{D}^k$ 矩阵，网络中两点之间的最短路的最多经转次数为(2^k-1)次。如图 6.18 网络图中，节点① 到节点⑤ 在矩阵 $\boldsymbol{D}^1$ 中的最短路径为① →③→⑤，即经过一次转接，而在矩阵 $\boldsymbol{D}^2$ 中的最短路径为①→②→③→④→⑤，经过 3 次转接。

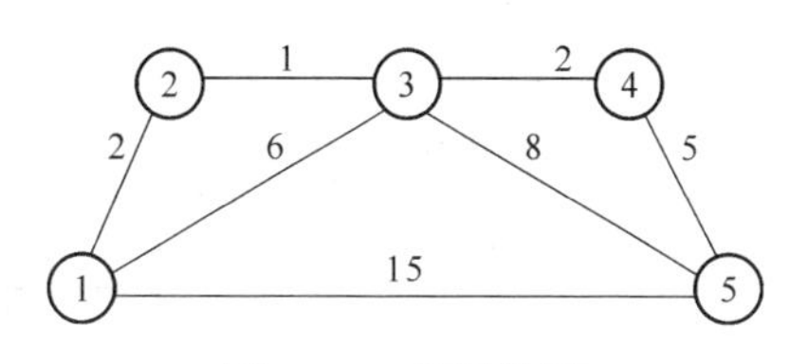

图 6.18　某网络图

6.3.3　边不相交 k-最短路问题

在实际应用中，如通信和运输网络中，常需要知道两点间的次最短路，以便在最短路出现故障时，可以作为备用路线。更一般地，我们可以寻找第 k 条最短路，即所谓边不相交 k-最短路问题。

边不相交的 k-最短路问题，我们只需要应用 k 次 Dijkstra 算法。对原图第一次应用 Dijkstra算法得到的最短路就是“1-最短路”；从图中删去“1-最短路”，对余图第二次应用 Dijkstra 算法得到的最短路就是“2-最短路”；以此类推，直到两点间没有路径为止。

6.3.4　最短路应用实例

最短路在实际生活和生产管理中有广泛的应用，下面以某市话局扩容方案为例说明最短路的用法。

例 6.4　某市话分局现有交换机容量为 2 千门，为了满足今后的业务发展需要，要制定一个 12 年的扩容规划方案。根据业务预测，未来 12 年各年度的电话实装门数如图 6.19(a)所示。规划部门根据具体情况设计多种扩容方案，并核算了各种扩容方案的扩容量(千门)、总费用和满足年限。在图 6.19 中，$t_0, t_3, \cdots, t_{12}$ 为可扩容的年度，每一扩容年度有若干个扩容方案，分别用带箭头的直线表示。箭线上方有 3 个数字，分别表示该扩容方案的扩容量(千门)，总费用和满足年限。如 t_0 年度第 1 个扩容方案扩容 1 千门，总费用 4 单位，可满足年限 3 年，直到第 3 年末才需要再次扩容。其他方案类推。试求到规划期末使总费用最小的扩容方案。

解　图 6.19 的某市话分局扩容可行方案可看成是如图 6.20 所示的网络图。图中节点表示扩容年度和规划期末年度，弧表示扩容方案，弧上权表示该扩容方案的总费用。

单位：千门

年号	0	1	2	3	4	5	6	7	8	9	10	11	12
预测数	1.6	1.8	2.0	2.2	2.5	2.8	3.1	3.5	3.9	4.4	4.9	5.5	6.2

(a)

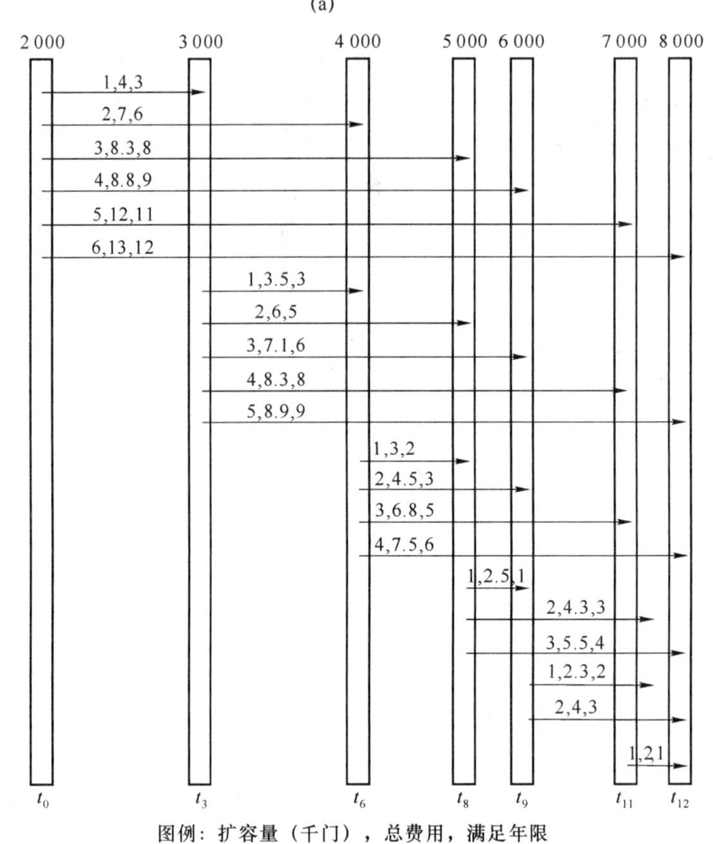

图例：扩容量（千门），总费用，满足年限

(b)

图 6.19　某市话分局扩容可行方案

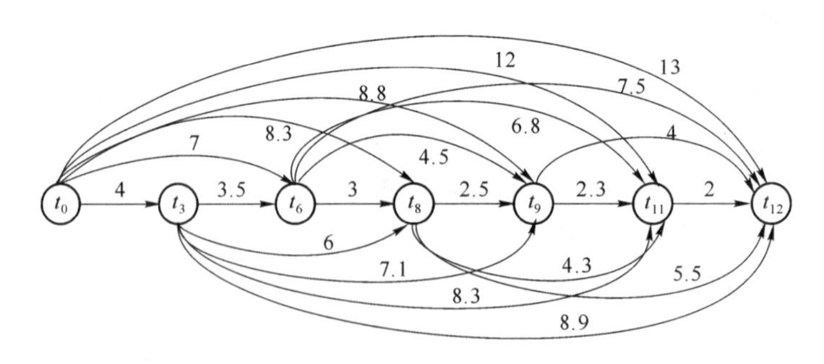

图 6.20　某市话分局扩容可行方案网络图

利用 Dijkstra 算法，计算从 t_0 到 t_{12} 的最短路，其结果如图 6.21 所示。从图 6.21 可见最优扩容方案为 $t_0 \to t_9 \to t_{12}$，即期初扩容 4 千门，到 t_9 年时再扩容 2 千门，总费用为 12.8 单位。

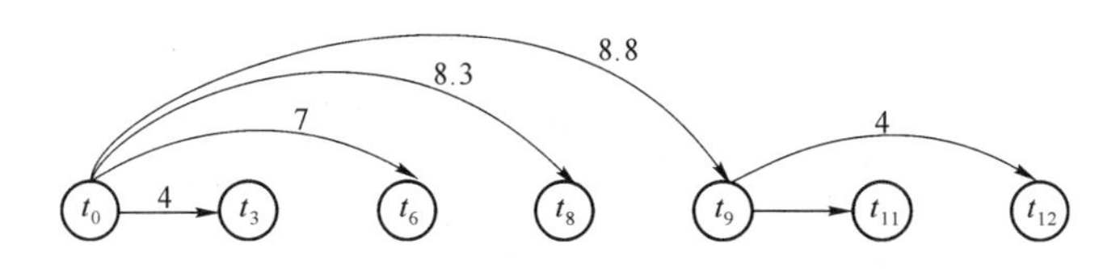

图 6.21　某市话分局最优扩容方案网络图

6.4　网络的最大流、最小截集

6.4.1　网络的最大流的概念

让我们先看一个实例。假设图 6.22 表示从北京到广州的骨干电话网络，其中节点①表示北京，节点⑦ 表示广州，其他节点表示中转交换局。图 6.22 中两个节点之间的弧表示有向中继电路，每个弧上的数字表示该弧(中继电路)所能输送的最大话务量(以爱尔朗为单位)。现在我们要问，利用这一给定的骨干电话网络，从北京到广州，最大能通过多少话务量?

上述问题实际上是求给定网络从始点到终点的最大流问题。网络流问题一般在有向图上讨论。

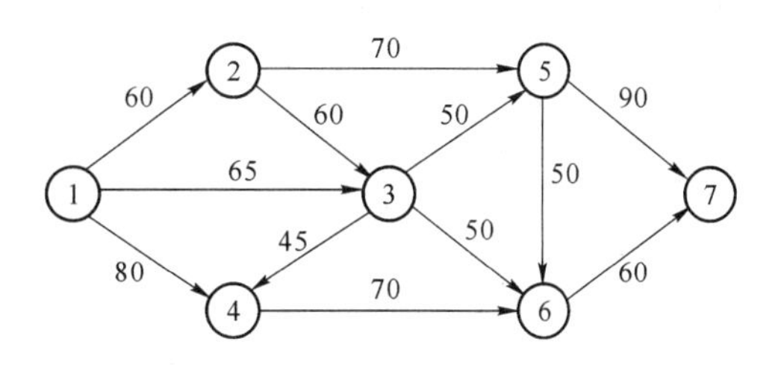

图 6.22　某骨干电话网络示意图

类似的实际的网络最大流问题有：某一点到另一点的天然气管道网络最大输送量，某一点到另一点的高速公路网络最大输送量或通过能力等。

定义网络上支路的容量为其最大通过能力，记为 c_{ij}，支路上的实际流量记为 f_{ij}。若在网络中规定一个发点 s，一个收点 t，且假设节点没有容量限制，流在节点不会存储，则网络中的流满足如下两个条件：

(1) 容量限制条件：$0 \leqslant f_{ij} \leqslant c_{ij}$，即某一支路上的实际流量不能超过该支路的容量；

(2) 平衡条件：

$$\sum_{v_j \in A(v_i)} f_{ij} - \sum_{v_j \in B(v_i)} f_{ji} = \begin{cases} v(f), & i = s \\ 0, & i \neq s,t \\ -v(f), & i = t \end{cases} \tag{6.10}$$

其中，$A(v_i)$是节点 v_i 所有后续节点集合；$B(v_i)$是节点 v_i 所有前方节点集合；$v(f)$表示网络通过的流量。这一平衡条件表示：对于任一中间节点，流进该节点的所有支路流量之和等于流出该节点的所有支路流量之和。对于始点，由于只有向外流出流量，所以，由始点流出的所有流量之和等于网络通过的流量 $v(f)$。对于终点，由于只有向内流进流量，所以，流进终点的所有流量之和等于网络通过的流量的负值$-v(f)$。

我们把满足上述条件的网络流称为可行流。如对于图 6.23 的网络图，图中每一弧有两个数字，第 1 个数字表示支路的容量，第 2 个数字表示支路通过的实际流量。显然，图 6.23 中的流$\{f_{ij}\}$满足上述条件，所以是可行流。网络的通过流量为 $v(f)=4$。

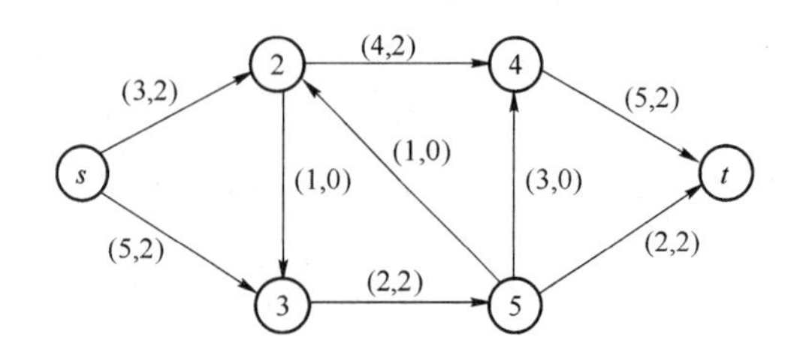

图 6.23　某一容量、流量网络图

网络中最小的可行流是每个支路的流量均等于 0,即 $v(f)=0$,称为 0 流。网络中最大的可行流称为最大流。我们关心的问题是,如何求给定一个网络的最大可行流。最大流问题是一个线性规划问题,但采用线性规划方法求解比较麻烦,下面介绍一种比较简单的标号算法。

6.4.2　网络的截集和截集容量

把网络中的所有节点分为两个最小集合,其中一个集合包含始点 s 点,另一个集合包含终点 t 点。一般把包含始点 s 点节点集合用 V 表示,包含终点 t 点的节点集合用 V' 表示。其他节点或属于集合 V 或属于集合 V'。

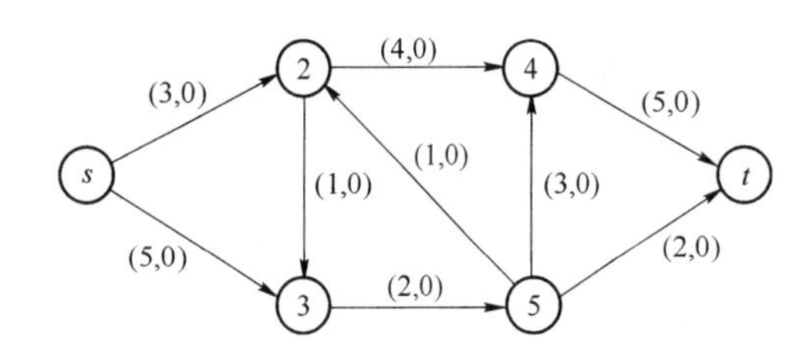

图 6.24　某一容量流量网络图

对于给定的某一网络,若把其节点分为特定的两个集合 V 和 V',则把这一网络中所有始点在集合 V 且终点在集合 V' 的弧集称为该网络的一个截集,记为 (V,V')。之所以把这些弧的集合称为截集,是因为若把这些弧集从这一网络中拿掉,则网络就被截断,流量就无法从始点到达终点。把某一截集的所有弧的容量之和称为该截集的容量,记为 $C(V,V')$。

如对于如图 6.24 所示的网络图,表 6.2 给出了部分截集及其截集容量。图 6.24 中,每一弧有两个数字,分别表示支路的容量和实际流量。

表 6.2　截集和截集容量表

序号	V	V'	截集(V,V')	$C(V,V')$
1	v_S	v_2,v_3,v_4,v_5,v_t	$(v_S,v_2),(v_S,v_3)$	8
2	$v_S,\ v_2$	v_3,v_4,v_5,v_t	$(v_2,v_4),(v_2,v_3),(v_S,v_3)$	10
3	$v_S,\ v_3$	v_2,v_4,v_5,v_t	$(v_S,v_2),\ (v_3,v_5)$	5
…	…	…	…	…
	$v_S,\ v_2,\ v_3$	v_4,v_5,v_t	$(v_2,v_4),\ (v_3,v_5)$	6

对于给定的一个网络,只要将其任意的一个截集拿掉,该网络将被切断。另外,某一网络的任意一个可行流必须通过该网络的任意一个截集。由此可以得到网络的最大流最小截集定理,即福特－富克森定理:网络的最大流等于最小截集容量。

6.4.3 确定网络流的标号算法

在介绍网络流的标号算法之前，我们先介绍如下概念。

1. 饱和弧、非饱和弧、零流弧和非零流弧

设 $f=\{f_{ij}\}$ 是某一网络的可行流，则支路上 $f_{ij}=c_{ij}$ 的弧称为饱和弧，$f_{ij}<c_{ij}$ 的弧称为非饱和弧，$f_{ij}=0$ 的弧称为零流弧，$f_{ij}>0$ 的弧称为非零流弧。

2. 前向弧(正向弧)和后向弧(反向弧)

设 μ 是某一网络从始点 s 到终点 t 的一条链，并规定链 μ 的方向是从始点 s 到终点 t，则链 μ 上的弧被分为两类：第一类是弧的方向与链 μ 的方向一致，称为前向弧(正向弧)，前向弧的全体集合记为 μ^+；第一类是弧的方向与链 μ 的方向相反，称为后向弧(反向弧)，后向弧的全体集合记为 μ^-。

3. 增广链

设 $f=\{f_{ij}\}$ 是某一网络的可行流，μ 是该网络从始点 s 到终点 t 的一条链，若链 μ 上的弧满足如下条件，则称链 μ 是关于可行流 $f=\{f_{ij}\}$ 的一条增广链。

$$\begin{cases}0\leqslant f_{ij}<c_{ij}, & \text{当}(v_i,v_j)\in\mu^+\\ 0<f_{ij}\leqslant c_{ij}, & \text{当}(v_i,v_j)\in\mu^-\end{cases} \tag{6.11}$$

即链 μ 上的前向弧(正向弧)为非饱和弧，后向弧(反向弧)为非零流弧。

由以上增广链定义可知，增广链可以由一部分非饱和前向弧(正向弧)与一部分非零流后向弧(反向弧)组成；也可以全部由非饱和前向弧(正向弧)组成。

有了上述一些基本概念后，我们就能比较容易地介绍网络最大流的标号算法。

根据增广链 μ 的定义可知，增广链 μ 上的前向弧(正向弧)的实际流量可以增大，后向弧(反向弧)的实际流量可以减小。因此，沿增广链 μ 可以增大给定网络的流量。

根据以上讨论可得网络最大流标号算法的基本思路是：从某初始可行流出发，在网络中寻找增广链 μ，若网络中不存在增广链 μ，则网络中的可行流就是所求的最大流；若找到一条增广链 μ，则在满足可行流的条件下，沿该增广链 μ 增大网络的流量，直到网络中不存在增广链为止。

求某一网络的最大流可采用标号算法，其基本步骤如下：

(1) 确定给定网络的任一初始可行流，如零流；

(2) 标号寻找一条增广链，其步骤如下：

① 给源点 s 标号 $[s^+,q(s)=\infty]$，表示从 s 点有无限流出潜力；

② 找出与已标号节点 i 相邻的所有未标号节点 j，若

(a) (i,j) 是前向弧且饱和，则节点 j 不标号；

(b) (i,j) 是前向弧且未饱和，则节点 j 标号为 $[i^+,q(j)]$，表示从节点 i 正向流出，从始点到节点 v_j 为止的链最大可增广(前向弧增大，后向弧减小) $q(j)=\min[q(i),c_{ij}-f_{ij}]$；

(c) (j,i) 是后向弧，若 $f_{ji}=0$，则节点 j 不标号；

(d) (j,i) 是后向弧，若 $f_{ji}>0$，则节点 j 标号为 $[i^-,q(j)]$，表示从节点 j 流向 i，从始点到节点 v_j 为止的链最大可增广(前向弧增大，后向弧减小) $q(j)=\min[q(i),f_{ji}]$；

(3) 重复步骤(2)，可能出现两种情况：

① 节点 t 尚未标号,但无法继续标记,说明网络中已不存在增广链,当前流 $v(f)$ 就是最大流;所有获标号的节点在 V 中,未获标号节点在 V' 中,V 与 V' 间的弧即为最小截集;算法结束;

② 节点 t 获得标号,找到一条增广链,由节点 t 标号回溯可找出该增广链;到步骤(3);

(4) 增广过程:

① 对增广链中的前向弧,令 $f'_{ij}=f_{ij}+q(t)$,$q(t)$ 为节点 t 的标记值;

② 对增广链中的后向弧,令 $f'_{ij}=f_{ij}-q(t)$;

③ 非增广链上的所有支路流量保持不变;

④ 抹除图上所有标号,回到步骤(2)。

以上算法是按广探法描述的,但在实际图上作业时,按深探法进行更快捷。因为一次只要找到一条增广链即可。

例 6.5 求如下图 6.25 网络的最大流。图中,每一弧的第 1 个数字表示容量,第 2 个数字表示实际流量。

解 (1) 确定一初始可行流。如图 6.25 中流为初始可行流 $f^0=\{f_{ij}^0\}$,流量为 $v(f^0)=8$;

(2) 标号寻找一条增广链,如图 6.26 所示。

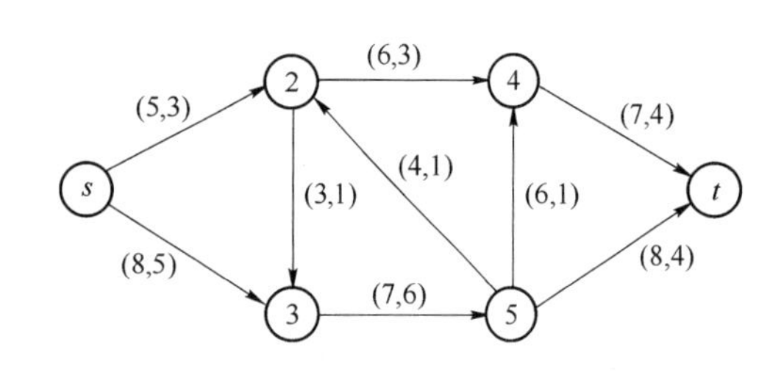

图 6.25 某一网络图

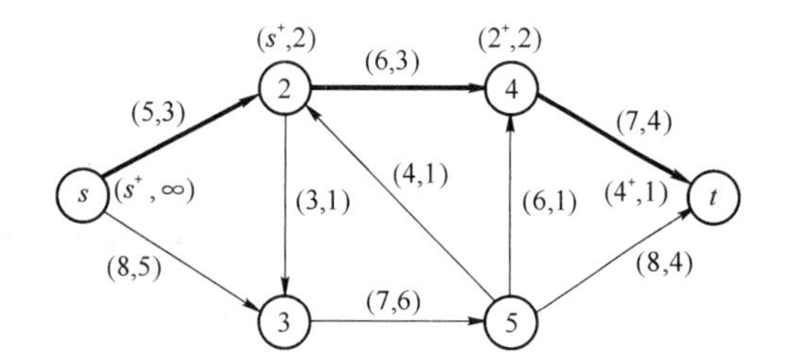

图 6.26 标号寻找一条增广链

从图 6.26 可知,$(s,2,4,t)$ 为增广链,增广流量为 2。

(3) 增广过程。在图 6.26 中,对增广链 $(s,2,4,t)$ 上弧进行增广,得到如图 6.27 所示的新的可行流,流量为 $v(f^1)=10$。

(4) 标号寻找另一条增广链,在图 6.27 上,重新寻找另一条增广链,如图 6.28 所示。

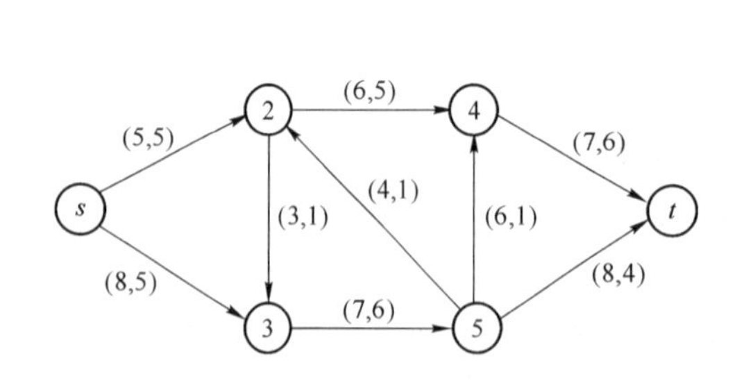

图 6.27 增广后的新可行流

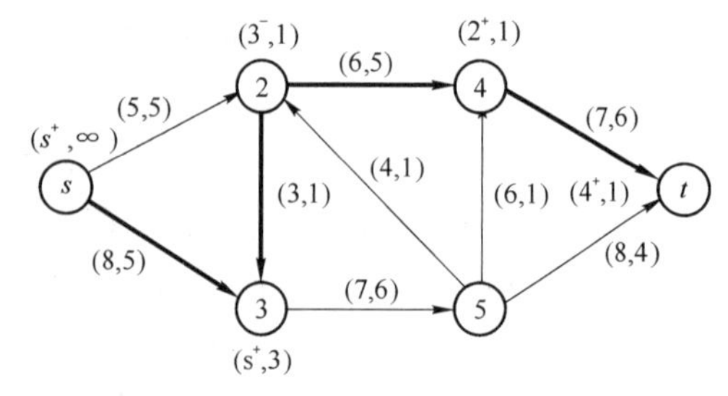

图 6.28 寻找另一条增广链

从图 6.28 可知,$(s,3,2,4,t)$ 为增广链,增广流量为 1。

(5) 增广过程。在图 6.28 中,对增广链 $(s,3,2,4,t)$ 上弧进行增广,得到如图 6.29 所示的新的可行流,增广后流量为 $v(f^1)=11$。

(6) 标号寻找另一条增广链，在图 6.29 上，重新寻找另一条增广链，如图 6.30 所示。

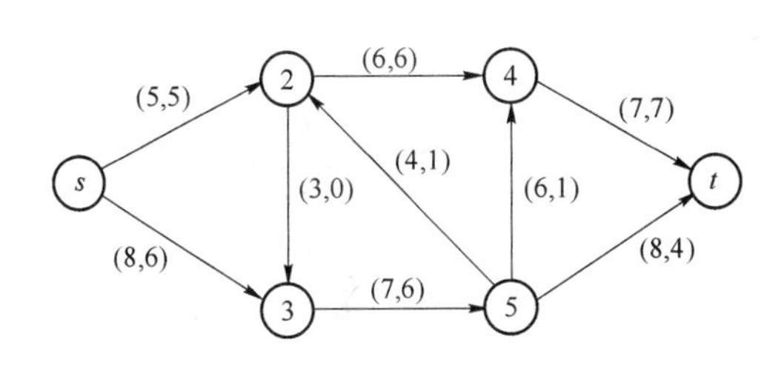

图 6.29　增广后的新可行流

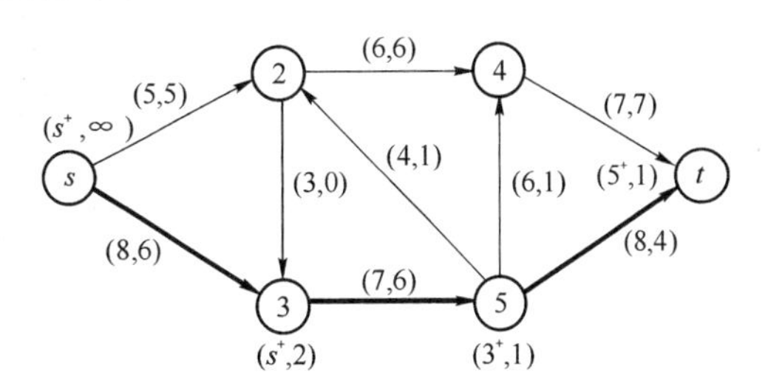

图 6.30　寻找另一条增广链

从图 6.30 可知，$(s,3,5,t)$为增广链，增广流量为 1。

(7) 增广过程。在图 6.30 中，对增广链$(s,3,5,t)$上弧进行增广，得到如图 6.31 所示的新的可行流，增广后流量为 $v(f^1)=12$。

(8) 标号寻找另一条增广链，在图 6.31 上，重新寻找另一条增广链，如图 6.32 所示。从图 6.32 可知，标号进行到节点 3 时已无法进行下去，说明图 6.31 的可行流已不存在增广链，图 6.31 的可行流即为所求的最大流。最大流的流量为 $v(f^*)=12$。

另外，从图 6.32 还可知，已标号节点为 s 和 v_3，所以可得最小截集为$(V,V')=\{(s,v_2),(v_3,v_5)\}$。

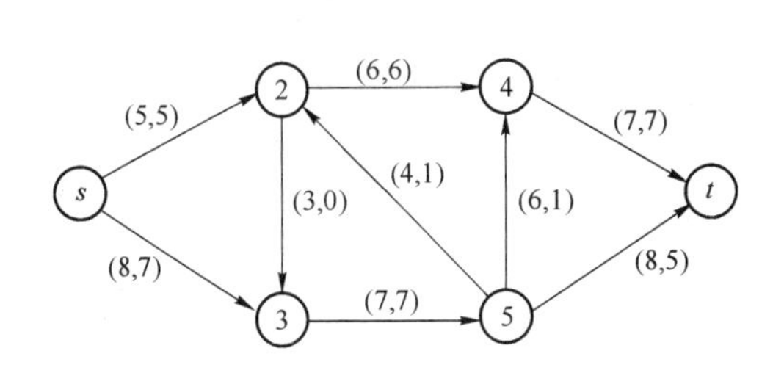

图 6.31　增广后新的可行流

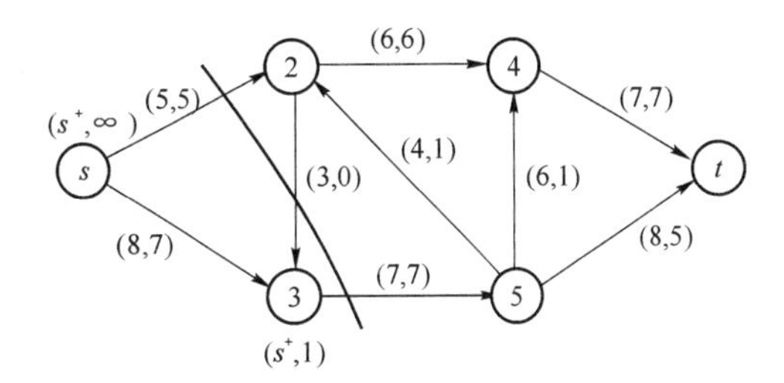

图 6.32　寻找另一条增广链

6.4.4　多端网络问题

如果给定的网络有多个发点和多个收点，且要求网络上的所有发点到所有收点的流为最大，这类的问题称为多端网络问题。如图 6.33 所示网络，有两个发点和两个收点。

求解多端网络最大流的基本思路是把多端网络问题转化为具有单个发点和单个收点的网络问题，然后用最大流标号算法求其最大流。

把多端网络问题转化为具有单个发点和单个收点的网络问题的方法是增加一个虚发点和虚收点及其相应的支路。从虚发点到某一实际发点支路的容量等于该实际发点的发货量；而某一实收点到虚收点的支路容量等于该实收点的收货量。如图 6.33 所示的多端网络可转化为如图 6.34 所示的单个发点和单个收点的网络。然后再利用 6.4.3 小节所述的最大流标号算法，就能求得图 6.34 最大流。

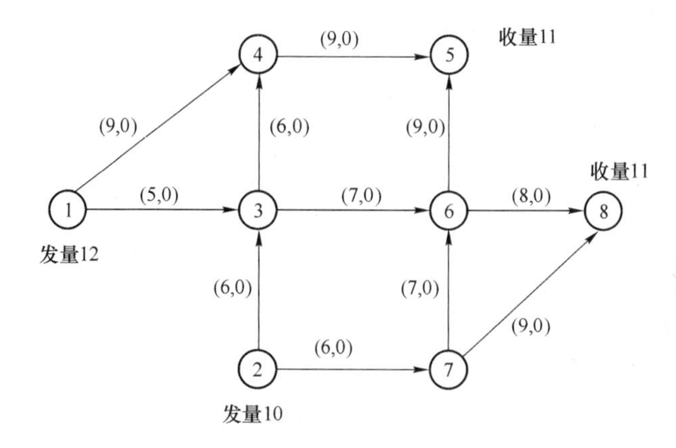

图 6.33　两个发点和两个收点的网络

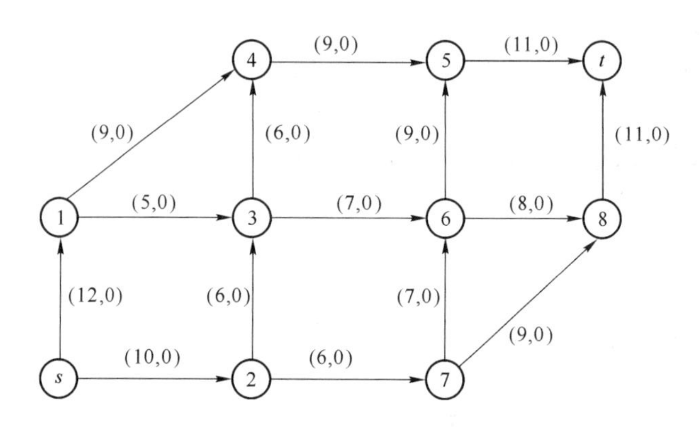

图 6.34　转化后单个发点和单个收点的网络

6.4.5　最小费用最大流

从 6.4.3 小节中我们知道,网络流是一个分布在各网络支路上的流 $f=\{f_{ij}\}$。在求某一给定网络 $G(V,A)$的最大流时,细心的读者可能已经发现,网络最大流通常会有多个最优解,即有多个最大流分布,可同时使网络通过的流量最大。

给定的网络 $G(V,A)$,若每条弧$(v_i,v_j)\in A$,不但有容量 c_{ij},还有单位流量的通过费用 b_{ij},则称网络 $G(V,A)$为费用容量网络。

对于费用容量网络,当网络最大流会有多个最优解时,由于各个支路上单位流量的通过费用 b_{ij}不同,所以,使网络流量同时达到最大的各个最大流分布所需要的总费用将会不同。我们关心的问题是,如何得到一个能使网络流量最大且总费用最小的最小费用最大流。

求某一给定费用容量网络的最小费用最大流的基本原理有如下 3 点:

(1) 若 $f=\{f_{i,j}\}$是流量为 $v(f)$的所有可行流中费用最小者,而 μ 是关于 f 的所有增广链中费用最小的增广链,那么,沿 μ 去调整 f 得到的可行流 f'就是流量为 $v(f')$的所有可行流中的最小费用流。这样,当 f'是最大流时,它就是所求的最小费用最大流。

(2) 因为 $d_{ij}>=0$, $f=\{f_{ij}\}=0$ 必是流量为 0 的最小费用流,所以,可从 $f=\{f_{ij}\}=0$ 开始。

(3) 给定有向网络 $G=(V,A)$,设 $f=\{f_{ij}\}$是流量为 $v(f)$的最小费用流,为寻找关于 f

的最小费用增广链，构造一个赋权费用网络图 $W(f)$，该图的节点与原图 G 相同，但将网络中的每一弧变成两个相反方向的弧，其权定义如下：

$$w_{ij}=\begin{cases}b_{ij}, & 当\ f_{ij}<c_{ij}\\ \infty, & 当\ f_{ij}=c_{ij}\end{cases} \tag{6.12}$$

$$w_{ji}=\begin{cases}-b_{ij}, & 当\ f_{ij}>0\\ \infty, & 当\ f_{ij}=0\end{cases} \tag{6.13}$$

其中，c_{ij} 和 b_{ij} 分别为弧 (v_i,v_j) 的容量和单位流量费用。当赋权图 $W(f)$ 中的某一弧权值为 ∞ 时，可把该弧从赋权图 $W(f)$ 中略去。

可以证明，寻找关于 f 的最小费用增广链等价于在赋权图 $W(f)$ 中寻找从始点 s 到终点 t 的最短路径。

根据上述求最小费用最大流的基本原理，可得到求最小费用最大流的基本步骤如下：

(1) 取初始可行流为 $f^0=\{f_{ij}^0\}=0$；

(2) 构造关于 $f^0=\{f_{ij}^0\}=0$ 的赋权费用网络 $W(f^{(0)})$，并寻找从 s 到 t 的最短路，即寻找关于 $f^{(0)}$ 的最小费用增广链，若不存在最短路，则 $f^{(0)}$ 就是最小费用最大流；若存在最短路，则在原网络中得到相应的最小费用增广链 μ，在 μ 上对 $f^{(0)}$ 进行调整得 $f^{(1)}$；

(3) 以 $f^{(1)}$ 代替 $f^{(0)}$ 重复步骤(2)，直到找到最小费用最大流。

例 6.6　求如下图 6.35 所示费用容量网络的最小费用最大流。图中，每一弧的第 2 个数字表示容量，第 1 个数字表示单位流量费用。

解　(1) 取初始可行流为零流，即 $v(f^0)=0$。

(2) 构造关于 $f^0=\{f_{ij}^0\}=0$ 的赋权费用网络 $W(f^0)$，如图 6.36 所示。在图 6.36 中利用 Dijkstra 法可确定从 s 到 t 的最短路径为 $s\to2\to3\to t$。如图 6.36 中粗线所示，即 $s\to2\to3\to t$ 是关于初始可行流 $f^0=\{f_{ij}^0\}=0$ 的费用最小增广链。

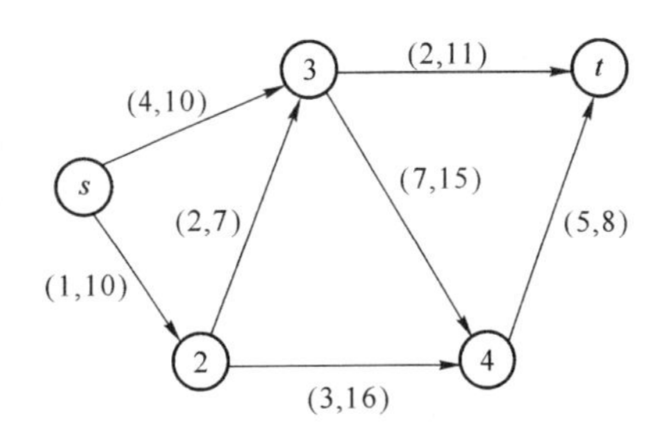

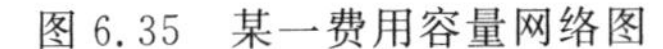
图 6.35　某一费用容量网络图

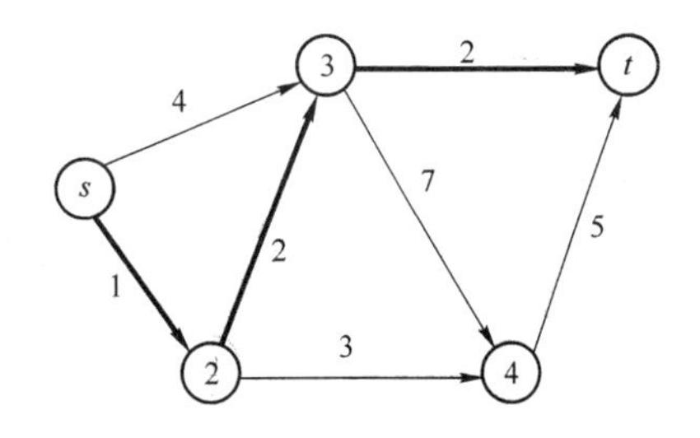

图 6.36　赋权费用网络 $W(f^0)$

(3) 确定增广链 $s\to2\to3\to t$ 的最大调整量并进行流量调整。

从图 6.35 费用容量网络图可知，增广链 $s\to2\to3\to t$ 的最大调整量为 $\theta=\min\{10-0, 7-0, 11-0\}=7$。沿增广链 $s\to2\to3\to t$ 调整流量后的新的可行流 $f^1=\{f_{ij}^1\}$ 如图 6.37 所示。

(4) 构造关于 $f^1=\{f_{ij}^1\}$ 的赋权费用网络 $W(f^1)$，如图 6.38 所示。在图 6.38 中利用 floyd 法可确定从 s 到 t 的最短路径为 $s\to3\to t$，如图 6.38 中粗线所示，即 $s\to3\to t$ 是关于初始可行流 $f^1=\{f_{ij}^1\}$ 的费用最小增广链。

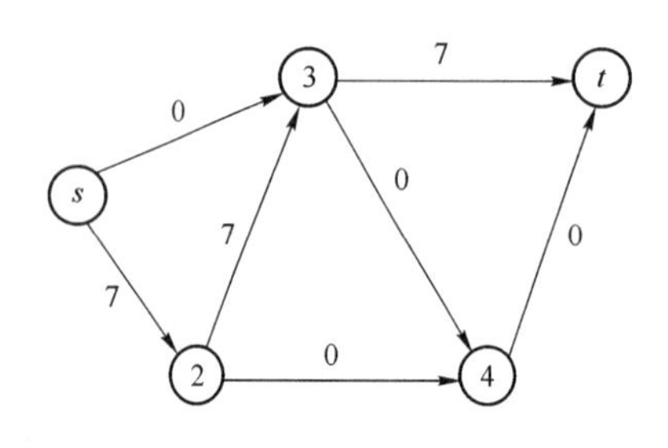

图 6.37　$v(f^1)=7$

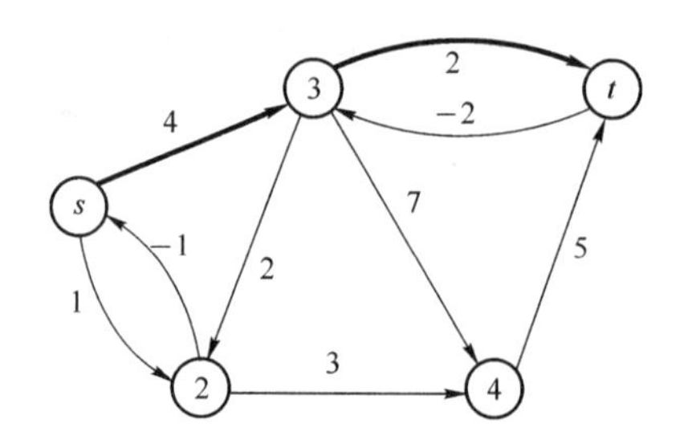

图 6.38　赋权费用网络 $W(f^1)$

(5) 确定增广链 $s\to3\to t$ 的最大调整量并进行流量调整。

从图 6.35 费用容量网络图和图 6.37 可行流 $f^1=\{f_{ij}^1\}$ 可知,增广链 $s\to3\to t$ 的最大调整量为 $\theta=\min\{10-0,11-7\}=4$。

沿增广链 $s\to3\to t$ 调整流量后的新的可行流 $f^2=\{f_{ij}^2\}$ 如图 6.39 所示。

(6) 构造关于 $f^2=\{f_{ij}^2\}$ 的赋权费用网络 $W(f^2)$ 如图 6.40 所示。在图 6.40 中利用 floyd 法可确定从 s 到 t 的最短路径为 $s\to2\to4\to t$。如图中粗线所示,即 $s\to2\to4\to t$ 是关于初始可行流 $f^2=\{f_{ij}^2\}$ 的费用最小增广链。

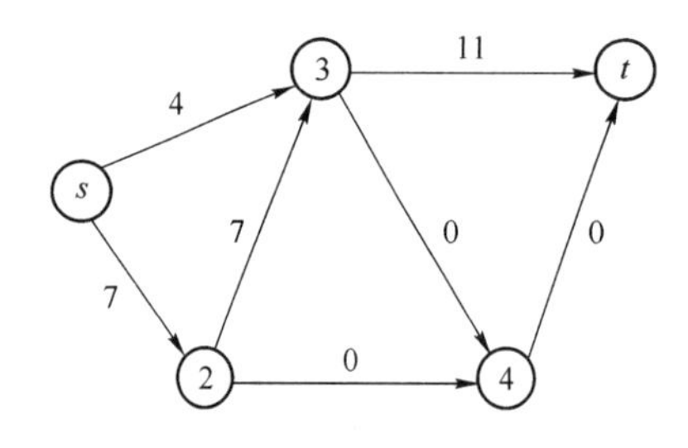

图 6.39　$v(f^2)=11$

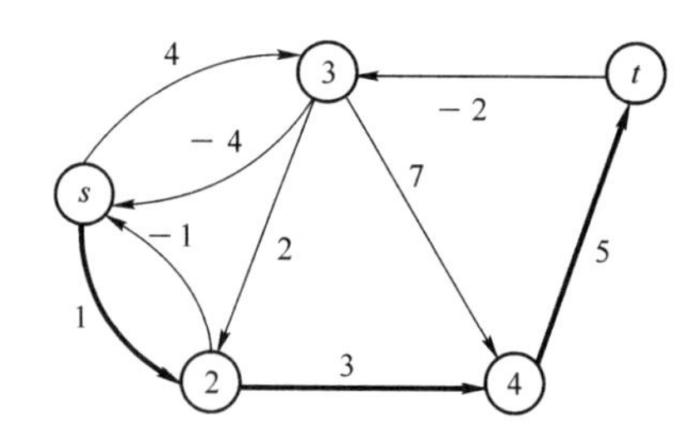

图 6.40　赋权费用网络 $W(f^2)$

(7) 确定增广链 $s\to2\to4\to t$ 的最大调整量并进行流量调整。

从图 6.35 费用容量网络图和图 6.39 可行流 $f^2=\{f_{ij}^2\}$ 可知,增广链 $s\to2\to4\to t$ 的最大调整量为 $\theta=\min\{10-7,16-0,8-0\}=3$。

沿增广链 $s\to2\to4\to t$ 调整流量后的新的可行流 $f^3=\{f_{ij}^3\}$ 如图 6.41 所示。

(8) 构造关于 $f^3=\{f_{ij}^3\}$ 的赋权费用网络 $W(f^3)$,如图 6.42 所示。在图 6.42 中利用 floyd 法可确定从 s 到 t 的最短路径为 $s\to3\to2\to4\to t$,如图中粗线所示,即 $s\to3\to2\to4\to t$ 是关于初始可行流 $f^3=\{f_{ij}^3\}$ 的费用最小增广链。

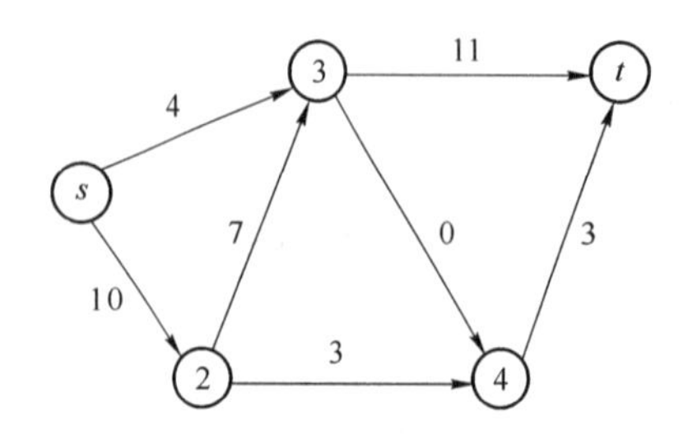

图 6.41　$v(f^3)=14$

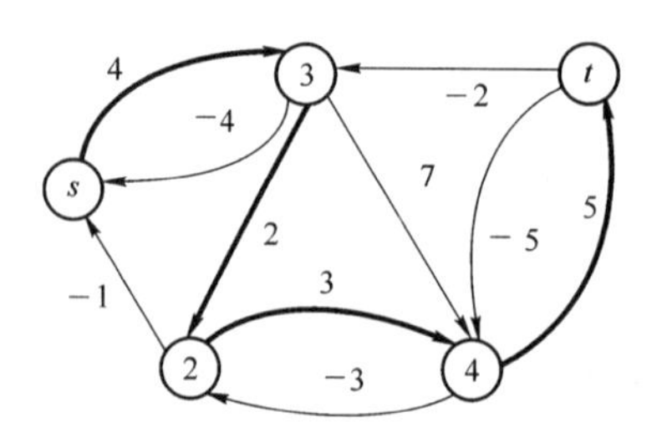

图 6.42　赋权费用网络 $W(f^3)$

(9) 确定增广链 $s \to 3 \to 2 \to 4 \to t$ 的最大调整量并进行流量调整。

从图 6.35 费用容量网络图和图 6.41 可行流 $f^3 = \{f_{ij}^3\}$ 可知,增广链 $s \to 3 \to 2 \to 4 \to t$ 的最大调整量为 $\theta = \min\{10-4, 7, 16-3, 8-3\} = 5$。

沿增广链 $s \to 3 \to 2 \to 4 \to t$ 调整流量后的新的可行流 $f^4 = \{f_{ij}^4\}$ 如图 6.43 所示。

(10) 构造关于 $f^4 = \{f_{ij}^4\}$ 的赋权费用网络 $W(f^4)$,如图 6.44 所示。在图 6.44 中利用 floyd 法求从 s 到 t 的最短路径。结果表明,费用网络 $W(f^4)$ 中,不存在从 s 到 t 的最短路径,所以,图 6.43 所示的可行流 $f^4 = \{f_{ij}^4\}$ 就是所求的最小费用最大流。

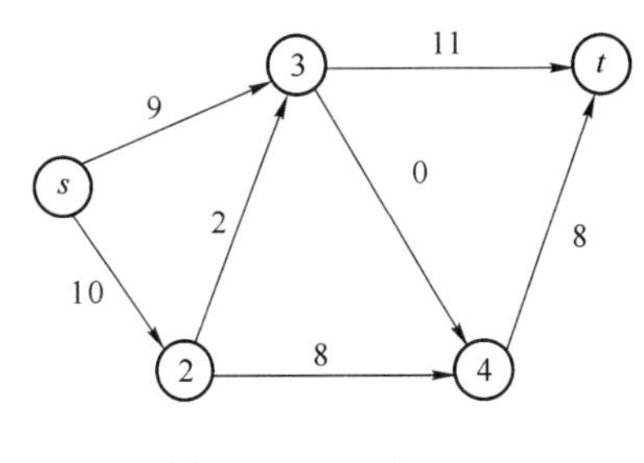

图 6.43 $v(f^4) = 19$

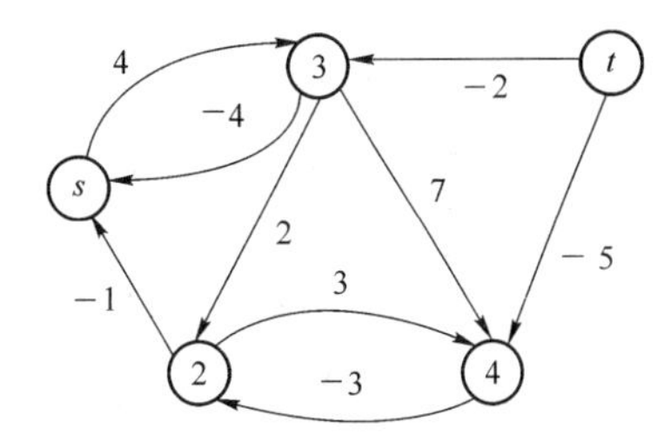

图 6.44 赋权费用网络 $W(f^4)$

6.4.6 以最短路为基础汇总网络上的流

在电路网中每两点之间都有中继电路群需求,但并不是任两点都有物理传输链路。如图 6.45(a)和 6.45(b)图分别表示某一电路交换网和传输网。

在计算传输网某两点之间链路所承担的话务量时,不仅需要计算这两点之间直接需求话务量,而且还需要计算经过该链路转接的话务量。其计算方法是,根据某一两点间的直接需求话务量及其最短传输路径,将该两点间的直接需求话务量加载到这条传输路径上:设 $a_{25} = 10$ 是节点 2 和节点 5 之间的直接需求话务量,节点 2 和节点 5 之间的最短传输路径为 $2 \to 1 \to 3 \to 5$,则加载过程为:$T_{21} = T_{21} + 10$, $T_{13} = T_{13} + 10$, $T_{35} = T_{35} + 10$; T_{ij} 是传输链路 $i-j$ 上加载的话务量;当所有点间的话务量都加载完则算法结束。

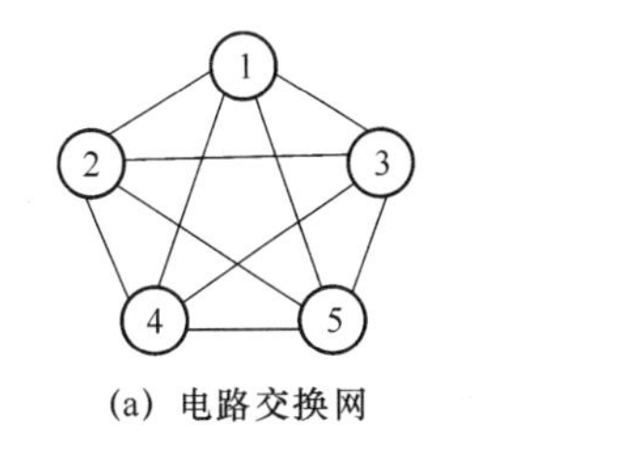

(a) 电路交换网

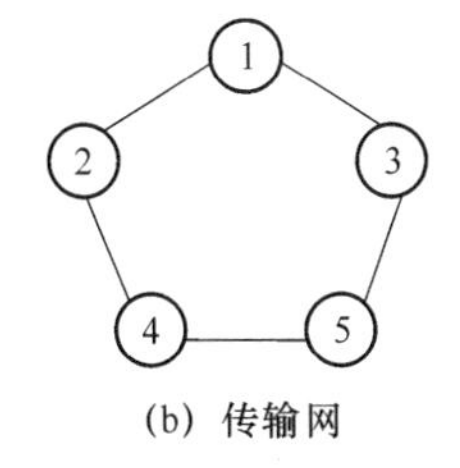

(b) 传输网

图 6.45 某一电路交换网和传输网

6.5 欧拉回路和中国邮递员问题

在 6.1 节中,我们已述及,走过图中每条边一次且仅一次的闭行走称为欧拉回路,且偶图一定存在欧拉回路。

中国邮递员问题(Chinese Postman Problem, CPP)是由我国管梅谷教授于 1962 年首先提出并发表的。这一问题是:从邮局出发,走遍邮区的所有街道至少一次再回到邮局,走什么路线才能使总的路程最短?

如果街区图是一个偶图,则一定有欧拉回路,CPP 问题也就迎刃而解了。

若街区图不是偶图,则必然有一些街道要被重复走过才能回到原出发点。由于不是偶图的连通图中的奇次节点个数为偶数,所以,可将奇次节点两两配对,且在每对奇次节点之间加重复边,从而将其转化为偶图。但如何配对奇次节点,才能使所加的重复边的总长度最小?

上述问题可归结为求奇次点间的最小匹配(minimum weighted match),由 Edmons 1965 年给出多项式算法。

中国邮递员问题的解题步骤如下:

(1) 将图中的所有悬挂点依次摘去;

(2) 求所有奇次点间的最短距离和最短路径;

(3) 根据奇次点间的最短距离求最小完全匹配;

(4) 根据最小完全匹配和最短路径添加重复边;

(5) 将悬挂点逐一恢复,并加重复边;

(6) 根据得到的偶图,找出图中所有的基本回路,给出欧拉回路的若干种走法。

例 6.7 中国邮递员问题求解实例,如图 6.46 所示。

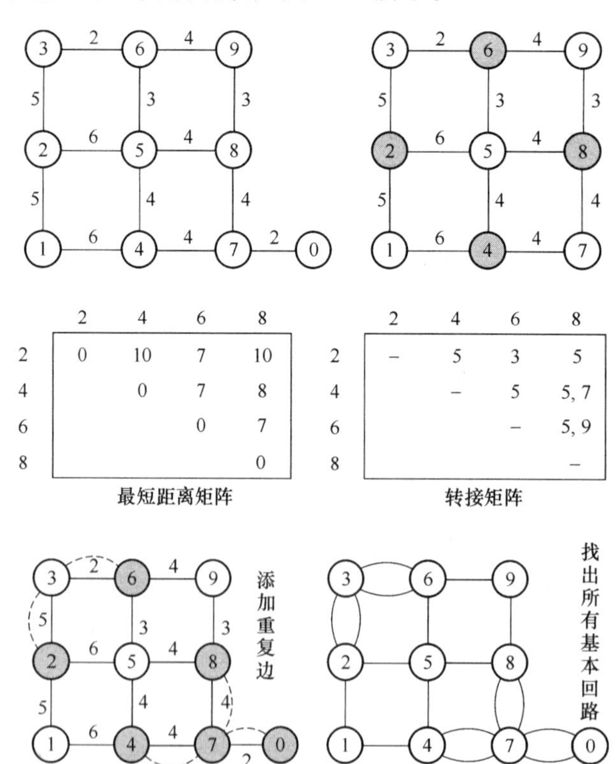

	2	4	6	8
2	0	10	7	10
4		0	7	8
6			0	7
8				0

最短距离矩阵

	2	4	6	8
2	–	5	3	5
4		–	5	5, 7
6			–	5, 9
8				–

转接矩阵

图 6.46 中国邮递员问题解题步骤示意

上述解题的第 6 步,给出欧拉回路的多种走法有现实意义。我们知道,每条道路的忙闲时刻并不一致,其中可能某个走法可以尽量躲开道路的忙时,如顺时针和逆时针走法可能就不一样。

6.6　哈密尔顿回路及旅行推销员问题

6.6.1　哈密尔顿回路

连通图 $G(V,E)$ 中的回路称为哈密尔顿回路，若该回路经过图中所有的点一次，且仅一次。连通图具有哈密尔顿回路的充分必要条件是什么？这个问题是由爱尔兰数学家哈密尔顿 1859 年提出的，但至今仍未解决。

欧拉回路是对边进行访问的问题，哈密尔顿回路是对点进行访问的问题。

6.6.2　旅行推销员问题

旅行推销员问题（TSP）：设 v_1，v_2，…，v_n 为 n 个已知城市，城市之间的旅程也是已知的，要求推销员从 v_1 出发，走遍所有城市一次且仅一次又回到出发点，并使总旅程最短。这种不允许点重复的旅行推销员问题就是最小哈密尔顿回路问题。

在实际生活和生产管理中，一般来说，更有实际意义问题是一般旅行推销员问题。一般旅行推销员问题是允许点重复的旅行推销员问题，即要求推销员从 v_1 出发，走遍所有城市至少一次最后回到出发点，并使总旅程最短。

一般旅行推销员问题在实际生活和生产管理中有很多应用。比较典型的应用有：乡邮员的投递路线，邮递员开邮箱取信的路线问题和邮车到各支局的转趟问题等。

一般旅行推销员问题已有比较好的算法，如启发式算法、分支定界法等，有兴趣的读者可参阅参考文献[6]。

6.7　选址问题

选址问题通常是针对服务性单位或企业选择合适地址，如邮电营业所，电话局和商场等地址选择。选址问题的标准一般有两种：

(1) 使所选地址到最远的服务对象距离尽可能小——中心点；

(2) 使所选地址到各服务对象的总距离最小——中位点。

对于有时间限制的服务性单位或企业（如乡邮局）的选址问题多用中心点；而对于总资源约束的服务性单位或企业（如电话交换局）的选址问题多用中位点。

6.7.1　各点之间的距离

在讨论选址问题时经常要涉及如下几种点之间的距离。

(1) 节点到节点间的最短距离，称为节点—节点距离；

(2) 边上某点到节点的最短距离，称为点—节点距离；

(3) 节点到某边上最远一点的距离，称为节点—边距离。

上述3种距离中,节点—节点距离可直接用Dijkstra算法。下面讨论无向网络图中的点—节点距离和节点—边距离的计算方法。

1. 边上某点到节点的最短距离

设d_{ij}代表v_i与v_j间的最短距离,a_{rs}代表边(r, s)的边长,令h为边(r, s)上一点的百分位,$0 \leqslant h \leqslant 1$,则边上对应$h$的一点到$v_j$的最短距离为

$$d[h(r, s), j]=\min[h * a_{rs}+d_{rj}, (1-h) * a_{rs}+d_{sj}] \tag{6.14}$$

2. 节点到某边上最远一点的距离

指定节点j,它到边(r, s)上对应h百分位点有两条路,最远点必使两条路一样长,故节点v_j到某边(r, s)上最远一点的距离为

$$d[j, (r, s)]=0.5[d_{jr}+ d_{js}+ a_{rs}] \tag{6.15}$$

6.7.2 中心的选择

根据选址问题的标准,在实际中常用的中心一般有中心和一般中心两种。

(1) 中心:位置在节点上,它是距最远节点距离最近的节点。确定中心的方法是以节点——节点距离为基础,按大中取小原则确定;

(2) 一般中心:位置在节点上,它是距边上最远点距离最近的节点。确定一般中心的方法是以节点——边距离为基础,按大中取小(max min)原则确定。

例6.8 求如图6.47所示的中心和一般中心。图中数字表示两个节点间的直接距离。

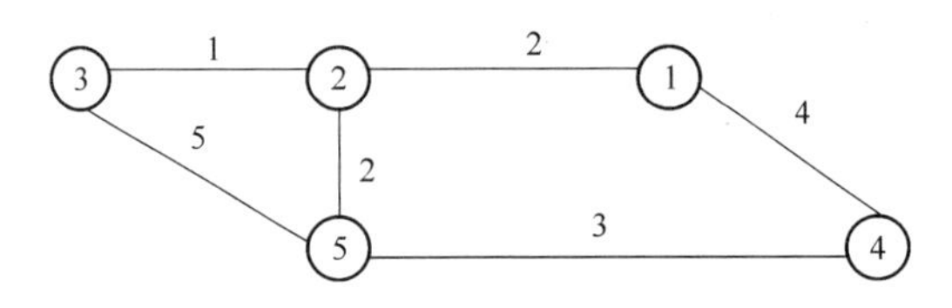

图6.47 某一网络图

解 (1) 按Dijkstra算法或任意两点间最短路的算法可求得图6.47任意两个节点间的最短路径的距离为如下$\boldsymbol{D}$矩阵所示。在该矩阵上,按大中取小原则确定中心,可知其中心为节点1或节点4。

$$\boldsymbol{D}=\begin{pmatrix} 0 & 2 & 3 & 4 & 4 \\ 2 & 0 & 1 & 5 & 2 \\ 3 & 1 & 0 & 6 & 3 \\ 4 & 5 & 6 & 0 & 3 \\ 4 & 2 & 3 & 3 & 0 \end{pmatrix} \begin{matrix} 4^* \\ 5 \\ 6 \\ 6 \\ 4^* \end{matrix}$$

(2) 将图6.47各个边进行编号,如表6.3所示。

表6.3 各个边编号表

编号	1	2	3	4	5	6
边(i,j)	(1,2)	(1,4)	(2,3)	(2,5)	(3,5)	(4,5)
边长	2	4	1	2	5	3

(3) 按节点到某边上最远一点的距离式(6.15)计算图 6.47 各点到按表 6.4 编号的各个边的最远一点的距离,计算结果为如下矩阵 **D′** 所示。在该矩阵上,按大中取小(max min)原则确定一般中心,可知其一般中心为节点 2 或节点 5。

$$\boldsymbol{D}'=\begin{pmatrix} 2 & 4 & 3 & 4 & 6 & 5.5 \\ 2 & 5.5 & 1 & 2 & 4 & 5 \\ 3 & 6.5 & 1 & 3 & 4 & 6 \\ 5.5 & 4 & 6 & 5 & 7 & 3 \\ 4 & 5.5 & 3 & 2 & 4 & 3 \end{pmatrix}\begin{matrix} 6 \\ 5.5^* \\ 6.5 \\ 7 \\ 5.5^* \end{matrix}$$

在计算各点到各个边的最远一点的距离时,节点到节点的最短距离可直接从上述矩阵 **D** 中的相应元素获得,如

$$\begin{aligned} d'(v_1,a(v_4,v_5)) &= 0.5[d(v_1,v_4)+d(v_1,v_5)+a(v_4,v_5)] \\ &= 0.5(4+4+3)=5.5 \end{aligned}$$

6.7.3　中位点的选择

根据选址问题的标准,在实际中常用的中位点一般有中位点和一般中位点两种。

(1) 中位点:位置在节点上,它到其他节点最短距离的总和最小。确定中位点的方法是以节点——节点距离为基础,按总和中取小原则确定;

(2) 一般中位点:位置在节点上,它到各边距离的总和最小。确定一般中位点的方法是以节点——边距离为基础,按总和中取小原则确定。

例 6.9　求如图 6.47 所示的中位点和一般中位点。图中数字表示两个节点间的直接距离。

解　(1)在任意两点间最短距离矩阵 **D** 上,按总和中取小原则确定中位点,可知其中位点为节点 2。

$$\boldsymbol{D}=\begin{pmatrix} 0 & 2 & 3 & 4 & 4 \\ 2 & 0 & 1 & 5 & 2 \\ 3 & 1 & 0 & 6 & 3 \\ 4 & 5 & 6 & 0 & 3 \\ 4 & 2 & 3 & 3 & 0 \end{pmatrix}\begin{matrix} 13 \\ 10^* \\ 13 \\ 18 \\ 12 \end{matrix}$$

(2) 在各点到各个边的最远一点的距离矩阵 **D′** 上,按总和中取小原则确定一般中位点,可知其一般中位点为节点 2。

$$\boldsymbol{D}'=\begin{pmatrix} 2 & 4 & 3 & 4 & 6 & 5.5 \\ 2 & 5.5 & 1 & 2 & 4 & 5 \\ 3 & 6.5 & 1 & 3 & 4 & 6 \\ 5.5 & 4 & 6 & 5 & 7 & 3 \\ 4 & 5.5 & 3 & 2 & 4 & 3 \end{pmatrix}\begin{matrix} 24.5 \\ 19.5^* \\ 23.5 \\ 30.5 \\ 21.5 \end{matrix}$$

6.8 习题讲解与分析

习题 6.1 图 6.48 为 s 到 t 点间可进行邮政运输的公路网。为了保证在某些道路出现故障和拥塞时,仍能尽量及时将邮件运出,要求在 s 到 t 点间规划至少 2 条路由,试给出你的规划。

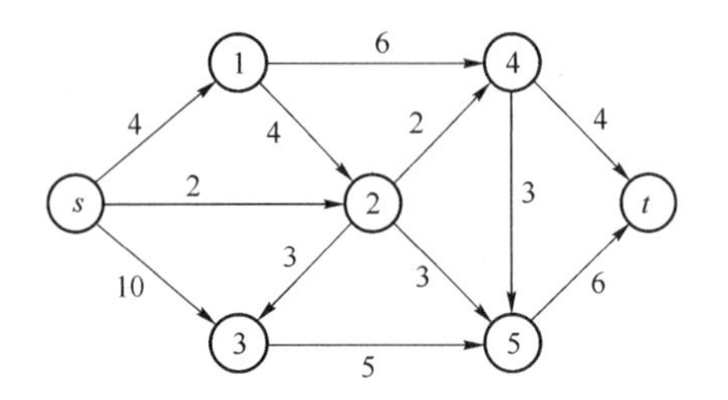

图 6.48 某邮政运输的公路网

解 习题 6.1 主要考核如何求边不相交的多条最短路问题。在求边不相交多条最短路时需要注意的问题是,在求下一条边不相交的多条最短路时,应该把已经求得的所有最短路的边从网络图中去掉后再求另一最短路。

(1) 用 Dijkstra 算法先求出第一最短路,如图 6.49 所示,为 $s \to 2 \to 4 \to t$,路长为 8。

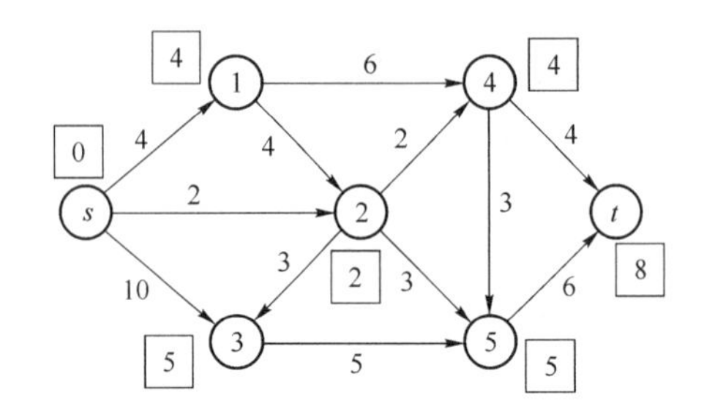

图 6.49 第一最短路图

(2) 将第一最短路的边从图 6.48 中删去,再求此最短路,如图 6.50 所示,为 $s \to 1 \to 2 \to 5 \to t$,路长为 17。

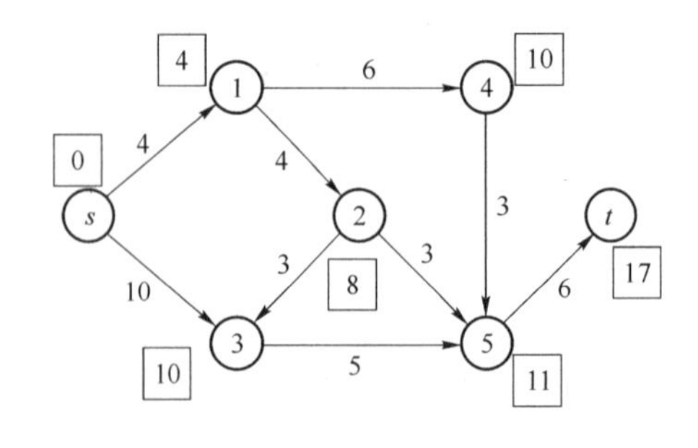

图 6.50 第二最短路图

习题 6.2 如图 6.51 所示的网络图(每边上标的是流量 f_{ij}),我们希望简化该网络结构

（即删去一些流量小的边），一般可采用限界值法，即给定一个值 V，若 $f_{ij}<V$，则删去边 e_{ij}。显然，V 大到一定程度就会使网络不连通，试采用合适的算法求使网络保持连通的最大限界值 $V_{\max}$。

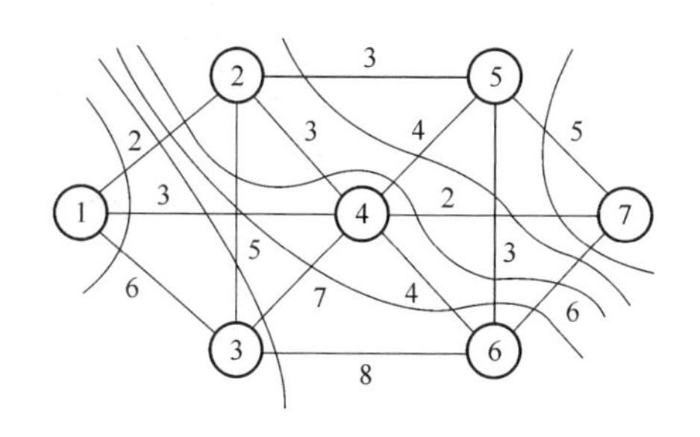

图 6.51　流量网络图

解　该问题等价于求网络图最大生成树，最大生成树中最小权值边的权值即为 $V_{\max}$。采用图上作业的 Prim 算法，得到最大生成树如图 6.52 所示，可见 $V_{\max}=f_{57}=5$。

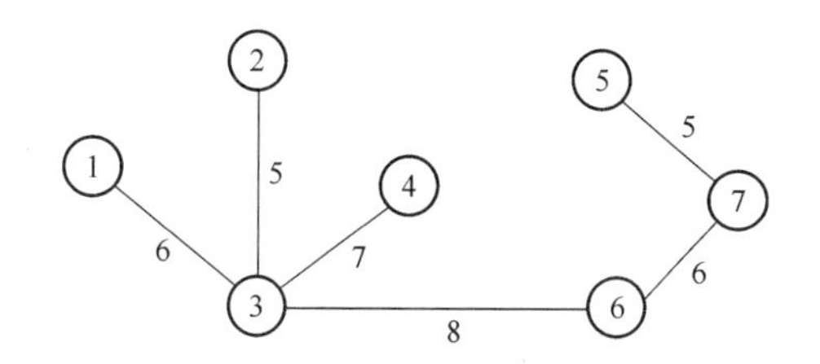

图 6.52　最大生成树图

习题 6.3　在图 6.53 中，A,B,C,D,E,F 分别表示陆地或岛屿。①～⑭表示桥梁及其编号。若两岸分别互为敌对的双方部队占领，问至少应切断几座桥梁（具体指出编号）才能阻止对方部队过河的目的？试用图论方法进行分析。

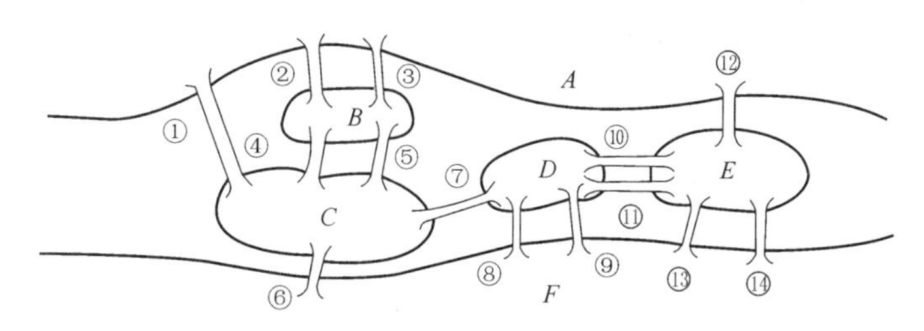

图 6.53　某陆地和岛屿图

解　图论的应用问题主要是建模，即把某一实际问题看成图论中的某一算法问题。如例 6.4 某市话分局交换机最小费用扩容规划问题看成是最短路算法问题。习题 6.3 可看成最大流最小截集算法问题。

(1) 将图 6.53 中的 A,B,C,D,E,F 分别用一个点表示，相互之间有桥梁相连则有一条弧连接，弧的容量就是两点间的桥数量，如图 6.54 所示。需要注意的是，始点 A 上的弧是单向流出，终点 F 上的弧是单向流入，中间节点的弧是双向的。

(2) 根据最大流最小截集标号算法，可找出图 6.54 网络图的最小截集，该截集所包含的弧有$\overset{\frown}{AE}$,$\overset{\frown}{CD}$,$\overset{\frown}{CF}$,即⑥,⑦,⑫号桥为切断A,F之间的最少要破坏的桥梁。

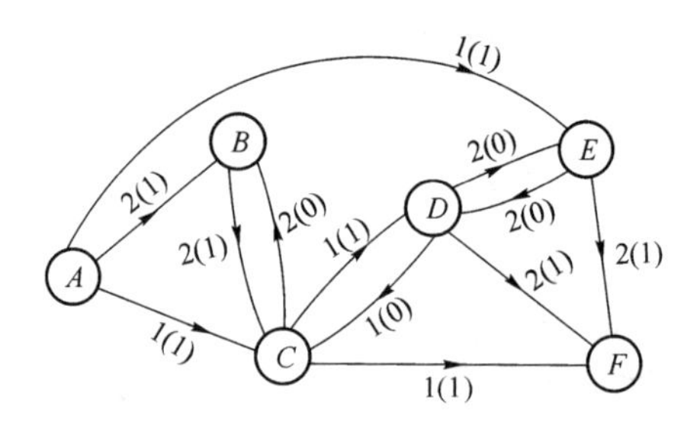

图 6.54　图 6.53 的网络图

第7章 随机服务系统理论概述

随机服务系统理论是研究随机服务系统的数学理论和方法。在日常生活中，我们经常可见到各种各样的随机服务系统，如在银行办理存、取款业务，在商店购买商品，电话局对电话用户的服务等。这些系统服务的具体内容虽然不同，但它们都有如下共同的特点：

(1) 顾客或者用户什么时刻要求服务事先不能确定，即顾客或者用户到达系统的时刻是随机的；

(2) 顾客或者用户每次需要多长服务时间也是事先不能确定，即顾客或者用户的服务时间是随机的。

由于这些系统都具有顾客到达时刻和顾客服务时间是随机的共同特点，所以，我们把这类系统称为随机服务系统。

随机服务系统早已存在，但对随机服务系统的理论研究直到电话发明后才有了进展。丹麦科学家爱尔朗(A. k. Erlang)于1909—1920年发表了一系列根据话务量计算电话机键配置的方法，为随机服务系统理论奠定了基础。

由于在随机服务过程中，经常会发生排队或拥挤现象，所以随机服务系统理论又称为排队论(Queuing Theory)或拥塞理论(Congestion Theory)。

7.1 随机服务要素

图7.1是随机服务系统示意图。从图7.1可知，一般一个随机服务系统由如下3个部分组成。

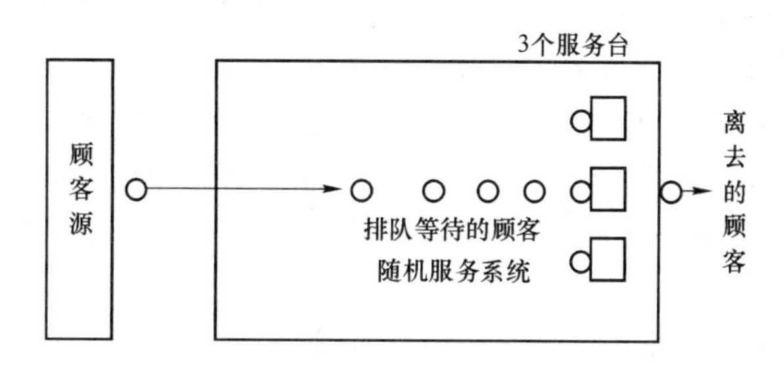

图7.1 随机服务系统示意图

(1) 顾客输入或到达，即顾客从某一顾客源到达系统要求服务；

(2) 顾客排队等待,顾客到达系统后,若有空闲的服务台,则顾客可马上得到服务;若无空闲的服务台,顾客则需要按照一定规则排队等待;

(3) 服务机构,服务台的个数可以是一个或几个,对顾客服务可以单个服务,也可以是成批服务。顾客在某一服务台接受服务,服务结束后离开系统。

一般来说,一个随机服务系统存在来自如下两个矛盾方面的要求:

(1) 顾客希望服务质量好,如排队等待时间短,损失率低等;

(2) 系统运营方希望设备利用率高。

显然,上述两个方面的要求是相互矛盾的。因此随机服务系统理论研究的第一个任务是在给用户一个经济上能够承受的满意的质量条件下,系统的设备要配备多少?这实际上是一个系统设计问题。要研究和回答这个问题,我们通常需要先考虑和研究哪些系统特性会影响系统的性能?

一般来说,影响系统性能的主要特性有:

(1) 服务机构的组织方式与服务方式;

(2) 顾客的输入过程和服务时间分布;

(3) 系统采用的服务规则。

随机服务系统理论研究的另外一个任务是计算给定一个随机服务系统的各种性能指标,即给定系统的设备数,服务机构的组织方式与服务方式,顾客的输入过程及其强度,服务时间分布,系统采用的服务规则等条件,计算系统的各种性能指标或参数。

1. 服务机构的组织形式与服务方式

服务机构的组织形式可以有多种,如单台制和多台制。当采用多台组织形式时,其服务方式可能有并联服务、串联服务、串并联服务和网络服务等。

2. 输入过程和服务时间

顾客输入过程是指顾客到达系统的过程。顾客到达系统可以是单个到达或成批到达。本书只讨论单个到达的顾客输入过程。顾客到达过程通常用顾客到达时间间隔的分布来描述。服务时间一般也用服务时间的分布来描述。顾客源可能是有限或者是无限的。

3. 服务规则

系统在为顾客提供服务时,通常需要采用一定的服务规则。常用的服务规则有如下几种。

(1) 损失制。顾客到达系统时,如果有空闲的服务台,则马上可以得到服务;如果没有空闲的服务台,则顾客被拒绝进入服务服务系统,返回顾客源中。如我国电话网络中的基干路由在接受某一试呼要求提供服务时,就是采用损失制服务规则。当一试呼要求某一基干路由提供服务时,若该基干路由已全部被占用,则这一试呼就被拒绝,并给主叫用户送忙音。

(2) 等待制。顾客到达系统时,如果有空闲的服务台,则马上可以得到服务;如果没有空闲的服务台,顾客则被允许进入系统进行排队等待,直到有空闲服务台时,再按某种服务规则依次接受服务。

(3) 混合制。顾客到达系统时,如果有空闲的服务台,则马上可以得到服务;如果没有空闲的服务台,系统则为不能马上得到服务的顾客提供有限的排队等待位置,若这些排队等待位置全被占满,则新到的顾客被拒绝进入系统,返回顾客源中;若这些排队等待位置没有全被占满,则新到的顾客被允许进入系统排队等待,直到有空闲服务台时,再按某种服务规则依次接受服务。

在等待制和混合制服务系统中，最常见的排队等待服务规则有：先到先服务（FIFO），后到先服务，随机服务，优先权服务等。

此外，还有逐个到达，成批服务；或成批到达，逐个服务等。

7.2　随机服务过程

为了使大家对随机服务系统在服务过程中顾客和服务员的活动情况有直观的了解，让我们先考察一个单台随机服务系统，服务规则采用等待制先到先服务。

显然，在这样一个随机服务系统中，顾客在系统中的总时长，即逗留时间＝等待时长＋服务时长。顾客在系统中的等待时长与顾客到达率和服务时长有关。

图 7.2 表示单台随机服务系统顾客到达服务系统直到服务结束离去的全过程。图中上部箭头所指表示顾客到达时刻，中间一条直线上的各点表示顾客开始接受服务时刻，底部一条直线上箭头所指表示顾客离去时刻。

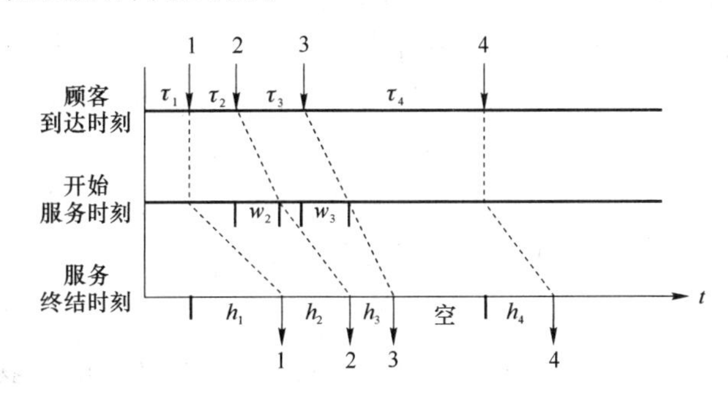

图 7.2　单台随机服务系统服务过程

从图 7.2 可知，当服务台连续不断服务时，第 $i+1$ 个顾客的到达时刻 τ_{i+1}、等待时间 w_{i+1} 和第 i 个顾客的等待时间 w_i 和服务时间 h_i 关系如下：

$$w_{i+1}+\tau_{i+1}=w_i+h_i \tag{7.1}$$

w_i+h_i 表示累计的未完成的服务时长。当服务台不是连续不断服务时，上述关系不满足。因此，在一般情况下有

$$w_{i+1}=\begin{cases} w_i+h_i-\tau_{i+1}, & \text{若 } w_i+h_i-\tau_{i+1}\geqslant 0 \\ 0, & \text{若 } w_i+h_i-\tau_{i+1}<0 \end{cases} \tag{7.2}$$

在随机服务系统中，系统连续不断服务的时期称为忙期。而系统最繁忙的一个小时称为忙时。

对于等待制随机服务系统，通常关心如下系统的指标：

(1) 顾客的平均排队等待时间和平均逗留时间，分别用 W_q、W_d 表示；

(2) 系统平均排队的顾客数和系统的平均顾客数，分别用 L_q、L_d 表示；

(3) 顾客的平均服务时长，用 h 表示；

(4) 单位时间内到达的顾客数，即顾客的平均到达率，用 λ 表示；

(5) 同时接受服务的平均顾客数，即平均服务台占用数，用 L_n 表示。

上述各种指标的相互关系由如下 Little 公式确定。

$$L_d=\lambda W_d \tag{7.3}$$

$$L_q=\lambda W_q \tag{7.4}$$

由式(7.3)和式(7.4)可得

$$L_d=\lambda W_d=\lambda(W_q+h)=L_q+L_n \tag{7.5}$$

其中,$L_n=\lambda h$ 为平均服务台占用数。

对于 Little 式(7.3),我们做如下直观的解释。当某一新顾客到达等待制随机服务系统时,他先排队等待,直到有空闲服务台时,他开始接受服务,服务结束后离开服务系统。当该新顾客离开服务系统瞬间时,他回头看一下系统中正在排队和接受服务的顾客。从平均角度来说,正在排队和接受服务的顾客就是 L_d,而这些正在排队和接受服务的顾客就是该新顾客在系统中逗留时间(排队时间+服务时间)内到达的顾客,即为 λW_d,故有

$$L_d=\lambda W_d$$

对于 Little 式(7.4),可以作类似的解释。当某一新顾客到达等待制随机服务系统时,他先排队等待,直到有空闲服务台时,他开始接受服务。当该新顾客开始接受服务瞬间时,他回头看一下系统中正在排队的顾客。从平均角度来说,正在排队的顾客就是 L_q,而这些正在排队的顾客就是该新顾客在系统中排队时间内到达的顾客,即为 λW_q,故有

$$L_q=\lambda W_q$$

7.3 服务过程

顾客的服务过程用顾客的服务时长和到达间隔时长来描述。由于多种原因顾客的服务时长具有不确定性,最好的描述顾客的服务时长的方法就是给出其概率分布;同样顾客到达的间隔时间也具有不确定性,也可采用概率分布来描述。

服务时间和到达间隔时间服从什么分布?我们可以对收集到的服务时间或到达间隔时间样本采用统计分析和检验的方法来确定。统计分析和检验的方法一般先通过统计得到经验分布,然后再做理论假设和检验。经验分布一般采用直方图来表示。如表 7.1 所示是采集到某一段时间电话通话时长的统计分布。图 7.3 则是相应的频率直方图。

表 7.1 电话通话时长的统计分布

组别	组限/min	频次	频率 f_i	通话时长/min	平均通话时长/min
1	0—1	84	0.24	42.0	2.58
2	1—2	85	0.24	127.5	
3	2—3	60	0.17	150.0	
4	3—4	48	0.14	168.0	
5	4—5	35	0.10	157.5	
6	5—6	23	0.06	126.5	
7	6—7	11	0.03	71.5	
8	>7	7	0.02	66.0	
总计		353	1.00	909	

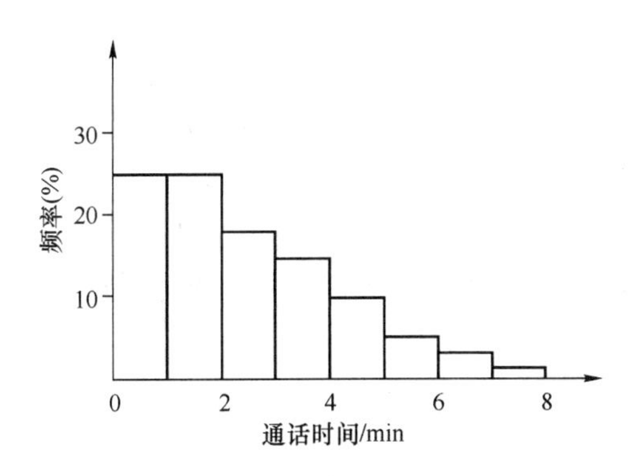

图 7.3　频率直方图

以下介绍几种常用的概率分布。

1. 定长分布

定长分布的分布函数如下：

$$F(t)=\begin{cases}1, & \text{当 } t\geqslant l\\ 0, & \text{当 } t<l\end{cases} \tag{7.6}$$

定长分布是确定性的，不属于随机分布，但它是某些随机分布的极限情况。常见的定长分布有流水线的加工时间等。

2. 负指数分布

负指数分布的分布函数 $F(t)$，概率密度 $f(t)$ 分别为

$$F(t)=1-e^{-\mu t}, \quad (t\geqslant 0) \tag{7.7}$$

$$f(t)=\mu e^{-\mu t}, \quad (t\geqslant 0) \tag{7.8}$$

其中，$\mu>0$ 为一常数。负指数分布的平均服务时间 $E(h)$ 和方差 $\sigma^2(h)$ 分别为

$$E(h)=\int_0^{\infty} t\mu e^{-\mu t}\,dt=\frac{1}{\mu} \tag{7.9}$$

$$\sigma^2(h)=\frac{1}{\mu^2} \tag{7.10}$$

负指数分布是一类最常用的分布，如上述通话时长，故障间隔时间等均服从负指数分布。

负指数分布之所以常用，是因为它有很好的特性，使数学分析变得方便。负指数分布有如下明显特点。

(1) 无记忆性

指的是不管一次服务已经过去了多长时间，该次服务所剩的服务时间仍服从原负指数分布。

证　令 h 代表服务时间，t_0 代表服务已过去的时间，则服务剩余时间为 $h-t_0$，它的分布函数为

$$\begin{aligned}&P\{h-t_0\leqslant t\,|\,h>t_0\}=P\{h\leqslant t+t_0\,|\,h>t_0\}\\&=\frac{P\{t_0<h\leqslant t+t_0\}}{P\{h>t_0\}}=\frac{P\{h\leqslant t+t_0\}-P\{h\leqslant t_0\}}{P\{h>t_0\}}\\&=\frac{1-e^{-\mu(t+t_0)}-(1-e^{-\mu t_0})}{1-(1-e^{-\mu t_0})}=1-e^{-\mu t}\end{aligned}$$

即剩余服务时间仍服从原负指数分布。

(2) 数学期望等于均方差

如式(7.9)和式(7.10)所示,这是唯一具有该性质的随机分布。因此,这一性质可以作为初步判定某一经验分布是否服从负指数分布的依据。

应用负指数分布的无记忆性特点,可以推得,一个正在服务的服务台在 Δt 时间之内服务终结的概率为 $\mu\Delta t+o(\Delta t)$。其中,μ 为单位时间内服务的顾客数,$o(\Delta t)$ 为关于 Δt 的高阶无穷小。推导过程如下:

$$\begin{aligned} &P\{h\leqslant t_0+\Delta t \mid h>t_0\}=1-\mathrm{e}^{-\mu\Delta t} \\ &=1-[1-\mu\Delta t+(\mu\Delta t)^2/2!\ -(\mu\Delta t)^3/3!\ +\cdots] \\ &=\mu\Delta t+o(\Delta t) \end{aligned} \tag{7.11}$$

即在 Δt 内服务终结的概率只与 μ 和 Δt 成正比,与 t_0 无关,因此 μ 又称为终结率,或离去率。

显然,在 Δt 内服务不终结的概率为 $1-\mu\Delta t+o(\Delta t)$。

同理,当有 n 个服务台同时被占用时,假设这 n 个服务台的服务时间均服从参数为 μ 的负指数分布,则在 Δt 内只有一个服务台终结的概率为

$$C_n^1[\mu t+o(\Delta t)][1-\mu t+o(\Delta t)]^{n-1}=n\mu t+o(\Delta t) \tag{7.12}$$

即在 Δt 内只有一个服务台终结的概率为每台终结概率的 n 倍。

在 Δt 内有 $k>1$ 个服务台终结的概率为

$$C_n^k[\mu t+o(\Delta t)]^k[1-\mu t+o(\Delta t)]^{n-k}=o(\Delta t) \tag{7.13}$$

这说明在很短的时间 Δt 内,有2个或2个以上服务台同时终结的可能性很小。

3. 爱尔朗分布 E_k

爱尔朗分布分布的密度函数为

$$f(t)=\frac{\mu k\ (\mu k t)^{k-1}}{(k-1)!}\mathrm{e}^{-\mu k t},\quad (t\geqslant 0) \tag{7.14}$$

其中,k 为整数,称为 k 阶爱尔兰分布。爱尔兰分布的平均服务时间 $E(h)$ 和方差 $\sigma^2(h)$ 分别为

$$E(h)=\int_0^{\infty}tf(t)\mathrm{d}t=\frac{1}{\mu} \tag{7.15}$$

$$\sigma^2(h)=\frac{1}{k\mu^2} \tag{7.16}$$

爱尔兰分布实际上是 k 个独立同分布的负指数分布随机变量的和的分布,即 k 个服务台的串联,每个服务台的平均服务时长为 $1/k\mu$。爱尔兰分布是一种代表性更广的分布,当 $k=1$ 时,退化为负指数分布;$k\to\infty$ 时趋向定长分布,当 $k=20$ 时,很接近正态分布。图7.4给出 k 取不同整数时的爱尔兰分布密度函数曲线。

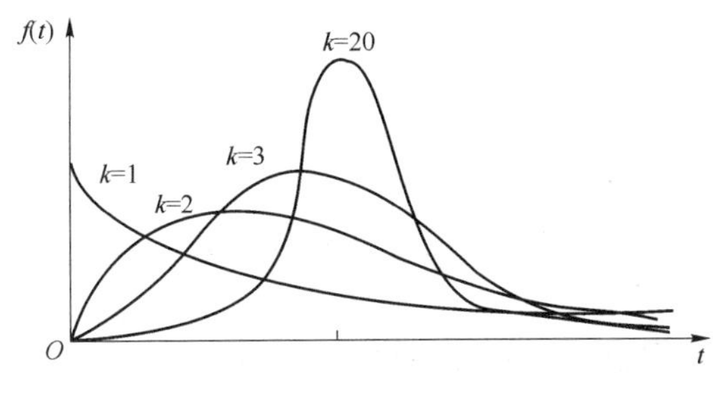

图 7.4　爱尔兰分布密度函数曲线

7.4　输入过程

随机服务系统的输入过程是描述顾客到达系统的规律。输入过程可用相继到达顾客的间隔时间描述,也可以用单位时间内到达的顾客数描述。常见的输入过程包括：

(1) 定长输入过程,相继到达顾客的间隔时间服从定长分布；

(2) 波松输入过程,单位时间内到达的顾客数服从波松分布；

(3) 爱尔兰输入过程,相继到达顾客的间隔时间服从爱尔兰分布；

(4) 一般独立输入过程,相继到达顾客的间隔时间服从一般独立分布。

本书主要讨论波松输入过程。

1. 波松输入过程及其特点

波松输入过程通常用单位时间内到达的顾客数描述。若(0, t)时间内到达 k 个顾客的个数服从波松分布,即

$$P_k(t)=\frac{(\lambda t)^k}{k!}e^{-\lambda t} \tag{7.17}$$

其中,λ 是到达率。则输入过程为波松输入过程。

波松输入过程是一种很常见的输入过程,如电话呼叫的到达,商店的顾客到达,十字路口的汽车流,港口到达的船只,机场到达的飞机等都是波松输入过程。

一个波松输入过程必须满足如下特性。

(1) 平稳性:顾客到达数只与时间区间长度有关。

(2) 无后效性:不相交的时间区间内所到达的顾客数是独立的。

(3) 普通性:在 Δt 时间内到达一个顾客的概率为 $\lambda\Delta t+o(\Delta t)$,到达两个或两个以上顾客的概率为 $o(\Delta t)$,即两个顾客不可能同时到达。

(4) 有限性:在有限的时间区间内,到达的顾客数是有限的。

波松过程具有如下特点。

(1) 可迭加性,即独立的波松分布变量的和仍为波松分布。

证　设两个波松分布为

$$P_i(t)=\frac{(\lambda_1 t)^i}{i!}e^{-\lambda_1 t},P_j(t)=\frac{(\lambda_2 t)^j}{j!}e^{-\lambda_2 t}$$

令 $n=i+j$,在$(0,t)$内到来 n 个顾客的概率为

$$P\{x_1+x_2=n\}=\sum_{j=0}^{\infty}P\{x_1=j\}\cdot P\{x_2=n-j\}$$

$$=\sum_{j=0}^{n}\frac{(\lambda_1 t)^j}{j!}e^{-\lambda_1 t}\cdot\frac{(\lambda_2 t)^{n-j}}{(n-j)!}e^{-\lambda_2 t}=\frac{(\lambda_1+\lambda_2)^n t^n}{n!}e^{-(\lambda_1+\lambda_2)t}$$

上述证明可推广到有限个相互独立的波松分布变量的和仍为波松分布，且总到达率为各个独立的波松分布的到达率之和。

(2) 波松过程的到达间隔时间为负指数分布。

2. 马尔科夫链

马尔科夫链(Markov Chain)又简称马氏链，是一种离散事件随机过程。用数学式表达为

$$P\{X_{n+1}=x_{n+1}\mid X_1=x_1,\ X_2=x_2,\ \cdots,\ X_n=x_n\}=P\{X_{n+1}=x_{n+1}\mid X_n=x_n\}$$

上述等式表示，X_{n+1}的状态只与 X_n 的状态有关，与 X_n前的状态无关，具有无记忆性，或无后效性，又称马氏性。

令 $X_n=i$ 表示系统在时刻t 处于状态i 这一事件，称如下概率为系统在时刻 t 的一步转移概率：

$$P_{ij}(t)=P\{X_{n+1}=j\mid X_n=i\}$$

例 7.1 一售货员出售两种商品 A 和 B，每日工作 8 h。购买每种商品的顾客到达过程为波松分布，到达率分别为 $\lambda_A=8$ 人/d，$\lambda_B=16$ 人/d，试求：

(1) 1 小时内到来顾客总数为 3 人的概率；

(2) 3 个顾客全是购买 B 类商品的概率。

解 (1) 总到达率为 $\lambda_A+\lambda_B=24$ 人/d，1 h=1/8 d，故 1 h 内到来顾客总数为 3 人的概率为

$$P_3(1/8)=\frac{(24\times 1/8)^3}{3!}e^{-24\times 1/8}=0.224$$

(2) 3 个顾客全是购买 B 类商品的概率为

$$P_{B_3}(1/8)P_{A_0}(1/8)=\frac{(16\times 1/8)^3}{3!}e^{-16\times 1/8}\times e^{-8\times 1/8}$$

$$=0.066\,4$$

7.5 生灭过程

生灭过程是一种描述自然界生灭现象的数学方法，如细菌的繁殖和灭亡，人口的增减，生物种群的灭种现象等都可以用生灭过程来描述。

生灭过程一般采用马氏链描述。令 $N(t)$代表系统在时刻 t 的状态(系统中的顾客数)，下一瞬间 $t+\Delta t$ 系统的状态只能转移到相邻状态，或维持不变，如图 7.5 所示。

其中，λ_j 为状态是 j 的增长率，μ_j 为状态是 j 的消亡率。3 种转移是不相容的，三者必居其一。

有限状态生灭过程的状态转移如图 7.6 所示。

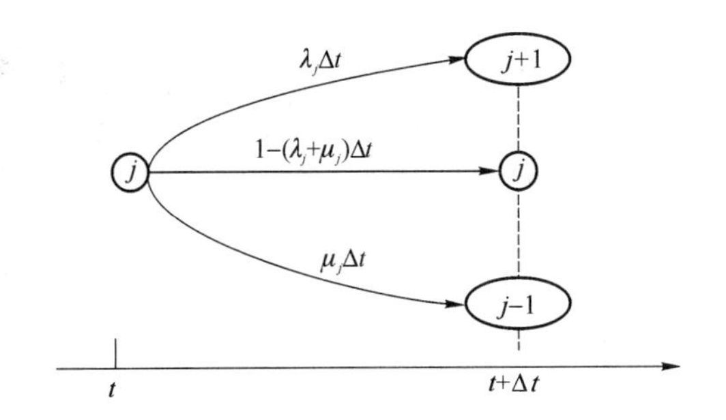

图 7.5　生灭过程状态转移图

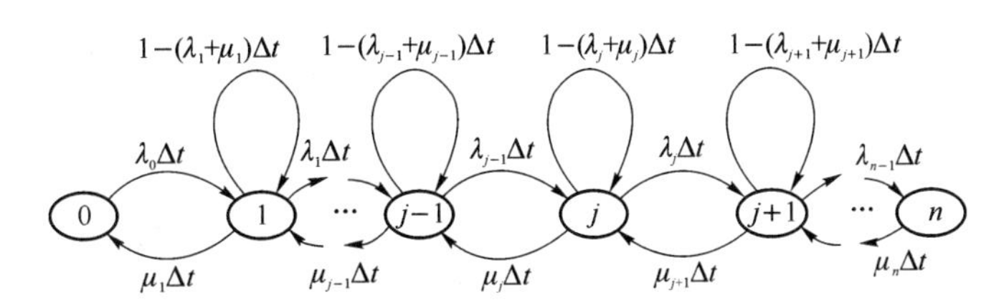

图 7.6　生灭过程的状态转移图

令 $P_j(t)=P\{N(t)=j\}$代表系统在时刻 t 处于状态 j 的概率，则应用全概率公式，有如下状态转移概率方程：

$$\begin{aligned}P_j(t+\Delta t)=&P_{j-1}(t)\lambda_{j-1}\Delta t+P_{j+1}(t)\mu_{j+1}\Delta t+\\&P_j(t)(1-\lambda_j\Delta t-\mu_j\Delta t)+o(\Delta t),\quad j=1,2,\cdots,n-1\end{aligned}\tag{7.18}$$

另有两个边界方程：

$$P_0(t+\Delta t)=P_1(t)\mu_1\Delta t+P_0(t)(1-\lambda_0\Delta t)+o(\Delta t)\tag{7.19}$$

$$P_n(t+\Delta t)=P_{n-1}(t)\lambda_{n-1}\Delta t+P_n(t)(1-\mu_n\Delta t)+o(\Delta t)\tag{7.20}$$

将方程(7.18)化为微分方程：

$$\begin{aligned}\lim_{\Delta t\to 0}\frac{P_j(t+\Delta t)-P_j(t)}{\Delta t}=&\lambda_{j-1}P_{j-1}(t)+\mu_{j+1}P_{j+1}(t)-\\&(\lambda_j+\mu_j)P_j(t),\quad j=1,2,\cdots,n-1\end{aligned}$$

即

$$P_j'(t)=\lambda_{j-1}P_{j-1}(t)+\mu_{j+1}P_{j+1}(t)-(\lambda_j+\mu_j)P_j(t)\tag{7.21}$$

同理由式(7.19)、式(7.20)，可得

$$P'_0(t)=\mu_1P_1(t)-\lambda_0P_0(t)\tag{7.22}$$

$$P'_n(t)=\lambda_{n-1}P_{n-1}(t)-\mu_nP_n(t)\tag{7.23}$$

方程式(7.21)～式(7.23)是动态方程，当系统处于稳态时，系统处于统计平衡状态，即状态概率不随时间变化，从而状态概率导数为 0，即当系统处于稳态时，方程式(7.21)～式(7.23)的左侧为 0，所以，在稳态情况下，生灭过程满足如下方程组：

$$\mu_1p_1-\lambda_0p_0=0,\quad (j=0)\tag{7.24}$$

$$\mu_{j+1}p_{j+1}+\lambda_{j-1}p_{j-1}-(\lambda_j+\mu_j)p_j=0,\quad (1\leqslant j<n)\tag{7.25}$$

$$\mu_np_n-\lambda_{n-1}p_{n-1}=0,\quad (j=n)\tag{7.26}$$

上述方程式(7.24)～式(7.26)与图 7.7 稳态状态转移图一一对应。

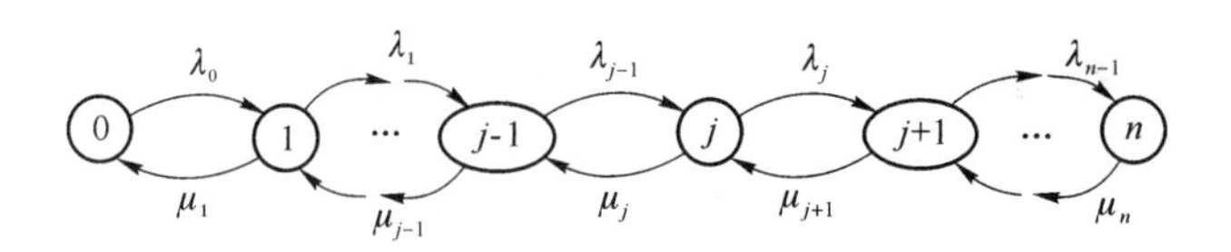

图 7.7　稳态状态转移图

采用递归法求解上述方程式(7.24)～式(7.26),步骤如下。

由式(7.24)得

$$p_1=\frac{\lambda_0}{\mu_1}p_0$$

令 $j=1$,将 p_1 代入式(7.25)得

$$p_2=\frac{\lambda_0\lambda_1}{\mu_1\mu_2}p_0$$

依次推得

$$p_j=\frac{\lambda_{j-1}}{\mu_j}p_{j-1}=\frac{\lambda_0\lambda_1\cdots\lambda_{j-1}}{\mu_1\mu_2\cdots\mu_j}p_0 \tag{7.27}$$

由 $\sum_0^n p_j=1$,得

$$p_0=\left(1+\sum_{j=1}^{n}\frac{\lambda_0\lambda_1\cdots\lambda_{j-1}}{\mu_1\mu_2\cdots\mu_j}\right)^{-1} \tag{7.28}$$

式(7.27)和式(7.28)称为生灭过程的稳态解。从这两个式子可以看出,生灭过程在稳态时,系统处于状态 j(即系统中的顾客数为 j)概率只与参数 λ_j(状态 j 的增长率)和 μ_j(状态 j 的消亡率)有关,而与系统的状态个数无关。

生灭过程是一个非常简单适用的随机过程。一个随机服务系统当系统的输入过程和服务过程具有平稳、无记忆性、普通性和有限性时,才可看成是生灭过程。

波松输入,服务台是独立的、相同的、并联的且服务时长服从负指数分布的随机服务系统就具有这些性质,因此,这类随机服务系统可看成是生灭过程。

可以看成生灭过程的随机服务系统称为生灭服务系统,一般用 $M/M/n$ 表示,又称为标准服务系统。其中,第 1 个 M 表示波松输入,第 2 个 M 表示服务时长服从负指数分布,第 3 个字符 n 表示并联的服务台个数。

标准服务系统的形式很多,但都是基于生灭过程。求解标准服务系统的关键是找出 λ_j, μ_j 的不同表达式,将它们代入生灭过程的稳态解式(7.27)和式(7.28)。

一般服务系统的表示法为 $X/Y/Z$: $A/B/C$,其中,X 表示输入过程,Y 表示服务过程,Z 表示并联服务台的个数,A 表示顾客源,B 表示系统容量,C 表示服务规则。

如 $M/M/n$: ∞/m/FIFO,表示波松输入,服务时长服从负指数分布,n 个并联服务台,顾客源无穷,系统容量为 m, $m\geqslant n$,采用先到先服务规则。

到达间隔时间分布和服务时间分布常用如下字母表示:

D ——定长分布;

M ——负指数分布;

E_k ——k 阶爱尔兰分布;

G ——一般独立分布。

7.6　习题讲解与分析

习题 7.1　已知某一排队系统的稳态条件下的状态转移图如图 7.8 所示，试写出该系统稳态方程并导出其稳态解。

解　某一排队系统稳态条件下的状态转移图和其稳态方程是一一对应的。习题 7.1 主要考核如何根据某一排队系统稳态条件下的状态转移图写出其稳态方程并求其稳态解。需要注意的是，图 7.8 的状态转移图是闭环的，所以在写节点的稳态方程时，有一个节点的多余的。另外还必须增加一个所有状态的概率之和等于 1 的方程。

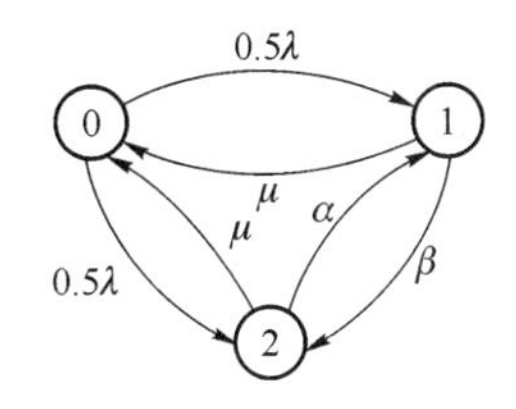

图 7.8　某排队系统稳态条件下的状态转移图

(1) 根据图 7.8 可得如下稳态方程组：

$$
\begin{cases}
\lambda p_0 = \mu(p_1 + p_2) \\
(\beta+\mu)p_1 = (1/2)\lambda p_0 + \alpha p_2 \\
p_0 + p_1 + p_2 = 1
\end{cases}
$$

(2) 解上述方程组可得

$$
\begin{cases}
p_0 = \dfrac{\mu}{\lambda+\mu} \\
p_2 = \dfrac{\lambda}{\lambda+\mu}\dfrac{(1/2)\mu+\beta}{\mu+\beta+\alpha} \\
p_1 = \dfrac{\lambda}{\lambda+\mu}\dfrac{(1/2)\mu+\alpha}{\mu+\beta+\alpha}
\end{cases}
$$

习题 7.2　已知某一排队系统的稳态条件下的状态转移图如图 7.9 所示，试写出该系统稳态方程并导出其稳态解。

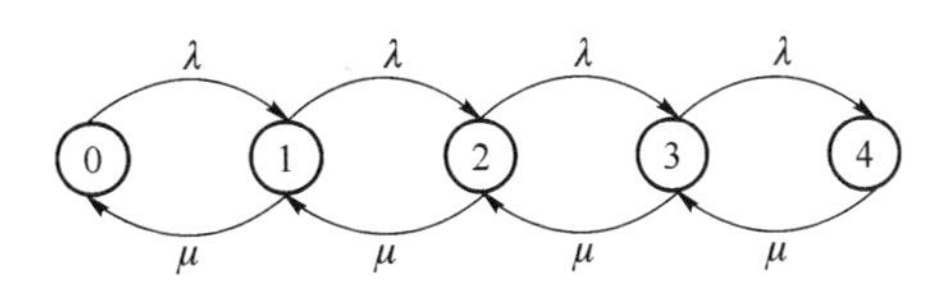

图 7.9　某排队系统稳态条件下的状态转移图

解　图 7.9 所示的状态转移图是开环系统，其稳态方程如下：

$$
\begin{cases}
\mu p_1 = \lambda p_0 \\
\mu p_{j+1} + \lambda p_{j-1} = (\lambda+\mu)p_j, \quad j=1,2,3 \\
\mu p_4 = \lambda p_3
\end{cases}
$$

解上述方程组可得

$$p_j=\rho^j p_0, j=1,2,3,4$$

其中,$\rho=\lambda/\mu$。因为

$$p_1+p_2+p_3+p_4+p_0=1$$

所以有

$$p_0=1/(1+\rho+\rho^2+\rho^3+\rho^4)$$

$$p_j=\rho^j/(1+\rho+\rho^2+\rho^3+\rho^4), \quad j=1,2,3,4$$

第8章 生灭服务系统

本章所讨论生灭服务系统是指顾客输入为波松输入，服务台是独立的、相同的、并联的且服务时长服从负指数分布的随机服务系统。即 $M/M/N$ 随机服务。这类随机服务系统的共同特点是系统的状态转移过程可以看成是生灭过程。

求解生灭服务系统的关键是找出系统的顾客到达率 λ_j 的表达式，相当于生灭过程的增长率和服务台的服务率 μ_j，相当于生灭过程的消亡率的表达式，然后将它们代入生灭过程的稳态解式(7.27)和式(7.28)，从而得到所求系统的稳态解和系统指标。

8.1 $M/M/n$ 损失制系统

8.1.1 $M/M/n$ 损失制，无限源

考虑一个有 n 个服务台并联的随机服务系统。顾客的到达流为波松流，到达率为 λ。若某一顾客到达时有空闲服务台，则该顾客立即被接受服务，服务结束后就离开系统，服务时间与到达间隔时间相互独立，并服从参数为 μ 的负指数分布(即每个服务台的服务率均为 μ)；若某一顾客到达时，所有 n 个服务台都在进行服务，则该顾客就被拒绝进入系统而遭到损失回到顾客源中。这样一类随机服务系统称为 $M/M/n$ 损失制，无限源随机服务系统。

假设系统中有 j 个服务台正在进行服务，而其他 $n-j$ 个服务台空着，则称系统的状态为 j。为了确定系统状态为 j 的概率 p_j，需要先确定系统的增长率 λ_j 和消亡率 μ_j。

由已知条件可知，顾客的到达流为波松流，到达率为 λ，即系统的增长率 λ_j 与系统的状态无关，所以有

$$\lambda_j=\lambda,\quad j=0,1,\cdots,n-1;\ \lambda_n=0$$

当系统中有 j 个服务台正在进行服务，由第7章式(7.13)可知，系统的消亡率为

$$\mu_j=j_\mu,\quad j=0,1,\cdots,n$$

将 λ_j，μ_j 代入生灭方程稳态解式(7.27)，可得

$$p_j=\frac{\lambda_0\cdots\lambda_{j-2}\lambda_{j-1}}{\mu_1\cdots\mu_{j-1}\mu_j}p_0=\frac{\lambda^j}{j!\ \mu^j}p_0=\frac{\rho^j}{j!}p_0 \tag{8.1}$$

由

$$\sum_{j=0}^{n} p_j = 1$$

可得

$$p_0 = \left(\sum_{k=0}^{n} \rho^k / k!\right)^{-1} \tag{8.2}$$

$$p_j = \frac{\rho^j / j!}{\sum_{k=0}^{n} \rho^k / k!}, j = 1,2,\cdots,n \tag{8.3}$$

式中 $\rho=\lambda/\mu$ 称为业务量(traffic),在通信企业中,通常称为话务量,并常用 A 表示。

在通信企业网管、设计和规划等部门中,通常把式(8.3)写成

$$B(n,A) = \frac{A^n / n!}{\sum_{k=0}^{n} A^k / k!} \tag{8.4}$$

并把该式称为爱尔朗损失公式,是丹麦科学家爱尔朗1917年首先发表的。

话务量或业务量是一个无量纲的量,对于一般随机服务系统,其定义可表述为:一个平均服务时长($1/\mu$)之内到达的顾客数;而在电信话务理论中,话务量的定义通常表述为:一个平均占用时长时长($1/\mu$)之内到达的呼叫数,即

$$A=\lambda(1/\mu) \tag{8.5}$$

到达率 λ 和服务率 μ 的单位必须一致。为了纪念随机服务系统的奠基人丹麦科学家爱尔朗(A. k. Erlang),业务量或话务量用爱尔兰作单位(Erl)。

在通信企业网管等部门中,式(8.4)中的话务量 A 通常称为输入话务量。另外,这些部门还经常用到完成话务量 A_C 等概念。所谓完成话务量 A_C 表示一个平均占用时长时长($1/\mu$)之内占用电路的呼叫数,即

$$A_C=\lambda_C(1/\mu) \tag{8.6}$$

其中,λ_C 为单位时间内占用电路的呼叫数,简称占用率。

同样,占用率 λ_C 和服务率 μ 的单位也必须一致。完成话务量 A_C 也是一个无量纲的量,也用爱尔兰作单位(Erl)。

式(8.4)中的 $B(n,A)$ 称为损失率或阻塞率。式(8.4)反映损失率、电路数和输入话务量3个参量之间的相互关系。只要知道其中的任意两个参量,另外一个参量就可根据公式(8.4)求得。

在工程上,为了使用方便,已把式(8.4)制成表格形式。如表8.1所示就是其中的一种。这样,知道其中的任意两个参量后,就可利用查表的方式,确定另外一个参量的值。如 $n=3$,$B=0.01$,查表8.1,可得 $A=0.455$。

在使用表8.1时,有时需要使用线性内插法。如 $n=3$,$\rho=2.5$,求损失率 B。由表8.1可知 B 落在0.2~0.3,若假设在这区间所承担的业务量与 B 呈线性关系,则有线性内插公式

$$B_{2.5}=0.2+(0.3-0.2)(2.5-1.930)/(2.633-1.930)=0.281$$

此外,还可把式(8.4)制成曲线形式,以便使用时查用,如图8.1就是其中的一种。

损失制的服务系统的服务质量用顾客的损失率来度量,有两种度量方法:

(1) 按时间计算的损失率 p_n,即单位时间内服务台全被占用的时间,即系统中有 n 个服务台全被占用的概率 p_n,由式(8.3)或式(8.4)确定;

(2) 按顾客计算的损失率 B,即单位时间内损失的顾客数与到达顾客数之比,即

$$B=\lambda p_n/\lambda=p_n \tag{8.7}$$

由此可见，对于无限顾客源的损失制随机服务系统，两种定义的损失率是相等的。但并不是所有系统都有 $B=p_n$ 的性质。

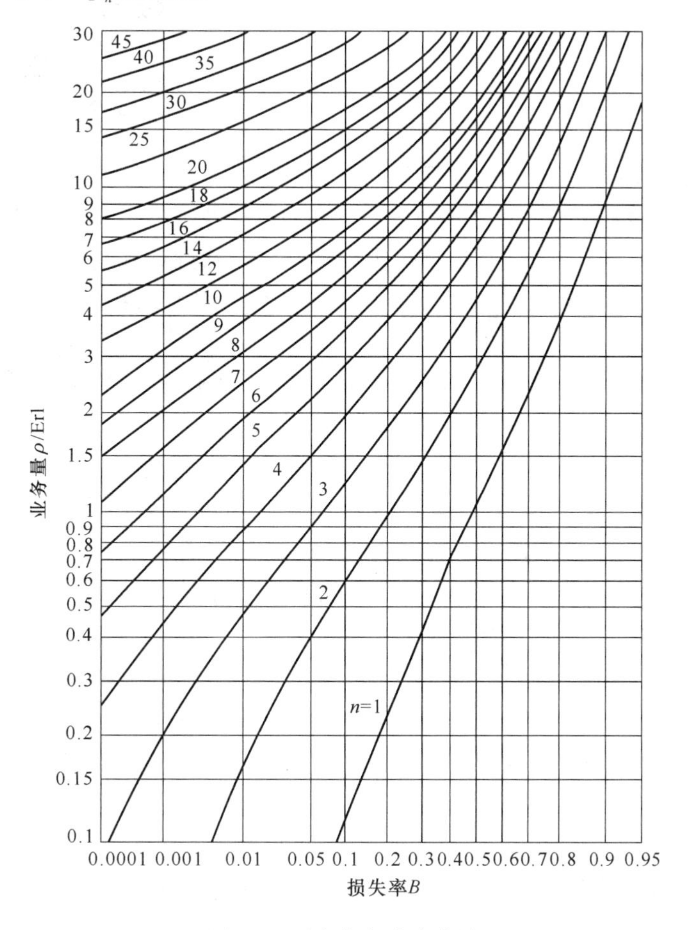

图 8.1　爱尔朗损失率曲线

表 8.1　爱尔兰损失表

n	B					
	0.005	0.01	0.05	0.1	0.2	0.3
	A					
1	0.005	0.010	0.053	0.111	0.250	0.429
2	0.105	0.153	0.381	0.595	1.000	1.449
3	0.349	0.455	0.899	1.271	1.930	2.633
4	0.701	0.869	1.525	2.045	2.945	3.891
5	1.132	1.361	2.218	2.881	4.010	5.189
6	1.622	1.909	2.960	3.758	5.109	6.514
7	2.157	2.501	3.738	4.666	6.230	7.857
8	2.730	3.128	4.543	5.597	7.369	9.213
9	3.333	3.783	5.370	6.546	8.522	10.579
10	3.961	4.461	6.216	7.511	9.685	11.953

例 8.1 考虑一个 $M/M/n$ 损失制无限源系统，已知 $n=3$，$\lambda=5$ 人/h，平均服务时长 30 min/人，试求：(1)系统中没有顾客的概率；(2)只有一个服务台被占用的概率；(3)系统的损失率。

解 由题意可知 $\mu=60/30=2$ 人/h，所以 $A=\lambda/\mu=2.5$ Erl。

(1) $p_0=(1+2.5+2.5^2/2+2.5^3/3!)^{-1}=0.108$

(2) $p_1=\rho\, p_0=2.5\times 0.108=0.27$

(3) $B=E_3(2.5)=p_0\, A^3/3!\ =0.108\times 2.604=0.28$

例 8.2 两市话局间的忙时平均呼叫次数为 240，每次通话平均时长为 5 min，规定两局间中继线的服务等级为 $B\leqslant 0.01$，问：(1) 应配备多少条中继线？(2)中继线群的利用率为多少？

解 中继线群上的输入话务量为 $A=240\times 5/60=20$ Erl。

(1) 查图 8.1 爱尔朗损失公式曲线可得，$n=30$ 条；

(2) 查爱尔兰表可得

$n=30$，$B=0.01$ 时可承担 $A=20.337$；

$n=30$，$B=0.005$ 时可承担 $A=19.034$，因此

$$\begin{aligned}E_{30}(20)&=0.005+0.005\times(20-19.034)/(20.337-19.034)\\&=0.008\,707\end{aligned}$$

中继线群利用率

$$\eta=A(1-B)/n=20(1-0.008\,707)/30=0.660\,862$$

上述用到的中继线利用率公式是这样得到的。利用率的定义为平均被占用中继线数和中继线总数之比，即

$$\eta=\text{平均被占用中继线数}/\text{中继线总数之比} \tag{8.8}$$

可以证明，平均被占用中继线数等于完成话务量或占用话务量 A_C。当中继线群的输入话务量为 A，损失率为 B 时，完成话务量 $A_C=A(1-B)$，所以有

$$\eta=A(1-B)/n \tag{8.9}$$

利用爱尔朗损失式(8.4)，可以分析服务台个数和利用率的相互关系。当给定 n 和 B 后，系统所能承担的业务量 A 可以通过爱尔兰公式求出，从而可计算出服务台利用率 η；若保持 B 不变，不断增加服务台数 n，η 也会发生变化，就可以得到如图 8.2 所示的 $\eta-n$ 图。

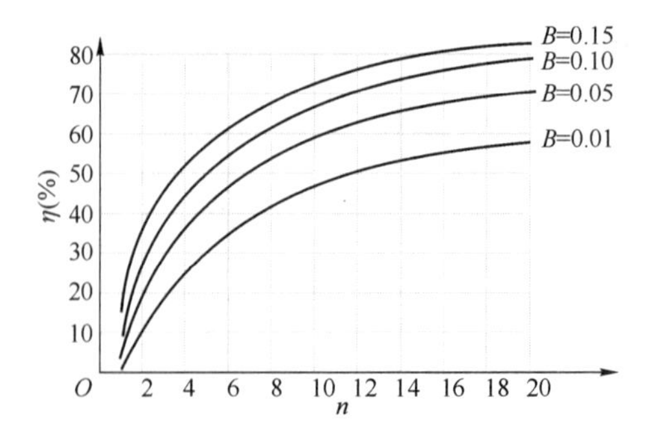

图 8.2　服务台个数和利用率曲线图

从图 8.2 可以看出，对于给定服务台个数 n，随着系统的利用率提高，即系统的输入业务量增大，系统的损失率随之增大，说明效率与质量是矛盾的。

从图 8.2 还可以看出，在损失率 B 不变的条件下，并列的服务台个数越多，系统的利用率越高。所以，在组织服务机构时，应尽可能使业务量集中在一组并列的服务台中一起服务，以提高系统的利用率。尤其是当业务量较小或服务台个数较少时，合并服务台，集中业务量共同服务，系统的利用率将会有显著提高。

然而，系统中服务台并联的数目 n 也不是越大越好。首先，从图 8.2 可以看出，系统的利用率 η 随着服务台并联的数目 n 的增大具有边际递减规律。当 n 较大时，随着 n 的增大，系统的利用率 η 的增量很小。

其次，系统的利用率 η 越大，系统抗过负荷能力越差。当某一系统的输入业务量 A' 超过给定服务质量所能承担的业务量 A 时，该系统的过载业务量为 $\Delta A=A'-A$。

系统的过负荷用过载业务量与标准应承担的业务量的比值来表示，称为过负荷率，即

$$\alpha=(A'-A)/A=\Delta A/A$$

$$E_n(A)=B,\quad E_n(A')=B'$$

图 8.3 给出了当 $n=5,10,15$ 时，系统的过负荷率与其损失的关系曲线图。从图 8.3 可见，在同样标准的服务质量和同样的过负荷率下，大系统的质量劣化严重，说明效率与可靠性是矛盾的。

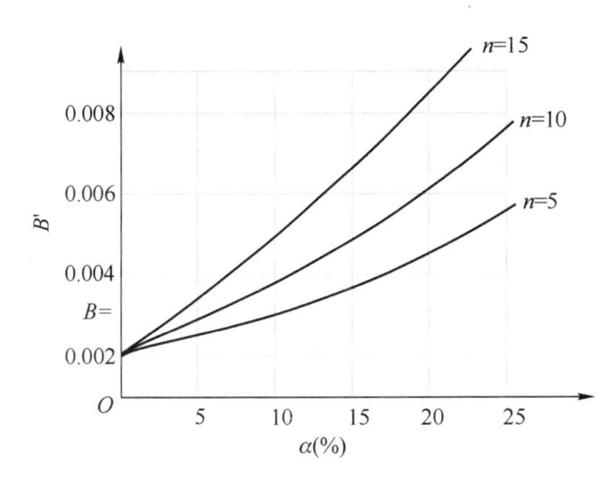

图 8.3　系统过负荷特性曲线图

例 8.3　某服务部门把顾客分为两组，分别组成两个单独的服务系统。各系统的到达率分别为 $\lambda_1=4$ 人/h，$\lambda_2=8$ 人/h，每人的平均占用时长都为 6 min；给定损失率为 $B\leqslant 0.01$，试求：(1)分组服务时每组应配备的服务台数，服务台利用率；(2)合并为一个服务系统时，各种条件不变，应配备的服务台数；(3)比较两种组织方式的服务台利用率。

解　(1) 分组时：$A_1=4\times 0.1=0.4$ Erl，$A_2=8\times 0.1=0.8$ Erl。

查爱尔兰表，得 $n_1=3$ 台，$n_2=4$ 台，共需 7 台。

$$B_1=0.005+0.005\times(0.4-0.349)/(0.455-0.349)=0.0074$$

$$B_2=0.005+0.005\times(0.8-0.701)/(0.869-0.701)=0.00795$$

$$\eta=[A_1(1-B_1)+A_2(1-B_2)]/(n_1+n_2)=0.17$$

(2) 合组时：$A=12\times 0.1=1.2$ Erl。

查爱尔兰表，得 $n=5$ 台，节省了 2 台。

$$B=0.005+0.005\times(1.2-1.132)/(1.361-1.132)=0.006\,485$$

$$\eta=A(1-B)/n=0.238$$

(3) 合并为一个服务系统时,服务台利用率提高了 0.068。

8.1.2 M/M/n 有限源损失制系统

有限顾客源简称有限源,是指潜在的顾客数有限或潜在的顾客数不多。在这种情况下,如果有潜在顾客进入系统,则潜在的顾客数目减少,使系统的顾客到达率下降。如交换机内部有 n 条绳路,N 条入中继线,$N>n$;每条入中继线上的呼叫到达强度为 γ,且为波松分布,通话时长服从参数为 μ 的负指数分布。这一例子就是一个 $M/M/n$ 损失制的有限源系统。当已经接受绳路服务的中继线在通话中,该中继线上就不会有新的呼叫。因此,整个系统的呼叫到达率是与系统中被服务的中继线数相关的。这就是有限源系统的最重要特点。$M/M/n$损失制有限源系统的另外一个典型实例是 n 个工人维修 $N(N>n)$台机器问题。

对于 $M/M/n$ 损失制有限源系统,假设顾客源总数为 $N(N>n)$,每个顾客的到达均为 γ,则当系统中有 j 个顾客正在接受服务时,系统的顾客到达率和离去率分别为

$$\lambda_j=(N-j)\gamma,\quad j=0,1,\cdots,n-1,\ \lambda_n=0$$

$$\mu_j=j\mu,\quad j=1,\cdots,n$$

将 λ_j,μ_j 代入生灭过程稳态解式(7.27),可得

$$p_j=\frac{N(N-1)\cdots(N-j+1)\gamma^j}{j!\ \mu^j}p_0=\binom{N}{j}q^j p_0 \tag{8.10}$$

$$p_0=\left[\sum_{k=0}^{n}\binom{N}{k}q^k\right]^{-1},\quad \left(q=\frac{\gamma}{\mu}\right) \tag{8.11}$$

当 $j=n$ 时,系统中的服务台全被占用,p_n 表示按时间计算的损失率,即

$$p_n=\binom{N}{n}q^n\Big/\sum_{k=0}^{n}\binom{N}{k}q^k \tag{8.12}$$

对于有限源服务系统,顾客到达率随系统状态而变化,因此,为了确定按顾客计算的损失率 B,必须先求得系统的平均顾客到达率或有效到达率 λ_E,即

$$\lambda_E=\sum_{j=0}^{n}(N-j)\gamma p_j \tag{8.13}$$

当系统中的服务台全被占用时,顾客的到达率为$(N-n)\gamma$,所以单位时间平均损失顾客数为$(N-n)\gamma p_n$。根据按顾客计算的损失率 B 定义,有

B=单位时间平均损失顾客数/单位时间平均到达顾客数

故

$$B=\frac{(N-n)\gamma p_n}{\sum_{j=0}^{n}(N-j)\gamma p_j}=\frac{(N-n)\binom{N}{n}q^n}{\sum_{j=0}^{n}(N-j)\binom{N}{j}q^j} \tag{8.14}$$

由于

$$(N-j)\binom{N}{j}=N\binom{N-1}{j}$$

所以

$$B=\frac{\binom{N-1}{n}q^{n}}{\sum_{j=0}^{n}\binom{N-1}{j}q^{j}} \tag{8.15}$$

式(8.15)称为恩格谢特(Engset)损失公式。从式(8.12)和式(8.15)可知，对于有限源服务系统，系统按时间计算的损失率 p_n 和按顾客计算的损失率 B 是不一样的，其原因就是输入过程随系统状态而发生变化。如在一个极端情况下，当 $N=n$ 时，$B=0$，但 $p_n \neq 0$。

虽然爱尔兰损失式(8.4)和恩格谢特损失式(8.15)都是在负指数服务时长假设下推导出来的，但已证明服务时间是其他一般平稳分布，结论仍是正确的。这个结论大大扩展了爱尔兰损失式(8.4)和恩格谢特损失式(8.15)的应用范围。

在计算有限源服务台利用率时，应先计算服务台被占用的平均数，即

$$\text{服务台平均占用数}=\sum_{j=1}^{n} j p_{j} \tag{8.16}$$

所以，有限源服务台利用率为

$$\eta=\frac{\sum_{j=1}^{n} j p_{j}}{n} \tag{8.17}$$

例 8.4　有一电话查询服务处集中答复 3 个查询点的所有查询事项。查询服务处与查询点之间用电话联系。查询服务处只有一名值班员答复所有的查询。已知每个查询点平均每小时有两次查询，每次平均通话 12 min，问：(1)值班员空闲的概率；(2)值班员打电话的概率；(3)查询时值班员忙的概率；(4)服务处查询电话的平均到达率；(5)值班员的工时利用率。

解　系统是有限源 $M/M/1$ 损失制。$q=\gamma/\mu=(2/60)\times 12=0.4$ Erl。

(1) $p_0=1/(1+Nq)=0.4545$

(2) $p_1=\binom{N}{1}qp_0=Nqp_0=0.5455$

(3) $B=\binom{2}{1}q/\sum_{j=0}^{1}\binom{2}{j}q^{j}=\frac{2\times 0.4}{1+2\times 0.4}=0.444$

(4) $\lambda_e=\sum_{j=0}^{1}(N-j)\gamma p_j=3\gamma p_0+2\gamma p_1=4.91$ 次/h

(5) $\eta=p_1=0.5455$

8.2　等待制系统

8.2.1　系统稳态概率及等待概率

这里我们只讨论 $M/M/n$ 无限源无限容量等待制系统。考虑一个有 n 个服务台并联的随机服务系统，顾客的到达流为波松流，达率为 λ。若某一顾客到达时有空闲服务台，则该

顾客立即被接受服务,服务结束后就离开系统,服务时间与到达间隔时间相互独立,并服从参数为μ的负指数分布(即每个服务台的服务率均为μ);若某一顾客到达时,所有n个服务台都在进行服务,则该顾客排队等待,直到有空闲服务台时按一定服务次序(如先到先服务)接受服务。这样一类随机服务系统称为$M/M/n$等待制无限源随机服务系统。

假设系统中有j个顾客,则称系统的状态为j。若$j \leqslant n$时,表示有j个服务台正在进行服务,而其他$n-j$个服务台空着;若$j>n$,则表示所有n个服务台都正在进行服务,并且有$n-j$个顾客正在排队等待。为了确定系统状态为j的概率p_j,需要先确定系统的增长率λ_j和消亡率μ_j。

由已知条件可知,顾客的到达流为波松流,达率为λ,即系统的增长率λ_j与系统的状态无关,所以有

$$\lambda_j=\lambda, \quad j=0,1, \cdots$$

当$j \leqslant n$时,系统中有j个服务台正在进行服务,由式(7.13)可知,系统的消亡率为

$$\mu_j=j\mu, \quad j=0,1, \cdots, n-1$$

而当$j>n$时,系统中所有n个服务台都正在进行服务,由式(7.13)可知,系统的消亡率为

$$\mu_j=n\mu, \quad j=n,n+1, \cdots$$

将λ_j,μ_j代入生灭方程稳态解式(7.27),可得

$$\begin{cases} p_j=\dfrac{\lambda^j}{j!\ \mu^j}p_0=\dfrac{\rho^j}{j!}p_0, \quad (j<n) & (8.18) \\ p_j=\dfrac{\rho^j}{n!\ n^{j-n}}p_0, \quad (j\geqslant n) & (8.19) \end{cases}$$

由$\sum\limits_{j=0}^{n} p_j=1$,可得

$$p_0=\left(\sum_{j=0}^{n-1}\frac{\rho^j}{j!}+\sum_{j=n}^{\infty}\frac{\rho^j}{n!n^{j-n}}\right)^{-1} \tag{8.20}$$

式(8.20)分母的第2项可写成

$$\sum_{j=n}^{\infty}\frac{\rho^j}{n!n^{j-n}}=\frac{\rho^n}{n!}\sum_{k=0}^{\infty}\left(\frac{\rho}{n}\right)^k=\frac{\rho^n}{n!}\left(\frac{n}{n-\rho}\right) \tag{8.21}$$

注意到,只有当$\rho/n<1$时,式(8.21)才收敛,所以令$\rho/n<1$,则p_0可简为

$$p_0=\left[\sum_{j=0}^{n-1}\frac{\rho^j}{j!}+\frac{\rho^n}{n!}\left(\frac{n}{n-\rho}\right)\right]^{-1} \tag{8.22}$$

当$\rho \geqslant n$时,式(8.21)不收敛,系统中队长将趋于无穷,系统无法达到动态平衡,因此无稳态解。而只有当$\rho<n$时,式(8.21)才收敛,系统才能达到动态平衡,系统才有稳态解。

对于无限容量等待制随机服务系统,每个顾客早晚都会得到服务,因此系统完成的业务量也是ρ。

当系统中的所有服务台均被占用时,新到的顾客就必须排队等待。设顾客等待时间为W,则顾客进入系统必须排队等待的概率为D。

$$P\{W>0\}=\sum_{j=n}^{\infty}p_j=\frac{\rho^n}{n!}\left(\frac{n}{n-\rho}\right)p_0 \tag{8.23}$$

即

$$D = P\{W > 0\} = \frac{\frac{\rho^n}{n!}\left(\frac{n}{n-\rho}\right)}{\sum_{j=0}^{n-1}\frac{\rho^j}{j!} + \frac{\rho^n}{n!}\left(\frac{n}{n-\rho}\right)} \tag{8.24}$$

式(8.24)称为爱尔朗等待公式。排队等待的概率是等待制系统的重要指标之一，如顾客到银行办理业务时需要等待的概率等衡量银行服务质量的重要指标。

8.2.2　系统的各种指标

等待制系统的指标有：平均逗留队长，平均等待队长，平均逗留时长，平均等待时长和服务台利用率等。

1. 平均逗留队长 L_d

$$L_d = \sum_{j=1}^{\infty} j p_j = \rho\left(1 + \frac{D}{n-\rho}\right) \tag{8.25}$$

2. 平均等待队长 L_q

$$\begin{aligned} L_q &= \sum_{j=n}^{\infty}(j-n)p_j = \frac{\rho D}{n-\rho} = L_d - \rho \\ &= \rho^{n+1} p_0 / (n-1)!(n-\rho)^2 \end{aligned} \tag{8.26}$$

3. 平均逗留时长 W_d

$$W_d = L_d/\lambda \tag{8.27}$$

4. 平均等待时长 W_q

$$W_q = L_q/\lambda = \frac{D}{n\mu - \lambda} \tag{8.28}$$

5. 服务台利用率

$$\eta = \frac{\rho}{n} \tag{8.29}$$

特别地，当系统中只有单个服务台时，即 $n=1$ 时，从式(8.24)～式(8.28)可得

$$D = \rho \tag{8.30}$$

$$L_d = \rho/(1-\rho) \tag{8.31}$$

$$L_q = \rho^2/(1-\rho) \tag{8.32}$$

$$W_q = \rho/(\mu-\lambda) \tag{8.33}$$

例 8.5　某两个城市之间相互传送电报，每一城市发往对方城市的电报都可看成是泊松流，强度都是每小时 240 份。每份电报占用电路传送时间服从负指数分布，平均传送时间为 0.5 min。

(1) 当来去电报分路传送，各用 3 条电路时，求

① 电报局内没有电报传送的概率；

② 电报等待传送的概率；

③ 等待传送电报的平均数；

④ 电报平均等待传送时间；

⑤ 电路利用率。

(2) 如果不分来去电报,合组共用6条电路,求上述指标,并进行比较。

解 根据已知条件可知,该系统可看成$M/M/n$等待制无限源随机服务系统。

(1) 当来去电报分路传送时,根据已知条件可知

$\lambda=240/60=4$ 份/min, $\mu=1/0.5=2$ 份/min, $\rho=\lambda/\mu=4/2=2$ Erl,$n=3$。

① 没有电报传送的概率p_0,根据公式(8.22)可得

$$p_0=\left[\sum_{j=0}^{n-1}\frac{\rho^j}{j!}+\frac{\rho^n}{n!}\left(\frac{n}{n-\rho}\right)\right]^{-1}=\left(1+2+2+\frac{8}{2}\right)^{-1}=\frac{1}{9}=0.111$$

② 电报等待传送的概率$D=P\{W>0\}$,根据式(8.24)可得

$$D=P\{W>0\}=\frac{\rho^n}{n!}\left(\frac{n}{n-\rho}\right)p_0=\frac{4}{9}\approx 0.444$$

③ 等待传送电报的平均数,根据式(8.26)可得

$$L_q=\frac{\rho^{n+1}}{(n-1)!\ (n-\rho)^2}p_0=\frac{2^4}{2}p_0=8\times\frac{1}{9}=0.889 \text{ 份}$$

④ 电报平均等待传送时间

$$W_q=L_q/\lambda=\frac{8}{9}\times\frac{1}{4}=0.222 \text{ min}$$

⑤ 电路利用率

$$\eta=\frac{\rho}{n}=\frac{2}{3}=0.667$$

(2) 不分来去电报,合组共用6条电路时,有

$$\lambda=4\times 2=8 \text{ 份/min},\mu=1/0.5=2 \text{ 份/min},\rho=\lambda/\mu=8/2=4 \text{ Erl}$$

① $p_0=\left[\sum_{j=0}^{n-1}\frac{\rho^j}{j!}+\frac{\rho^n}{n!}\left(\frac{n}{n-\rho}\right)\right]^{-1}=(42.866+17.067)^{-1}=0.017$

② $D=P\{W>0\}=\frac{\rho^n}{n!}\left(\frac{n}{n-\rho}\right)p_0=17.067\times 0.017=0.285$

③ $L_q=\frac{\rho^{n+1}}{(n-1)!\ (n-\rho)^2}p_0=0.58$ 份

④ $W_q=L_q/\lambda=0.07$ min

⑤ $\eta=\frac{\rho}{n}=\frac{4}{6}=0.667$

比较两种传送方式的有关系统指标的计算结果可知,不分来去电报,合组共用6条电路时,系统的电报等待传送的概率、等待传送电报的平均数和电报平均等待传送时间都比分开传送时大大缩小。这说明合组使用时,可改进系统的服务质量指标,提高顾客的满意度。但是合组使用时,电路的利用率不变。这是由于系统是等待制,电报没有被拒绝而损失,两种传送方式时,服务台所承担的业务量是相同的,因此电路利用率相同。

8.2.3 等待时间的概率分布

前面只推导了要等待的概率$D=P\{W>0\}$,但在很多情况下我们希望知道等待时长的分布,即$P\{W>t\}$。设新顾客到达时,系统中有j个顾客。当$j\geqslant n$时,新来顾客要排队等待。假设采用FIFO规则,并令新顾客到达时为0时刻,显然,只有当正在服务的顾客离去$j-n$个时,新顾客才排到队首。当n个服务台连续服务时,由于每个服务台的服务都是服

从参数为μ的负指数分布,所以每一个服务台的顾客离去过程都是一个参数为μ波松流。根据波松流的可迭加性特点可推得,当n个服务台连续服务时,顾客的离去过程是一个参数为$n\mu$的波松流,即服务台空出的过程是一个参数为$n\mu$的波松流。因此,在$(0,\ t)$内空出i次的概率为

$$P_i(t)=\frac{(n\mu t)^i}{i\,!}e^{-n\mu t} \tag{8.34}$$

故新顾客等待时间$W>t$的概率为

$$P_j\{W>t\}=\sum_{i=0}^{j-n}\frac{(n\mu t)^i}{i\,!}e^{-n\mu t} \tag{8.35}$$

$$P\{W>t\}=\sum_{j=n}^{\infty}p_jP_j\{w>t\} \tag{8.36}$$

新顾客到达时,系统的状态j可以是任意值,应用全概率公式将式(8.35)代入式(8.36),可得

$$\begin{aligned}P\{W>t\}&=\sum_{j=n}^{\infty}p_jP_j\{W>t\}\\&=\sum_{j=n}^{\infty}\frac{\rho^j}{n^{j-n}n\,!}p_0\sum_{i=0}^{j-n}\frac{(n\mu t)^i}{i\,!}e^{-n\mu t}\quad(\text{令 } j-n=k)\\&=\frac{\rho^n}{n\,!}p_0e^{-n\mu t}\sum_{k=0}^{\infty}\left(\frac{\rho}{n}\right)^k\sum_{i=0}^{k}\frac{(n\mu t)^i}{i\,!}\\&=\frac{\rho^n}{n\,!}p_0e^{-n\mu t}\sum_{i=0}^{\infty}\frac{(n\mu t)^i}{i\,!}\left(\frac{\rho}{n}\right)^i\sum_{k=0}^{\infty}\left(\frac{\rho}{n}\right)^k\\&=\frac{\rho^n}{n\,!}\frac{n}{n-\rho}p_0e^{-n\mu t}\sum_{i=0}^{\infty}\frac{(\rho\mu t)^i}{i\,!}\end{aligned}$$

$$P\{W>t\}=P\{W>0\}e^{-(n-\rho)\mu t} \tag{8.37}$$

式(8.37)就是顾客到达系统时等待时长的分布。需要注意的是,该公式只适用于先到先服务的排队规则。

例8.6　某储蓄所内,已知忙时顾客到达率$\lambda=40$人/h,窗口营业员服务率为$\mu=16$人/h,要求:(1)工时利用率不低于60%;(2)顾客平均等待时间不超过5 min。问设几个窗口适当?

解　给定的系统可看成是无限源$M/M/n$等待制随机服务系统。根据已知条件可得$\rho=\lambda/\mu=40/16=2.5$ Erl。

根据工时利用率要求$\eta=\rho/n\geqslant 0.6$,解出$n\leqslant 4.17$,故n可取值3,4。

(1) $n=3$时,$p_0=[1+\rho+\rho^2/2!+(\rho^3/3!)(3/(3-2.5)]^{-1}=0.045$

$$W_q=\frac{\rho^{n+1}}{\lambda(n-1)!\ (n-\rho)^2}p_0=0.087\,89\ \text{h}=5.27\ \text{min}$$

(2) 当$n=4$时,$p_0=0.073\,70$

$$W_q=\frac{\rho^{n+1}}{\lambda(n-1)!\ (n-\rho)^2}p_0=0.013\,328\ \text{h}=0.8\ \text{min}$$

所以设4个工作窗口满足要求。

例8.7　某城市要兴建一座港口码头,只有一个装卸泊位,要求设计泊位的生产能力,

能力用日装卸船只数表示。已知单位装卸能力日平均生产费用为 $a=2\,000$ 元;船只到港后若不能及时装卸,逗留一日要损失运输费 $b=1\,500$ 元;预计船只的平均到达率为 $\lambda=3$ 只/d。设船只到达的间隔时间和装卸时间都服从负指数分布,问港口生产能力设计为多大时,每天总费用最小?

解 根据已知条件可知,该系统可看成是一个无限源 $M/M/1$ 等待制的随机服务系统,生产能力用 μ 只/d 表示。

目标函数为 $$\min C=a\mu+bL_d$$

当 $n=1$ 时,$D=\rho$,根据系统队长公式可得

$$L_d=\rho\left(1+\frac{D}{1-\rho}\right)=\frac{\rho}{1-\rho}=\frac{\lambda}{\mu-\lambda}$$

故有

$$C=a\mu+\frac{b\lambda}{\mu-\lambda},\quad \frac{dC}{d\mu}=a-\frac{b\lambda}{(\mu-\lambda)^2}=0$$

解得 $$\mu^*=\lambda+\sqrt{\frac{b\lambda}{a}}=3+\sqrt{\frac{1\,500\times 3}{2\,000}}=4.5\text{ 只/d}$$

$$L_d=\lambda/(\mu-\lambda)=3/(4.5-3)=2\text{ 只}$$

$$C=2\,000\times 4.5+1\,500\times 2=1.2\text{ 万元}$$

所以港口最优生产能力为 4.5 只/日,每天总费用为 1.2 万元。

8.3 习题讲解与分析

习题 8.1 某一街道口有一电话亭,在步行距离 4 min 的拐弯处有另一电话亭。已知电话通话时间服从负指数分布,平均通话时间为 3 min;又已知到达这两个电话亭的都是泊松流,到达率均为 10 个/h。若有一顾客去其中一个电话亭打电话,到达时,正有一个顾客在打电话,并且还有一个人在等待,问该顾客应在原地等待,还是转去另一个电话亭打电话。

解 这是一个 $M/M/1$ 无限源无暇容量等待制系统,且 $\lambda=10$ 个/h,$1/\mu=3$ min/个 = 1/20 h/个,$\rho=10\times 1/20=0.5$ Erl。

由 $M/M/1$ 无限源无暇容量等待制系统平均等待时间计算式(8.33)可得

$$W_q=\rho/(\mu-\lambda)=0.5(20-10)=0.5/10=0.05\text{ h}=3\text{ min}$$

如去另一电话亭,加步行时间需要 7 min,而在原地等待只需要 6 min,所以应在原地等待。

上述确定原地等待只需要 6 min 利用了负指数分布无记忆性。有一顾客去其中一个电话亭打电话,到达时,正有一个顾客在打电话,并且还有一个人在等待,正在打电话的顾客剩余的平均服务时间仍然为 3 min,所以他需要平均等待两个顾客打电话的平均时间,所以在原地等待只需要 6 min。

习题 8.2 某食堂有两个窗口,用餐人员的达到流为泊松流,平均到达间隔时间为

8 min。用餐人员到达后，若有空闲窗口，则立即接受服务，若无空闲窗口，则排队等待接受服务。服务规则为先到先服务，服务时间服从负指数分布，平均服务时间为5 min，试求：

(1) 至少有一窗口空闲的概率；

(2) 两个窗口均不空闲的概率；

(3) 有两个人在排队的概率。

解　给定排队系统为$M/M/2$无限源无限队长等待制系统，且$\lambda=1/8=0.125$人/min，$\mu=1/5=0.2$人/min，$\rho=0.625$ Erl。

$$p_0=1/\{1+0.625+(0.625^2/2)[2/(2-0.625)]\}=0.5238$$

(1) 至少有一窗口空闲的概率为

$$p=p_0+p_1=p_0+\rho p_0=0.5238+0.625*0.5238=0.8512$$

(2) 两个窗口均不空闲的概率为

$$p=1-p_0-p_1=1-0.8512=0.1488$$

(3) 有两个人在排队，即系统中有4个人，其概率为

$$p_4=\frac{\rho^4}{2\cdot 2^2}p_0=\frac{0.625^4}{8}\times 0.5238=9.99\times 10^{-3}$$

习题8.3　某车间机器故障率5台/h，为一泊松流。车间现有一名机修工，平均每10 min可修复一台机器，修理时长为负指数分布，机器停工的损失为10元/h。若增加一名同样水平的机修工，可将修复一台机器的平均时间缩短到8 min，问

(1) 求车间有一名和两名机修工时分别的工时利用率；

(2) 在只有一名机修工时，一台机器停工损失费超过10元的概率为多少？

(3) 机修工每日报酬为多少时增加一名才是合算的（每日工作8 h）？

解　这是$M/M/n:\infty/\infty/\text{FIFO}$等待制系统，$\lambda=5$台/h，当$n=1$时，$\mu_1=6$台/h，$\rho_1=5/6$；当$n=2$时，$\mu_2=7.5$台/h，$\rho_2=2/3$。

设机器单位时间停工损失为a元/h。

(1) 工时利用率为ρ/n，有

当只有一名机修工时，工时利用率为$5/6\approx 0.833$；

当有两名机修工时，工时利用率为$2/3/2=1/3\approx 0.333$。

(2) 只有一名机修工时，机器停工超过1 h则损失超过10元。

机器停工的时间为$W_d=W_q+W_h$，$W_h=1/\mu_1=0.1667$ h，故$W_d>1$ h，则$W_q>0.8333$ h，因此

$$P\{W_q>0.8333\}=De^{-(\mu_1-\lambda)}=\rho_1 e^{-(6-5)\times 0.8333}$$

$$=\frac{5}{6}\times 0.4345982\approx 0.362$$

(3) 当$n=1$时，求每小时机器平均停工损失费S_1。

$$S_1=a\times L_{d1}=a\times\lambda\times W_{d1}=10\times5\times\left(\frac{\rho_1}{\mu_1-\lambda}+W_{d1}\right)$$

$$=50\left(\frac{5/6}{6-5}+1/6\right)=50\text{ 元}$$

则一日的平均停工损失费为 $8\times50=400$ 元。

当 $n=2$ 时,求每小时机器平均停工损失费 S_2。

$$S_2=a\times L_{d2}=a\times\lambda\times W_{d2}=10\times5\times\left(\frac{D_2}{2\mu_2-\lambda}+W_{d2}\right),\quad D_2=\frac{\rho_2^2}{2+\rho_2}=\frac{(2/3)^2}{2+2/3}=1/6$$

故
$$S_2=50\times\left(\frac{1/6}{2\times7.5-5}+8/60\right)=50\times0.15=7.5\text{ 元}$$

则一日的平均停工损失费为 $8\times7.5=60$ 元。

因此增加一名机修工的日报酬小于 340 元才是合算的。

第9章 网络计划方法

网络计划方法就是用网络分析的方法编制工程项目进度计划。它是用网络图的形式表示一个工程项目的若干作业在时间上的相互衔接关系，并通过一些分析计算为项目管理提供辅助决策信息。

20世纪50年代以来，各国科学家都在探索这方面的问题，希望能制定一项新的生产组织和管理的科学方法。1956年美国杜邦公司的数学家、工程师、管理工作人员组成一个工作队，在兰德配合下，提出了一个运用图解理论的方法来表示工程项目的计划，定名为《关键路线法》(Critical Path Method，CPM)。1957年10月，苏联发射第一颗人造卫星进入轨道以后，给美国官方以很大的震动。美国海军负责北极星导弹核潜艇计划的特种计划局(SPO)于1957年11月委托咨询公司就提出科学组织管理的《计划评审技术》(Program Evaluation and Review Technique，PERT)。在咨询公司提出这个方法的两周以后，美国特种计划局就批准试行。到1958年9月第一颗北极星导弹发射成功，证明PERT方法是有效的，SPO就于1958年10月起在北极星计划中全面推广PERT。1962年1月北极星计划提前两年完成。美国国防部决定在全部国防工业中推行，同时美国民用企业也纷纷采用，使传统的组织计划技术提高到新的水平。CPM和PERT这两个方法后来都在世界各国得到普遍应用。

1965年，我国数学家华罗庚教授开始推广应用这些新的科学管理方法，并把它们统一起来，定名为《统筹法》，这一方法在国民经济各部门和各个领域得到广泛的应用，并取得显著效果。

9.1 统筹法

统筹法包括CPM和PERT，是进行工程计划和工程控制的时间结构系统模型。它是将研制规划控制过程作为一个系统来加以处理。它的基本原理就是将组成系统的各项任务的各个阶段按先后顺序，通过网络结构形式统筹规划，合理安排，按轻重缓急对整个系统进行协调和调整，使之对整个工程中的人、财、物等资源的使用能做到以最少的时间和资源消耗来完成整个系统预期目标。

在现代化的大系统中，作业过程错综复杂，作业名目繁多，参加的单位人员成千上万。庞大复杂的工程项目如何计划？如何管理？这是现代科学技术发展对科学管理提出的新课题，像过去那样，单凭经验或一般的分析已经无能为力了。要对这种复杂的系统进行合理的组织和管理,使各个环节密切配合,协调一致,能够既快又好又省地完成任务,就需要运用统筹法统筹安排,合理规划。

统筹法以作业所需工时作为时间因素,用作业之间相互联系的“网络图”来反映整体工程和项目的全貌。同时,它又指出对全局有影响的关键作业和关键路线,从而对工程项目的所有各项作业作出比较切实可行的全面规划和安排。

9.1.1 网络图的组成

网络图是统筹法的基础。任何一个项目,例如建一个工厂,盖一座邮电大楼,敷设一个长途电缆,研制一项新的设备,总是有一个开端,又有一个结束。从开端到结束有许多工作要做,而每一种工作都有其各自特定的完成内容和完成的指标要求,有它自己的开始,有它自己的结束。这里将构成网络图的基本组成定义如下:

1. 作业

又称活动或工序,是指一项具体的活动过程,需要耗用一定的时间,用带箭头的线(简称箭线)表示,并带有起止点,如①⟶②。

这里①表示作业的开始,②表示作业的完成,箭线的长短与时间长短无关。

2. 事项

是指作业开始或完成的瞬时状态,它不消耗资源,也不需要时间,只表示相关作业的衔接点,也称作节点,用圆圈标上代号表示,如:

②⟶③⟶④

这里②⟶③,③⟶④表示作业,②,③,④表示节点。

在网络图中,路是指从起点开始顺着箭头所指方向,连续不断地到达终点为止的一条通道。例如在图9.1中从起点连续不断地走到终点的各条路有:

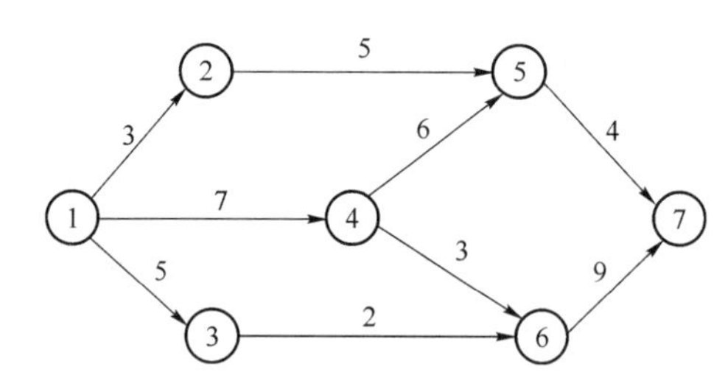

图9.1 网络图中的路

(1) ①⟶②⟶⑤⟶⑦ 路长15

(2) ①⟶④⟶⑤⟶⑦ 路长17

(3) ①⟶②⟶⑥⟶⑦ 路长19

(4) ①⟶③⟶⑥⟶⑦ 路长16

路的总长度称为路长,也就是这条路上各作业长度的总和。

经过对所有各条路线的长度比较后,可以找到一条所需工时最长的路。这样的路在网络图中称为关键路线,在关键路线上的作业称为关键作业,其完工时间的提前或推迟都直接影响着整个工程完工期的提前或推迟。

9.1.2　网络图的绘制

网络图的绘制一般可以分为 3 个步骤。

1. 任务分解

任务分解是将一个工程或任务分解成若干个作业，分析和确定它们之间相互联系和相互制约的关系，确定作业间的先后顺序，列出作业名称和作业的前后联系。

作业之间的关系有下列几种：

(1) 紧前作业：即紧挨着某一作业前面的那些作业；

(2) 紧后作业：即紧挨着某一作业后面的那些作业；

(3) 平行作业：即与某一作业同时进行的那些作业；

(4) 中途作业：即在某一作业中途可以进行的那些作业。

对于某一特定系统，网络图可有总系统图、分系统图、环节图。各有粗细之别，详细与简略之分，以供各级人员使用。

网络图各作业所需时间一般以周为单位，也可以根据任务总时间的长短，酌情以月或天为单位。这样根据任务分解后，可列成清单表格以备绘制网络图应用。

2. 画图

为了能正确地画好网络图，需要注意以下几个要点。

(1) 网络图是有向的，从左到右，不能有回路，因此下图 9.2 形式不允许出现。

(2) 任何一支箭线和某一事项唯一，一一对应，只能代表一个作业，因此图 9.3 形式不允许出现。

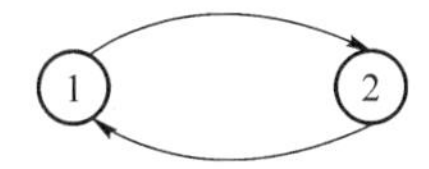

图 9.2　不允许出现的网络图形式一

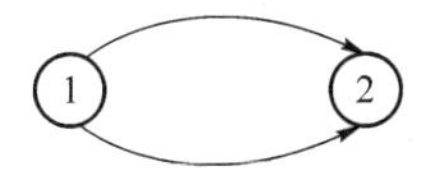

图 9.3　不允许出现的网络图形式二

(3) 虚作业的应用。

① 解决两个节点之间有两个以上作业的问题，例如图 9.3 可以用虚作业的形式画成如图 9.4 所示的形状。这里虚箭头是没有作业时间，即作业时间为零。

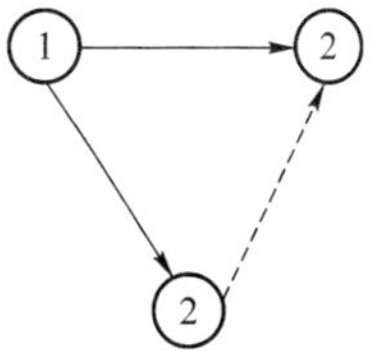

图 9.4　虚作业的形式图

② 解决不同的衔接关系，例如有 A、B、C、D 4 个作业，A 作业完成后便可进行 C 作业，而 D 作业则须在 A 与 B 两个作业都完成以后才能进行，则图 9.5 画法是错误的，正确的画法应该如图 9.6 所示。

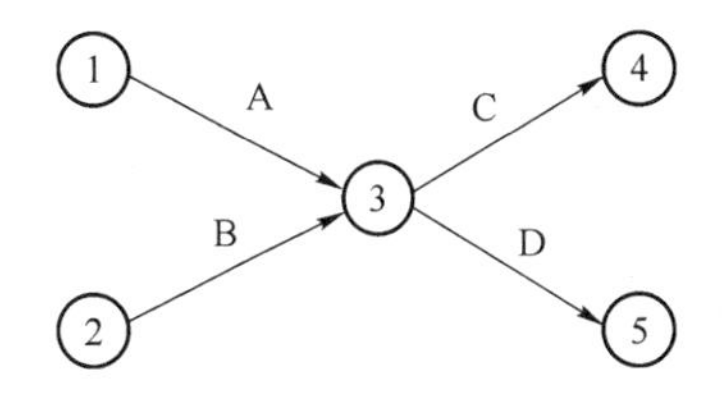

图 9.5　错误的画法图

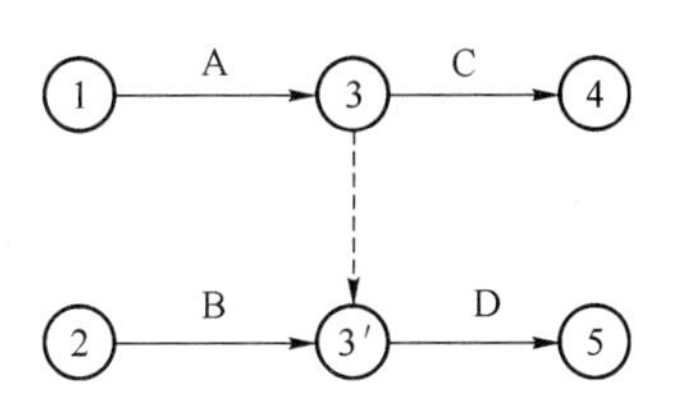

图 9.6　图 9.5 的正确画法图

③ 平行作业,例如图9.7中加工1～加工3要求同时开始,全部结束后才能进行下一个作业,其画法仍可以利用虚作业。

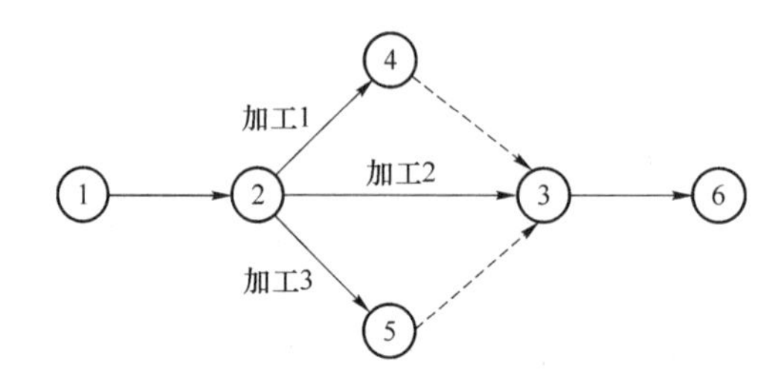

图9.7　平行作业画法

④ 交叉作业,如图9.8所示。

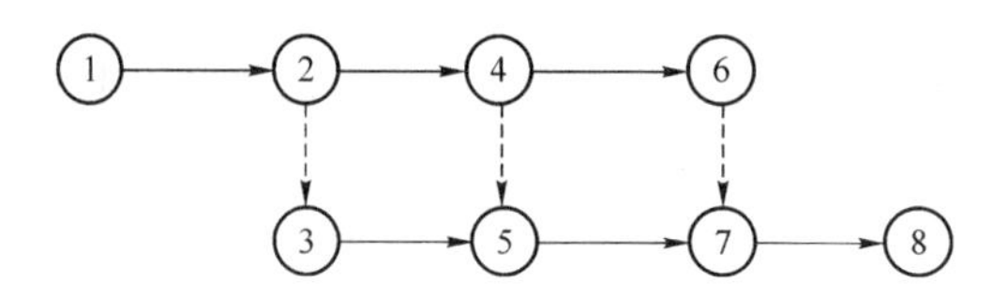

图9.8　交叉作业画法

(4) 作业的集中。若干作业有一个共同的开工和完工事项,交给一个单位去完成,可以集中成一个作业。集中后的作业时间以最长的作业时间作为该集中作业的作业时间。

3. 编号

一个事项有一个顺序号,不应重复,一个作业的两个相关事项可写成①→②。编号从始点开始,由小到大。终点的顺序号最大,为了考虑到将一个任务分成几个任务的可能性,在编号时应当留有余号。

4. 网络图编绘举例

例9.1　某公司总经理想了解公司明年预算,要求下属作一书面报告。计划部门为了完成这一项目,首先请销售部门做好市场调查,确定产品数量,向销售经理和生产经理汇报;同时向别的制造厂商调查同类产品的价格,并向销售经理汇报,作为定价的参考。生产部门在获悉产品数量后,先安排生产进度,然后确定生产费用。计划部门在了解生产费用和产品价格后,准备写预算报告。将各项工作的前后关系如表9.1所示。

表9.1　各项工作的前后关系表

工作		说明	紧前工作	负责部门
分项	i→j			
A	1→2	确定产品数量		销售部门
B	1→3	调查市场价格		销售部门
C	3→5	定价	A、B	销售经理
D	2→4	安排生产进度	A	生产部门
E	4→5	确定生产费用	D	生产部门
F	5→6	准备预算报告	C、E	计划部门

根据表 9.1 的资料可以画出如图 9.9 所示的网络图。

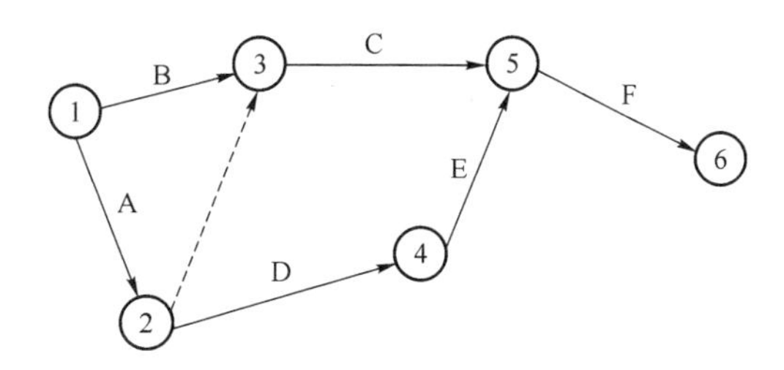

图 9.9　预算计划编制网络图

9.1.3　网络图的时间参数和计算方法

1. 作业时间的确定

要正确地制定计划与有效地控制系统，必须对任务所需的时间进行科学的估计。作业时间是网络图的基本参数，如果时间估计不准，就会直接影响效果，必须予以高度重视，对作业时间的估计，一般有 3 种方法。

(1) 一时估计法。指在正常情况下，有同类作业所需的时间资料，然后依据经验估计出时间值。这个单一时间不考虑偶然情况，用 $t(i,j)$ 表示。

(2) 三时估计法。对于不确定性的问题，如果没有可靠的资料和经验来确定单一时间，就采用三时估计法。其中：

a 为最乐观的时间，即最短时间；

b 为最悲观的时间，即最长时间；

c 为最可能的时间，即在一般情况下，完成作业所需要的时间；

上述 3 种时间的平均值按下式计算：

$$t_m(i,j)=\frac{a+4c+b}{b} \tag{9.1}$$

式中 $t_m(i,j)$ 为 $i \to j$ 作业的平均时间。

关于平均时间的依据用加权平均法来解释。设 a 为最短的时间估计；b 为最长时间估计；c 为最可能的时间估计；则在 a 与 c 之间加权平均，假定 c 的可能性为 a 的两倍，因此它的平均值为：

$$\frac{a+2c}{3}$$

同样，c 与 b 之间加权平均，假定 c 的可能性为 b 的两倍，其平均值为：

$$\frac{b+2c}{3}$$

因此，总的完成时间的分布可以用上面两个平均值各以相同的可能性出现的分布来代表，它们是：

$$\frac{1}{2}\left(\frac{a+2c}{3}+\frac{b+2c}{3}\right)=\frac{a+4c+b}{3}$$

即平均时间为：

$$t_m(i,j)=\frac{a+4c+b}{6}$$

(3) 利用过去资料求平均值法。对一个任务如果经验多了,通过资料知道它们以往的作业时间是:

$$a_1, a_2, \cdots, a_n$$

则可以用

$$\bar{a}=\frac{a_1+a_2+\cdots+a_n}{n} \tag{9.2}$$

来表示平均时间,用

$$D=\frac{1}{n}\sum_{i=1}^{n}(\bar{a}-a_i)^2 \tag{9.3}$$

来表示方差。

2. 网络图的时间参数与计算

(1) 节点时间参数的计算

① 节点最早开始时间。一个节点的最早的开始时间是指从始点到本节点的时间之和(在这之前是不能开始的)。用 $T_E(j)$表示,如图 9.10 所示。

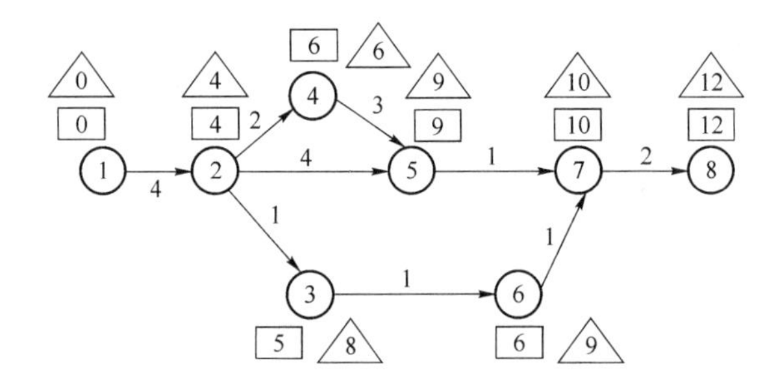

图 9.10 网络图的节点时间参数与计算

图 9.10 中,□表示节点的最早的开始时间;△表示节点的最迟完成时间。

始点节点的最早的开始时间等于零,即 $T_E(1)=0$。

若节点只有一条箭线进入的话,则该箭尾节点的最早开始时间加上作业时间即为该箭头所触节点的最早开始时间,例如

$$T_E(2)=3, \quad T_E(4)=4+2=6$$

若节点有多条箭线进入的话,则每条箭线都作上述计算后,取其中最大的值为该节点的最早开始时间。用公式表示为:

$$T_E(j)=\max\{T_E(i)+t(i,j)\}$$

式中 $t(i,j)$为作业时间;

$T_E(j)$为箭头节点的最早开始时间;

$T_E(i)$为箭尾节点的最早开始时间。

例如在图 9.10 中

$$T_E(5)=\max\{T_E(2)+t(2,5), T_E(4)+t(4,5)\}=\max\{4+2,6+3\}=9$$

② 节点最迟完成时间

一个节点的最迟完成时间是指在这时间里事项若不完成,就要影响紧后作业的按时开工。它的意义是无论有多少作业要做,到某一节点,最迟应该什么时间完成,以 $T_L(i)$表示。

终点节点的最迟完成时间:$T_L(n)$=总完工期。

若节点只有一条箭尾，则节点最迟完成等于箭头所触节点的最迟完成时间减去该作业的时间。

例如在图 9.10 中

$$T_L(7)=12-2=10, \quad T_L(6)=10-1=9$$

若节点有多条箭尾，则对每一条箭尾都作上述运算之后，取其中的最小值为该节点的最迟完成时间。计算是从终点开始，从右向左计算，到始点为止，用公式表示为：

$$T_L(i)=\min\{T_L(j)-t(i,j)\}$$

式中，$t(i,j)$为作业时间；

$T_L(i)$为箭尾节点 i 最迟完成时间；

$T_L(j)$为箭头节点 j 最迟完成时间；

$T_L(n)$为终点最迟完成时间。

例如在图 9.10 中

$$T_L(2)=\min\{6-2,\ 9-4,\ 8-1\}=4$$

③ 节点时差

节点时差就是节点上最迟完成时间减去最早开始时间，它是节点的机动时间，用公式表示为：

$$S(i)=T_L(i)-T_E(i)$$

式中，$S(i)$为节点时差；

$T_L(i)$为节点最迟完成时间；

$T_E(i)$为节点最早的开始时间。

例如在图 9.10 中

$$S(2)=4-4=0, \quad S(3)=8-5=3$$

(2) 作业时间参数的计算

① 作业最早的开始时间。一个作业必须等它前面的作业完工之后才能开工，这之前是不具备开工条件的，这个时间就叫作业最早可能开始时间。它的意义就是该作业最早在什么时间可以开始，用 $T_{ES}(i,j)$ 表示，且

$$T_{ES}(i,j)=T_E(i)$$

② 作业最早完成时间 $T_{EF}(i,j)$

$$T_{EF}(i,j)=T_E(i)+t(i,j)$$

③ 作业最迟必须开始时间 $T_{LS}(i,j)$

$$T_{LS}(i,j)=T_L(j)-t(i,j)$$

④ 作业最迟必须完成时间 $T_{LF}(i,j)$

$$T_{LF}(i,j)=T_L(j)$$

图 9.11 中，□表示作业的最早的开始时间；△表示作业的最迟必须开始时间。

例如对作业(5,7)来说：

作业最早开始时间　　$T_{ES}(5,7)=T_E(5)=9$

作业最早完成时间　　$T_{EF}(5,7)=T_E(5)+t(5,7)=9+1=10$

作业最迟必须开始时间　　$T_{LS}(5,7)=T_L(7)+t(5,7)=10-1=9$

作业最迟必须完成时间　　$T_{LF}(5,7)=T_L(7)=10$

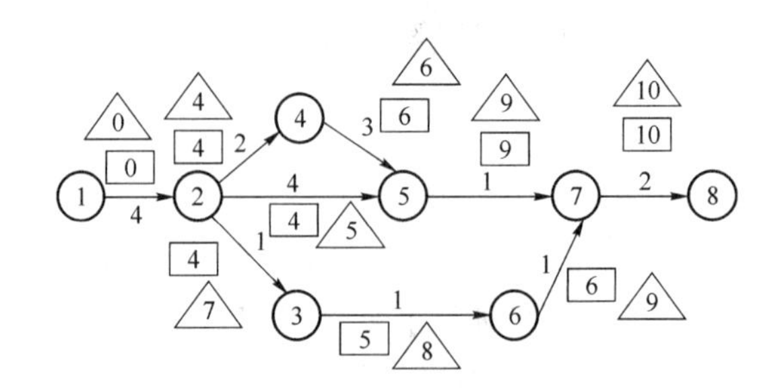

图 9.11 网络图的作业时间参数与计算

⑤ 总时差：$r(i,\ j)=T_{LS}(i,\ j)-T_{ES}(i,\ j)$

例如 $r(5,7)=9-9=0$

3. 表格法

在网络图上对各时间参数逐个计算，方法简单，但是当作业数目增多或网络图比较复杂时，计算容易出错或遗漏，为了避免这一缺点，可以采用表格法。

表格法的具体做法是首先制定一个适合的表格，如表 9.2 所示。然后在表格上按照一定的顺序和规定的算法，计算网络图上各个作业的时间参数。表 9.2 中各作业时间参数值是图 9.11 网络图的作业时间参数计算结果。

表 9.2 网络图的作业时间参数计算表

$i\rightarrow j$(1)	$t(i,j)$(2)	T_{ES}(3)	T_{EF}(4)	T_{LS}(5)	T_{LF}(6)	$r(i,j)$(7)	$s(i,j)$(8)	C_J(9)
1→2	4	0	4	0	4	0	0	1→2
2→3	1	4	5	7	8	3	0	
2→4	2	4	6	4	6	0	0	2→4
2→5	4	4	8	5	9	1	1	
3→6	1	5	6	8	9	3	0	
4→5	3	6	9	6	9	0	0	4→5
5→7	1	9	10	9	10	0	0	5→7
6→7	1	6	7	9	10	3	3	
7→8	2	10	12	10	12	0	0	7→8

(1) 计算作业最早开工时间 T_{ES}和最早完工时间 T_{EF}：表 9.2 中第 3 列是最早开工时间 T_{ES}，第 4 列是最早完工时间 T_{EF}。这两列自上向下一行一行逐行计算。某一作业的最早完工时间便是其紧后作业的最早开工时间，而某一作业的最早开工时间是其所有紧前作业的最早完工时间的最大者。即当一个作业有多个紧前作业时，选它的所有紧前最早完工时间的最大者作为该作业的最早开工时间。

(2) 计算作业的最迟开工时间 T_{LS}和最迟完工时间 T_{LF}：表 9.2 中的第 5 列是各作业的最迟开工时间 T_{LS}，第 6 列是各作业的最迟完工时间 T_{LF}。它们的计算是从终点节点开始，自下向上逐行逐个作业地进行。某一作业的最迟开工时间等于其紧后作业最迟开始时间减去本作业的工时，当紧后作业有多个时，取其中最小者。某一作业的最迟完工时间等于其紧后作业最迟开始时间，当紧后作业有多个时，取其中最小者。

(3) 计算作业的总时差 $r(i,j)$ 和单时差 $s(i,j)$。

第7列是作业的总时差，其计算公式是：

总时差＝最迟开工时间－最早开工时间

＝最迟完工时间－最早完工时间

可由各作业在第5列与第3列上的数字相减，或由第6列与第4列上的数字相减而求得。

第8列是作业的单时差，它是由紧后作业的最早开始时间减去该作业的最早完工时间求得。

单时差＝紧后作业最早开工时间－本作业最早完工时间

某一作业单时差的含义是在不影响紧后作业最早开始时间条件下，本作业最早结束时间可推迟的时间。

第9列是关键作业CJ(Critical Job)，将第7列上作业时差为0的作业标在第9列上，将由始点到终点所有的关键作业串起来便是关键路线。

对于关键节点、关键作业和关键路线，我们再做如下说明：

① 关键节点：时差为0的节点称为关键节点；

② 关键作业：作业总时差为0的作业称为关键作业；

③ 关键路线：由关键作业组成的路线称为关键路线。

这里需要指出的是，在有的书上将关键路线定义为由关键节点联结起来的路线。这种定义是不严格的，有时会引起错误。如在图9.10中，由关键节点联结起来的路线有两条，它们分别如图9.12和9.13所示。

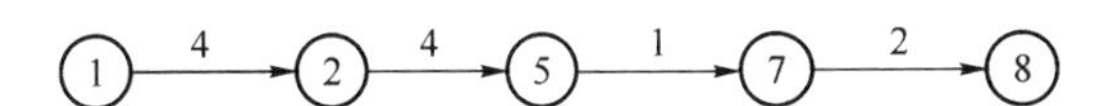

图9.12　关键节点联结起来的路线Ⅰ（路长为11）

图9.13　关键节点联结起来的路线Ⅱ（路长为12）

由图9.12和9.13可知，由图9.10中的关键节点①、②、⑤、⑦和⑧联结起来的路线Ⅰ的路长为11，而图9.10中的关键节点①、②、④、⑤、⑦和⑧联结起来的路线Ⅱ的路长为12。按照关键路线的最本质的定义：路长最长的路线为关键路线。因此，由图9.10中的关键节点①、②、⑤、⑦和⑧联结起来的路线Ⅰ不是关键路线，而由图9.10中的关键节点①、②、④、⑤、⑦和⑧联结起来的路线Ⅱ却是关键路线。由此可见，将关键路线定义为由关键节点联结起来的路线是不严格的。因为按照这种定义的关键路线有时会出现多条关键路线，且这些关键路线的路长是不同的。这显然是不允许的。但是，若将关键路线定义为由关键作业组成的路线就不会出现这种错误。由图9.10可知，由关键作业组成的路线只有一条，即为图9.13所示的由关键作业(1,2)、(2,4)、(4,5)、(5,7)、和(7,8)组成的路线。当然，由关键作业组成的路线有时也会出现多条路线，如果发生这种情况，那么由关键作业组成的多条路线的路长一定是相等的，即出现多重最优解的情况。这种情况是允许和可能的。

不过,从前面的节点时间参数计算和作业时间参数计算方法和过程可知,节点时间参数计算要比作业时间参数计算简单。于是,人们自然会问,是否还能用节点参数计算及其关键节点来确定关键路线呢?答案是肯定的。但需要注意的是:当用关键节点联结起来的路线有多条路线时,应取其中路长最长的一条路线作为关键路线。当然,如果由关键节点联结起来的路线只有唯一一条路线时,那它就是所求的关键路线。

我们知道,关键路线决定项目工程的工期。此外,关键路线还能为项目管理人员提供如下信息。

(1) 向关键作业要时间:要缩短工期,必须缩短关键作业的工期;

(2) 向非关键作业要资源:非关键作业有一定的时间机动,可在一定范围内将非关键作业的人力、物力等资源调配到关键作业,以达到合理利用资源和缩短工期的目的。

9.2 网络图的分析与应用

9.2.1 项目按期完成概率的分析

前面我们介绍了网络有关时间参数和整个项目工期的计算方法,这些方法是以每个作业的作业时间均值为基础的。但在实际工作中,各个作业所需的时间不容易确定为某一数值,因而只能作一定的估计,即使采用三时估计法所算出的平均时间也有某些不确定的因素在内,并不是非常准确的时间,所以还必须研究在一些不确定的因素影响下,项目工期是否能按期完成,完成的概率有多大等问题。

1. 项目完成时间的均值和方差

设各个作业完成时间的均值和方差分别为:

(1) 平均值

$$t_m(i,j)=\frac{a+4c+b}{6} \tag{9.4}$$

(2) 方差

$$\sigma^2=\left(\frac{b-a}{6}\right)^2 \tag{9.5}$$

其中,a,b,c 分别为最乐观、最悲观和最可能的作业完成时间。则根据中心极限定理可知,当关键路线上的关键作业数 j 充分大时,项目最后完成时间可认为是服从正态分布,且其平均值和方差分别为:

(1) 均值

$$t_m=\sum_{i=1}^{j}\frac{a_i+4c_i+b_i}{6} \tag{9.6}$$

(2) 方差

$$\sigma_c^2=\sum_{i=1}^{j}\left(\frac{b_i-a_i}{6}\right)^2 \tag{9.7}$$

其中,a_i,b_i,c_i 分别为第 i 个关键作业的最乐观、最悲观和最可能的作业完成时间,j 为关键路线上的关键作业数。

2. 项目按期完成的概率

由上面分析可知，项目完成时间 T 服从正态分布，且均值和均方差分别为 t_m 和 σ_C，即

$$T \sim N(t_m, \sigma_C^2)$$

令

$$Z=\frac{T-t_m}{\sigma_C} \tag{9.8}$$

则 $T \sim N(0,1)$，即

$$\Psi(Z) = P(Z \leqslant z) = \int_{-\infty}^{z} \frac{1}{\sqrt{2\pi}} e^{-\mu^2/2} du \tag{9.9}$$

例 9.2　设某工程网络图如图 9.14 所示，试计算该工程在 35 天完成的概率，如果完成的概率要求达到 97.7%，则工程的工期应规定为多少天？

图 9.14 中，每一作业旁边用"—"连接的 3 个数字分别表示该作业的最乐观、最可能和最悲观的作业完成时间；另外一个数字表示该作业的完成时间均值。

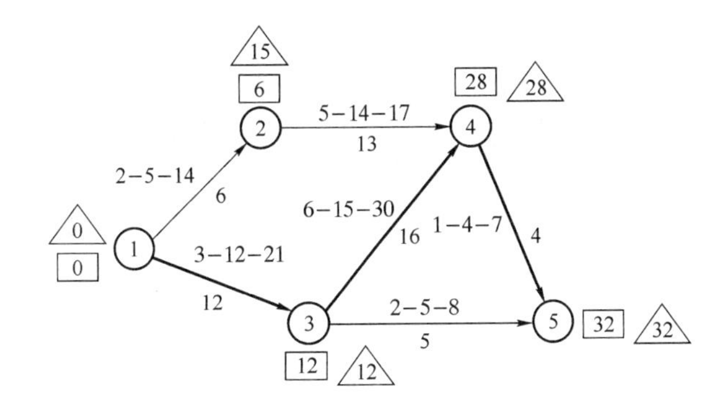

图 9.14　某工程的网络图

解　利用节点标号法，如图 9.14 所示，可得关键路线为：

① →③→④ →⑤，路长为 32，即 $t_m=32$。此外，利用均方差计算公式可得

$$\sigma_C=\sqrt{\sigma_C^2}=\sqrt{\left(\frac{21-3}{6}\right)^2+\left(\frac{30-6}{6}\right)^2+\left(\frac{7-1}{6}\right)^2}=5.1$$

(1) 当 $T=35$ 天时，$z=(T-t_m)/\sigma_C=(35-32)/5.1=0.588\,2$

查正态分布表可得

$$P(Z\leqslant 0.588\,2)=0.721\,8$$

即整个工程在 35 天完成的概率为 0.725 8。

(2) 当 $P(Z\leqslant z)=0.977$ 时，查正态分布表可得 $z=2.0$。

所以　　$T=z*\sigma_C+t_m=2*5.1+32=42.2$

即该工程完成概率为 97.7%所需天数为 42.2 天。

9.2.2　作业开工早晚对项目费用支付的影响

网络图中除了关键路线上的关键作业以外，其他非关键作业都存在与事实上的时差。

这种时差的存在，为作业的开工时刻可以及时或延缓提供了可能，也为项目所需费用的支付时间提供了集中或分散条件。例如设某项目的网络如图 9.15 所示，网络图上每个作业所需费用已在箭线上注明。箭线上的数字表明该作业需要的月数，箭线下的数字表明完成该作业所需费用(元)。假设每个作业所需的费用是按月平均支付的，如果有的作业不能做到这一点，则应将作业细分，使之能做到。

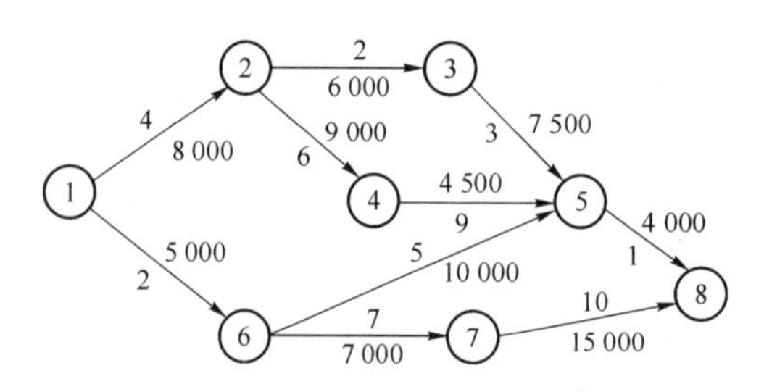

图 9.15　某项目的网络图

表 9.3 列出了网络图上各作业的作业时间、早开工时间、晚开工时间和所需要的总费用和月费用。

表 9.3　项目费用支付费用计算表

作业	时间/月	早开工时间	晚开工时间	总费用/元	月费用/元
(1,2)	4	0	0	8000	2 000
(2,3)	2	4	14	6 000	3 000
(2,4)	6	4	4	9 000	1 500
(3,5)	3	6	16	7 500	2 500
(4,5)	9	10	10	4 500	500
(1,6)	2	0	1	5 000	2 500
(6,5)	5	2	14	10 000	2 000
(6,7)	7	2	3	7 000	1 000
(5,8)	1	19	19	4 000	4 000
(7,8)	10	9	10	15 000	1 500

由表 9.3 可作出早开工和晚开工的月费用支出计划如图 9.16 所示。每张图的下面都标出了每月支付费用和逐月的累计费用。根据早开工和晚开工的月费用支出计划图 9.16 可得到早开工和晚开工的累计费用曲线如图 9.17 所示。从图 9.17 上可以看出早、晚开工的计划月费用支出的差异。两条曲线之间的面积是可行的预算范围。由于财务预算或其他理由，往往习惯从开工到完工要求累计经费的开支是一条直线。显然，这条直线是落在可行预算范围内。这样一条直线可以在早晚开工之间调整作业的计划而近似地取得。

作业开工时间的调整不仅用于平衡预算经费的支出，其他像劳动力的调配，材料供应以及设备配备都可以应用上述方法进行调整和优化。

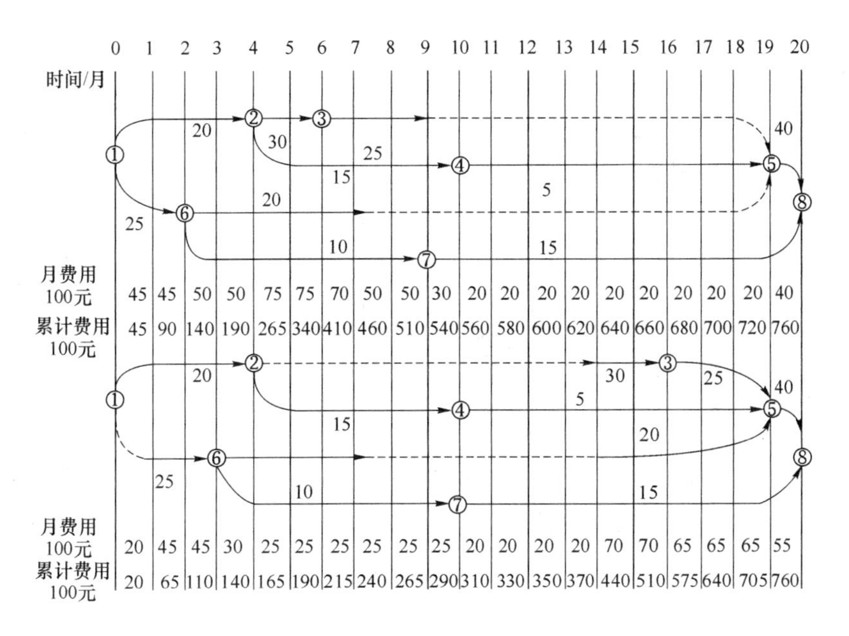

图 9.16　早开工和晚开工的月费用支出计划图

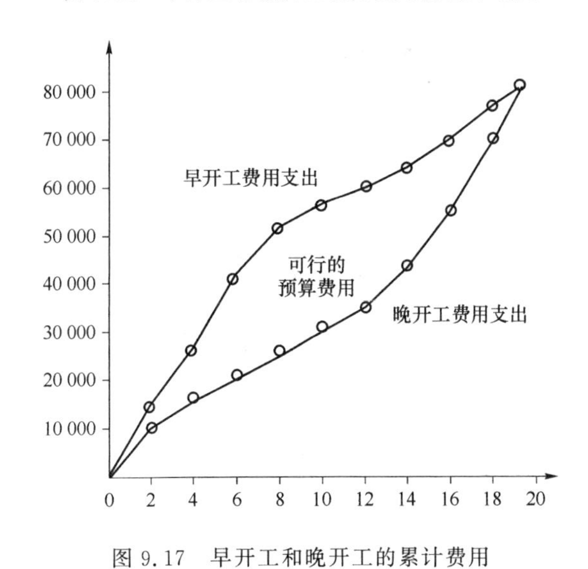

图 9.17　早开工和晚开工的累计费用

9.2.3　经济赶工的分析

在一个系统网络中，希望在保证性能和效果的前提下，能够用最短的时间和最少的费用来完成任务，因此需要对时间费用进行综合分析。PERT 基本上是谋求时间缩短，而 CPM 是谋求最小的成本来缩短时间。下面主要介绍以最小的直接成本来实现经济赶工的方法。

1. 直接成本与时间的关系

项目计划完成的时间经常受资源的影响，若增加资源可以缩短完成的时间，但成本增大。反之，若减少资源，将使完成时间延长，但可以降低成本。二者之间的关系如图 9.18 所示。

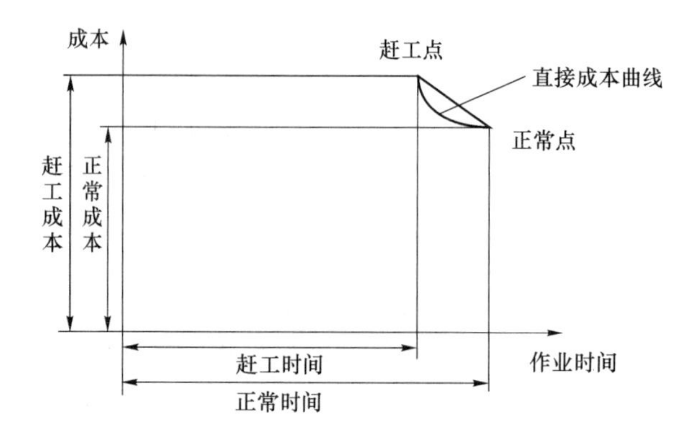

图 9.18 直接成本与时间的关系

赶工时间是指某项工作的作业时间从正常状态慢慢缩短到无法再缩短为止的作业时间,在这个时间内所需要的成本为赶工成本。假定时间缩短与成本增加是线性关系,则

$$成本斜率=\frac{赶工成本-正常成本}{正常时间-赶工时间}$$

其意义是每缩短一个单位时间所需增加的成本。

2. 经济赶工的方法

下面举例说明,图 9.19 为某方案的网络图。

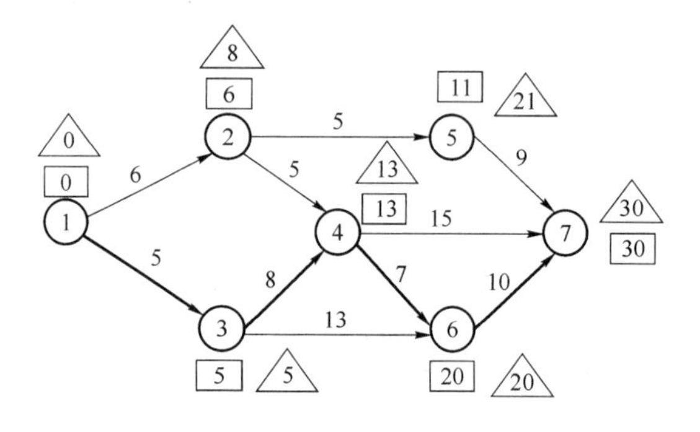

图 9.19 某方案的网络图

已知其成本斜率资料如表 9.4 所示。

表 9.4 成本斜率表

作业	正常		赶工		成本斜率/(元·d^{-1})
	时间/d	成本/元	时间/d	成本/元	
1→2	6	210	5	300	90
1→3	5	300	4	380	80
2→4	5	240	4	300	60
2→5	5	480	4	660	180
3→4	8	560	5	770	70
3→6	12	600	11	700	50
4→6	7	490	6	590	100

续 表

作业	正常		赶工		成本斜率/(元・d^{-1})
	时间/d	成本/元	时间/d	成本/元	
4→7	15	750	13	990	120
5→7	9	800	8	940	140
6→7	10	450	7	900	150

从图 9.19 可知,关键路线是①→③→④→⑥→⑦,首先考虑如何以最低成本来缩短工期一天,即完工时间由第 30 天提前到第 29 天。这缩短的一天必然是从关键路线上找。从表 9.4 可知关键路线上的各作业成本斜率最小的是③→④,其成本斜率为 70 元/d。故将作业③→④ 缩短一天,由 8 天缩短为 7 天,整个工程由 30 天缩短为 29 天。

其次如果作业③→④ 再缩短一天,即整个工程由 30 天缩短为 28 天,则在网络图上将出现 3 条关键路线,它们是:

关键线路Ⅰ:①→②→④ →⑥→⑦

关键线路Ⅱ:①→③→④ →⑥→⑦

关键线路Ⅲ:①→③→⑥→⑦

如图 9.20 所示。

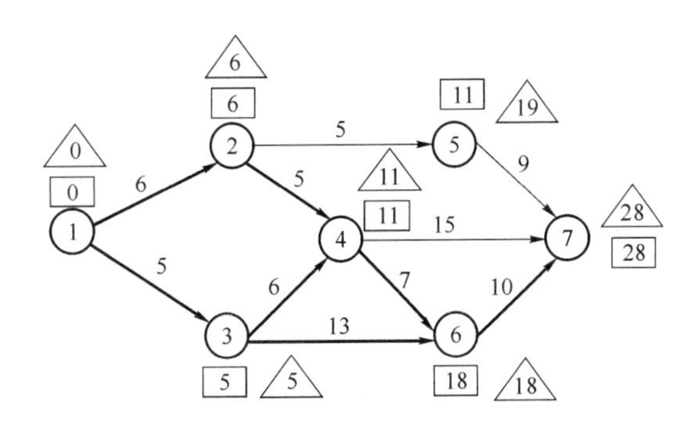

图 9.20　缩短工期后的关键路线

如果要求将整个工期再缩短一天成为 27 天时,由于关键路线已有 3 条,因此必须对每条关键线路都缩短一天才能达到。现在把 3 条关键路线和它们有关的成本斜率加以比较,如表 9.5 所示。

从各条关键路线上选出成本斜率最小的为:在Ⅰ中选②→④,Ⅱ中选③→④,Ⅲ中选③→⑥,三者成本斜率加起来为 180 元。我们把 3 个关键路线各缩短一天的各种优化组合方案列出来进行比较如表 9.6 所示。由表 9.6 可知选取方案 B 比较有利。

表 9.5　各条关键路线成本斜率对比表

关键路线Ⅰ		关键路线Ⅱ		关键路线Ⅲ	
作业	成本斜率/(元・d^{-1})	作业	成本斜率/(元・d^{-1})	作业	成本斜率/(元・d^{-1})
①→②	90	①→③	80	①→③	80
②→④	60	③→④	70	③→⑥	50
④→⑥	100	④→⑥	100	⑥→⑦	150
⑥→⑦	150	⑥→⑦	150		

表 9.6 各方案比较表

方案	Ⅰ	Ⅱ	Ⅲ	成本合计
A	②→④ 60	③→④ 70	③→⑥ 50	180
B	②→④ 60	①→③ 80	①→③ 0	140
C	④ →⑥ 100	④ →⑥ 0	③→⑥ 50	150
D	⑥→⑦ 150	⑥→⑦ 0	⑥→⑦ 0	150

第10章 库存理论

10.1 经典库存理论和现代库存理论

人们在生产和日常生活活动中往往将所需的物资、用品和实物暂时地贮存起来，以备将来使用或消费。这种存储物品的现象是为了解决供应(生产)与需求(消费)之间的不协调的一种措施，这种不协调性一般表现为供应量与需求量，以及供应时期与需求时期的不一致性上，出现供不应求或供过于求。人们在供应与需求这两个环节之间加入存储环节，就能起缓解供应与需求之间的不协调。例如：

(1) 水电站在雨季到来之前，水库应蓄水多少？这个问题就存在一个矛盾。就发电的需要来说，当然蓄水以多为好。就安全来说，如果雨季降雨量大，则必须考虑先放掉一些水，使水库存水量减少。否则洪水到来时，水库水位猛涨，溢洪道排泄不及时，可能会使水坝坍塌，除水电站被破坏外，还会给下游造成巨大的损失。假如只考虑安全，可提前把水库存水量放空。但当雨季降雨量小时，就会造成水库存水量不足，使发电量减少。

(2) 工厂生产需要原料，如没有存储一定数量的原料，就会发生停工待料现象。原料存储过多除积压资金外，还要支付一笔存储保管费用。

(3) 在商店若存储商品数量不足，会发生缺货现象，就失去销售机会而减少利润；如果存量过多，一时销售不出去，会造成商品积压，占用流动资金过多而且周转不开，这样也会造成经济损失。

诸如此类与存储量有关的问题，需要人们做抉择，在长期实践中人们摸索到一些规律，也积累了一些经验。但把这类问题作为科学来研究却是近十年的事情。**库存理论**(inventory theory)是运筹学最早成功运用的领域之一。早在1913年，哈里斯(Harris)对商业中的库存问题建立了一个简单模型，并求得了最优解，但未被人们注意。1918年威尔逊(Wilson)重新得出了哈里斯公式(文献[1]，[2])。该模型被称为确定型的是因为模型中不考虑随机因素。二次世界大战期间，为了赢得战争，各方对军事物资的存储进行了深入研究，并由此逐步形成了库存理论，建立起相应的经济库存模型，可以把这些成果看作是库存理论研究的里程碑。二次大战之后对库存问题研究的领域不断扩大，带有随机性因素的库存模型也得到了研究。库存理论的研究几乎涉及所有的社会经济生活方面，理论模型不断丰富完善，目前，库存理论研究的兴趣已经转到了多种商品、多个库存点的理论以及**供应链**(supply chain)研究。

计算机的出现和投入使用,使得在信息处理方面获得了巨大的突破。在20世纪50年代中期计算机的商业化应用开辟了企业管理信息处理的新纪元。这对企业管理采用的方法产生了深远的影响。而在库存控制和生产计划管理方面,这种影响比其他任何方面都更为明显。

大约在1969年,计算机首次在库存管理中获得应用,这标志着制造业的生产管理迈出了与传统方式决裂的第一步。也正是在这个时候,在美国出现了一种新的库存与计划控制方法—计算机辅助的物料需求计划(Material Requirements Planning,MRP)。

MRP的基本原理和方法与传统的库存理论与方法有显著的区别。可以说,它开辟了制造业生产管理的新途径。传统的库存控制理论认为,只有降低服务水平,即降低供货率,才能减少库存费用;或者反过来,要想提高服务水平,就必须增加库存费用。有了MRP,这种信条已不再成立。

成功地运用了MRP系统的企业的经验表明,他们可以在降低库存量,即降低库存费用的同时,改善库存服务水平,即提高供货率。于是在制造业管理领域发生了一场革命:新的理论和方法逐步建立,而传统的方式方法则面临着考验,原有的库存管理理论乃至整个的传统学派的思想都受到了重新评价。

初期的MRP,即物料需求计划,是以库存控制为核心的计算机辅助管理工具。而当今的MRPII,已延伸为制造资源计划(Manufacturing Resource Planning)。它进一步从市场预测、生产计划、物料需求、库存控制、车间控制延伸到产品销售的整个生产经营过程以及与之有关的所有财经活动中。从而为制造业提供了科学的管理思想和处理逻辑以及有效的信息处理手段。

20世纪MRPII的发展经历了4个阶段:

(1) 40年代的库存控制订购点法(Order Point);

(2) 60年代的时段式MRP(Time Phased Material Requirements Planning);

(3) 70年代的闭环MRP(Closed Loop MRP);

(4) 80年代发展起来的MRPII以及JIT。

20世纪80年代,个性化需求向少品种大批量的传统生产方式提出了严重的挑战,**即时生产与零库存**(Just In Time, JIT)理论应运而生。零库存带来的风险必须靠强有力的信息系统和可靠的供货关系来规避。因此,带动了现代产业链的变革,现代供应链、现代**物流**(Logistics),以及企业ERP系统的大发展,形成了现代库存理论体系。

本章我们着重介绍经典库存理论。经典库存理论有大量的模型,我们希望通过这些模型的介绍,使读者对于建模、公式推导和公式意义的解释有进一步的了解。

10.2 库存理论的几个要素和基本概念

10.2.1 存储系统

存储论的研究对象是一个由补充、存储、需求3个环节紧密构成的现实运行系统,并且以存储为中心环节，所以我们称存储理论的对象为存储系统。研究存储系统的运动过程、建立相应模型，应在掌握供求规律的基础上，合理控制存储物资的库存量，在保证高的服务质量的前提下使系统获得良好的经济效益。存储系统对各种物资的存储过程可概括为3个环节：供给需求、物资存储、订购进货，其一般结构如图10.1所示。

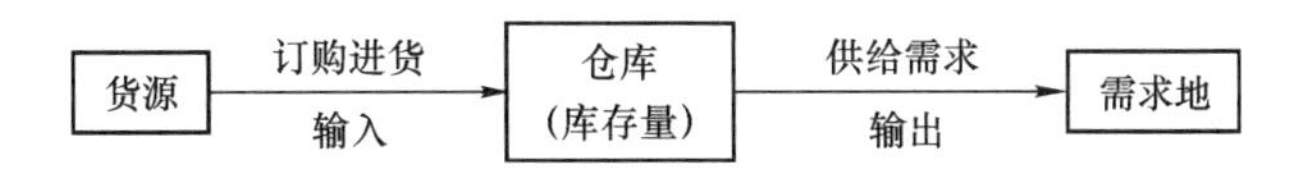

图10.1　库存系统

供给需求是存储系统的输出。需求决定于客观环境，环境是变化的，因此它是不可控制的。存储管理部门必须设法了解或预测所需物资的需求时间和数量上的规律性。需求可以有不同的形式：①确定性的或随机的。有些情况下，需求是确定的或基本不变的，如用户已与供货单位签订了供应合同；但在许多情况下，需求具有随机性，如顾客到商店的购货量一般是随机的。对随机性需求必须通过调查掌握其规律性及其概率分布。②离散的或连续的。如对计算机的需求量是离散变量，汽油供应量就是连续变量。③均匀的(线性的)或不均匀的(非线性的)。如工厂自动生产流水线对原料的需求是均匀的，而一个城市对电力的需求则是不均匀的。变量的性质将决定计算方法。

订购进货是存储系统的输入。通过输入控制库存量保证需求。系统输入量可能是随机波动的，甚至是不可控的(如水库的水源输入很大程度上取决于自然的降雨量)，一般情况下存储系统的输入量是可控的。存储管理的主要任务之一，就是通过输入的订购补充来控制库存储量，在规定服务质量前提下保证供应并获得良好的经济效益。

订购进货中的主要问题是：①什么时间订货？②一次订购多少？在确定订购时间时还应考虑从订购单发出到物资运到入库为止这一段时间。这段时间在存储问题中称为订货超前期或备运期。备运期可能是确定的，也可能是随机的。

10.2.2　存储费用

衡量一个存储系统优劣的常用数量指标就是存储系统的运营费用。它包括订货费、物资单价、存储费和缺货损失费。

1. 订货费或订购费

订货费或订购费包括联系订购、质量检查和运输入库等费用。但在研究存储策略时，只有那些与订购次数有关而与订购数量无关或基本无关的费用作为订购费。例如：每次订购不论数量大小，都要通过函电联系或派采购人员去联系、验收，那么函电费用，采购员的差旅费和工资都属于订购费。又如运输费用，如果每次订购不论物资多少都要派一辆汽车运输，那么这辆汽车的费用应属于订购费；如果运输费用与订购物资的数量成比例，则这种费用可作为物资单价的组成部分处理。

2. 物资的单位价格

如果物资的单价是恒定不变的，那么制订采购计划时可以不予考虑，因为它不影响订购的时间和数量；如果单价随时间或数量改变，则制订采购计划时必须考虑它对经济效益的影响。

3. 存储费

存储费包括保管费、仓库占用费、流动资金利息、存储物资损耗费等。由于存储费用与所存储物资的数量、存储时间的长短成正比,所以存储量越少越好。

4. 缺货损失费

缺货损失费是指因存储缺货不能及时满足需求而造成的损失。这种费用通常在账目上不会体现,只能根据实际情况估计。如商店中某些商品缺货意味着损失了销售额,缺货损失费可估计得少一些;而在工厂中,燃料、原料缺货就可能引起停工待料,损失要大得多,损失费就必须估计得很高。

10.2.3 存储策略

对于一个存储系统而言,需求是系统的服务对象,但是随机性的需求是不可控的,而确定性的需求也不作为控制的对象。因此,需要控制的只不过是存储的输入过程。从前面的讨论可知,在满足需求的前提下,即不宜过度频繁采购,也不宜每次订购的数量过大,因此在管理中有以下两个基本问题需要做出决策:

(1) 何时补充?称为“期”的问题;

(2) 补充多少?称为“量”的问题。

管理者可以通过控制订货间隔时间和订购量这两个决策变量,来调节存储系统的运行,以便达到最优运营效果。

关于订购间隔时间与订购量所做的决策,构成存储系统的一个运营策略,称为**存储策略**。常用的策略有定期补充法和定点补充法。

1. 定期补充法

定期补充法是指以固定的时间间隔订货。对储量进行补充,每次订货要把储量恢复到某种水平。如果需求量是已知的,可根据需求量订货;如果需求量是随机的,可根据剩余储量和估计的需求量订货。采用这种订货策略只需要在订货前检查剩余储量,比较省事,但容易发生缺货或物资积压较多的情况。

2. 定点补充法

定点补充法是指当储量下降到一定数量时就发出订货单订货,每次的订货量可以是固定的。发出订货单时的剩余储量叫作订货点,这种补充法也叫(s,S)策略,s代表订货点储量,S代表补充后达到的储量,故订货量是二者之差,即订货量$Q=S-s$。这种订货策略不容易发生缺货,但需要及时掌握储量是否已下降到了订货点,当存储物资种类繁多时,相当费事。

至于订货量、订货周期以及订货点应如何确定,在以下几节中将详细讨论。

10.2.4 存储管理

在存储系统中,往往物资种类繁多,如果对全部的物资都进行细致的核算分析来控制储量,势必要耗费大量人力,可能得不偿失。因此管理上常采用分类管理法。这种方法是按照每种物资占用流动资金的多少或占总存储费的比例分成3类或两类。占用资金最多的少数几种列为第1类，占用资金次多的几种列为第2类，占用资金不多的列为第3类。对第1类应详细核算，严格控制；对第2类要适当控制；对第3类大体估算就可以了，它的存储量可以高一些，以免缺货。

至于每类物资的品种和资金分别应占全部品种和资金的百分比应该是多少，没有绝对标准，大致的范围如表10.1所示。

表10.1 分类管理法

类型	占全部品种的比例(%)	占资金的比例(%)
第1类	5～10	60以上
第2类	20～30	5～10
第3类	60～70	10以下

10.3 确定型存储模型

我们根据存储系统输入和输出的状态，模型可分为两大类。凡备运期和需求量都是确定型的称为**确定型模型**；凡备运期或需求量是随机性的称为**随机型模型**。

在这一节中我们只介绍确定型模型。在实际的存储过程中，备运期和需求量都是不变的情况并不多，下面介绍几种常见的简单模型。

在介绍模型之前，我们先给出常用变量的表示方式：

Q——订货量；

D——需求率，即单位时间的需求量；

t——订货周期长度；

C_d——每次订购费；

C_s——单位物资存储单位时间的存储费。

10.3.1 模型1——不允许缺货模型

对于某种存储物资，假设：

(1) 单位时间的需求量 D 是固定不变的；

(2) 备运期为零，即发出订货单后物资可立即到达；

(3) 不允许发生缺货现象；

(4) 各种费用均为常数。

在这个模型中，由于备运期为零，订货后补充物资即刻到达，所以等到储量下降到零时才订货也是可以满足生产的，这样可以降低存储费。订货后补充物资即刻到达，储量上升到 Q；过一段时间 t 后，储量又降到零，在订货补充后储量恢复到 Q。如此周而复始，储量变化就如图10.2所示。

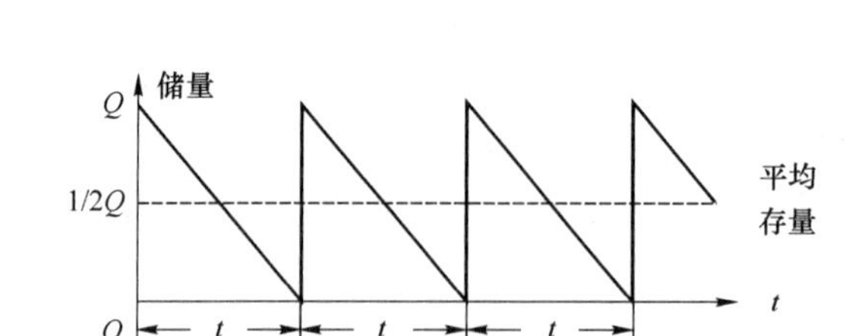

图 10.2　不允许缺货模型

1. 模型定性分析

在研究存储模型时,我们最关心的是每次的订货量应当多大时才能使总费用最小?

在这个模型中,只有订货费和存储费随订货量 Q 而改变。订货量 Q 与订货费用成反比,与存储费用成正比。当订货量较少时,可节约存储费,但订货次数增加,从而增加了订货费。反之,加大订货量时,减少了订货费用,却加大了存储费。所以我们要找到一个最适当的订货量及订货周期使总费用最少。

2. 模型定量分析

由于整个库存系统具有周期性,我们只需研究一个周期的情况。在一个周期中,总费用为订购费和存储费之和。但是订购费发生在期初,存储费则在整个周期中都发生,两者在发生时间上不同,所以我们在构造模型时应将单位时间的总费用定为目标函数,来确定订货批量,即

单位时间内总费用＝单位时间平均订购费＋单位时间的存储费

具体的分析如下:

令 D 代表需求率,t 代表订货周期长度,一次的订购量要满足 t 时间内的生产,所以每次订购量为

$$Q=Dt \tag{10.1}$$

令 C_d 代表每次的订购费,由上式可知 $t=Q/D$,所以单位时间平均订购费

$$\overline{C}_d=\frac{C_d}{t}=\frac{DC_d}{Q} \tag{10.2}$$

因为 D 是常数,从图 10.2 中我们可以看出储量是随时间直线下降的,它的最大值是 Q,最小值是 0,所以平均存储量为

$$\overline{Q}=\frac{1}{2}Q \tag{10.3}$$

令 C_s 代表单位物资存储单位时间的存储费,则单位时间内的存储费

$$\overline{C}_s=\frac{1}{2}QC_s \tag{10.4}$$

若不考虑每一周期内存储物资的所需资金,我们可以得到总费用关于订货量 Q 的函数,即单位时间内的总费用为

$$C(Q)=\frac{DC_d}{Q}+\frac{1}{2}QC_s \tag{10.5}$$

图 10.3 表示各项费用随 Q 变化的趋势。从图 10.3 中可以看出,总费用 $C(Q)$ 曲线在 C_d 和 C_s 的交点处取得最低点,最低点对应的订货量 Q_0,它就是使总费用最少的订货量,通常叫作**经济订货量**(Economical Order Quantity,**E. O. Q**)。

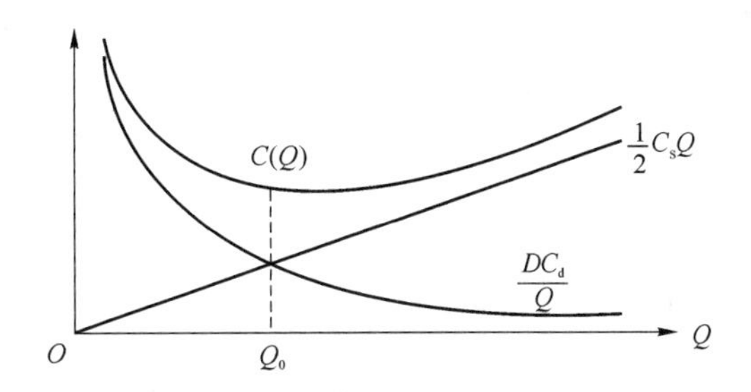

图 10.3 订货量费用曲线

经济订货量 Q_0 可以通过微积分求最小值的方法求出。对式(10.5)求导数,并令导数为零,可得

$$\frac{dC(Q)}{dQ}=-\frac{DC_d}{Q^2}+\frac{1}{2}C_s=0$$

解得经济订货量

$$Q_0=\sqrt{\frac{2DC_d}{C_s}} \tag{10.6}$$

将 Q_0 代入式(10.1),得到最优订货周期

$$t_0=\sqrt{\frac{2C_d}{DC_s}} \tag{10.7}$$

将 Q_0 代入式(10.5),得到单位时间最小费用

$$C(Q_0)=\sqrt{2DC_dC_s} \tag{10.8}$$

3. 对模型的说明

(1) 在最优订货量时,单位时间的存储费等于单位时间的平均订购费。

(2) 在计算经济订货量时,该模型并没有考虑物资的单价。

设物资单价为 K,每次订购时物资的费用为 KQ,平均到单位时间的费用为

$$\frac{KQ}{t}=\frac{KQD}{Q}=KD \tag{10.9}$$

如果 K 为常数,则单位时间的物资费用也是常数,与 Q 无关,对经济订货量模型优化时没有影响,所以求经济订货量和最优订货周期时可以不予考虑,但计算总费用时应考虑。

(3) 在该模型中,我们假设备运期为零。现在我们来讨论备运期不为零的情况。

设备运期为 L,则在备运期中总需求量是 $s=LD$,s 就是采用定点补充法时的订货点储量。当订货物资到达时,储量正好下降到零,如图 10.4 所示。

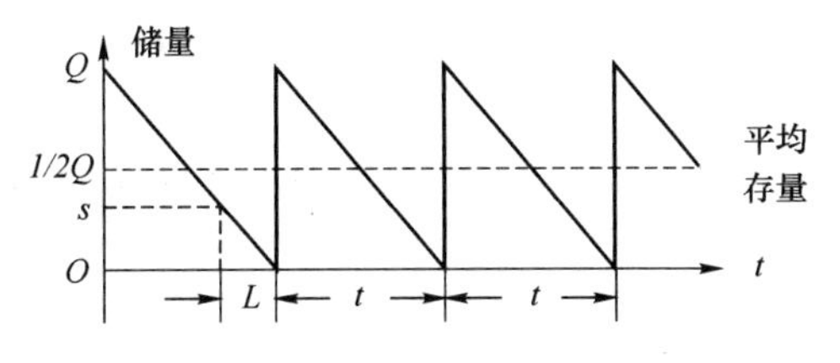

图 10.4 储量变化图

(4) 在实际情况中,严格按经济订货量订货并不方便,如大量订购油料时,最好以桶为单位,而经济订货量并不一定是整桶的倍数,要对经济订货量进行修正。这时就要知道当修

改后的订购量偏离经济订货量时对总费用产生多大影响,这也叫**灵敏度分析**。

设实际订购量为 Q,并令 $Q=rQ_0$,其中 r 是一个比例常数。列出实际订购量的总费用为

$$C(Q)=C(rQ_0)=\frac{DC_d}{rQ_0}+\frac{1}{2}C_s rQ_0 \tag{10.10}$$

将计算出的经济订货量 Q_0 代入上式,可得

$$\begin{aligned}C(Q)=C(rQ_0)&=\frac{DC_d}{rQ_0}+\frac{1}{2}C_s rQ_0\\&=\frac{1}{2r}\sqrt{2DC_sC_d}+\frac{1}{2}r\sqrt{2DC_sC_d}\\&=\frac{1}{2}\left(r+\frac{1}{r}\right)C(Q_0)\end{aligned}$$

$C(rQ_0)$与 $C(rQ_0)$相比较,可得

$$\frac{C(rQ_0)}{C(Q_0)}=\frac{1}{2}\left(r+\frac{1}{r}\right)$$

当 r 由 0.5 增大到 2 时,$\frac{C(rQ_0)}{C(Q_0)}=1.25\sim1\sim1.25$(由 1.25 下降到 1 又上升到 1.25)。

这说明当订购量在经济订货量减少一半或增加一倍范围内变化时,总费用最多只增加 25%。如果 $r=1.1$,比值则为 1.004 5。可见订购量改变幅度不大时,对总费用影响很小。

例 10.1 一家出租车公司平均每月使用汽油 $D=8\,000$ L,汽油价格为 $K=1.05$ 元/L,每次订货费为 $C_d=3\,000$ 元,保管费为 $C_s=0.03$ 元/(L·月)。问:

(1) 经济订货量是多少?

(2) 一年订购几次?

(3) 一年的存储费和订购费最少各是多少?总费用是多少?

解 (1) 根据式(10.6),可得

$$Q_0=\sqrt{\frac{2\times8\,000\times3\,000}{0.03}}=40\,000\text{ L}$$

(2) 按经济订货量,可知最优订货周期为

$$t_0=\frac{Q_0}{D}=\frac{40\,000}{8\,000}=5\text{ 月}$$

每年订购次数 $=12\,/\,t_0=2.4$ 次

(3) 每年订购费为 $2.4\times3\,000$ 元 $=7\,200$ 元

每年存储费为 $12\times\frac{1}{2}\times0.03\times40\,000=7\,200$ 元

物资费用为 $2.4\times1.05\times40\,000=100\,800$ 元

总费用为 $7\,200+7\,200+100\,800=115\,200$ 元

10.3.2 模型 2——允许缺货模型

显然,必须有较多的存储量才能满足不允许缺货模型。如果一定条件下允许缺货,虽然要支付一些缺货损失费,但存储量可以减少,订货周期可以延长,这样可以少付一些订货费

和存储费。如果缺货的损失可以用货币价值表现，则可求出符合规定条件下总费用最小时的经济订货量和相应的缺货量。

我们以上一个模型的假设条件为基础，加上缺货情况，按货到后补足缺货量，但要承担缺货时带来的损失费进行分析。

令 C_q 为单位时间的缺货费，q 是最大允许缺货量，t 是订货周期。其中 t_1 是不缺货时间，t_2 是缺货时间，允许缺货模型如图 10.5 所示：

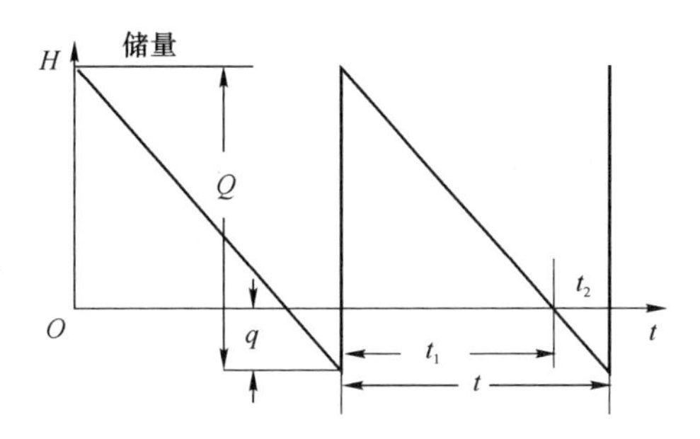

图 10.5　允许缺货模型

令需求率为常数 D，由于缺货需要不足，所以

$$Q=Dt$$

$$H=Q-q$$

$$t_1=\frac{Q-q}{D}$$

$$t_2=\frac{q}{D}$$

H 为最大储存储量，可以满足 t_1 时间的需求，t_1 时间的平均存储量为 $H/2$，在 t_2 时间存储量为零。所以，我们可以得到 t 时间的平均存储量为

$$\overline{Q}=\frac{H}{2}\cdot\frac{t_1}{t}=\frac{(Q-q)t_1}{2t}=\frac{(Q-q)^2}{2Q}$$

由此可以推出

平均订购费　$$\overline{C}_d=\frac{C_d}{t}=\frac{DC_d}{Q}$$

平均存储费　$$\overline{C}_s=\overline{Q}C_s=\frac{(Q-q)^2C_s}{2Q}$$

平均缺货损失费　$$\overline{C}_q=\frac{qt_2C_q}{2t}=\frac{q^2C_q}{2Q}$$

单位时间平均总费用为上述 3 项费用之和，即

$$C(Q,q)=\frac{DC_d}{Q}+\frac{(Q-q)^2C_s}{2Q}+\frac{q^2C_q}{2Q} \tag{10.11}$$

式(10.11)中有两个变量 Q 和 q，可用多元函数求极值的方法求出 $C(Q,q)$ 最小时的 Q 和 q 值。先对 q 求偏导，并应用一阶条件，有

$$\frac{\partial C}{\partial q}=-C_s\frac{(Q-q)}{Q}+C_q\frac{q}{Q}=0$$

解得

$$q=\frac{C_s}{C_s+C_q}Q \tag{10.12}$$

将式(10.12)代回目标函数,消去 q,整理后有

$$\begin{aligned} C(Q) &= C_d\frac{D}{Q}+\left(\frac{C_q}{C_s+C_q}\right)^2\frac{C_sQ}{2}+\left(\frac{C_s}{C_s+C_q}\right)^2\frac{C_qQ}{2} \\ &= C_d\frac{D}{Q}+C_s'\frac{Q}{2} \end{aligned} \tag{10.13}$$

$$C_s'=C_s\frac{C_q}{C_s+C_q} \tag{10.14}$$

式(10.13)中,C_s'称为等效存储费。注意,式(10.13)与式(10.5)具有相同的形式,直接利用式(10.6),我们有

$$Q_0=\sqrt{2DC_d}\sqrt{\frac{1}{C_s}+\frac{1}{C_q}} \tag{10.15}$$

$$q_0=\sqrt{2DC_d}\sqrt{\frac{C_s}{C_q(C_s+C_q)}} \tag{10.16}$$

$$t_0=\frac{Q_0}{D} \tag{10.17}$$

$$C(Q_0,q_0)=\sqrt{2DC_d}\sqrt{\frac{C_sC_q}{C_s+C_q}} \tag{10.18}$$

比较允许缺货模型2和不允许缺货模型1的计算结果,可以得出如下结论:

(1) 当缺货费 $C_q\to\infty$时,$C_q/(C_s+C_q)\to 1$,模型2退化为模型1;

(2) 由于 $C_q/(C_s+C_q)<1$,所以 $C_s'<C_s$,式(10.18)<式(10.8),即允许缺货有利。

从纯数学的角度看,允许缺货模型是不允许缺货模型的松弛问题,所以可能有更好的解。从商业实践中,我们也看到类似缺货后补货的现象,如商品的预售、期货(没有现货);银行之间的资金拆借等。

例10.2 某小型陶瓷厂对煤炭的全年需求量为 $D=1\,040$ t,每次订购费为 $C_d=2\,040$ 元,每年的保管费为 $C_s=170$ 元/t。若允许缺货,且缺货损失费为每年 $C_q=500$ 元/t。求:

(1) 允许缺货时的经济订货量 Q_0,最优订货周期 t_0,最优缺货量 q_0,以及最小费用$C(Q_0,q_0)$;

(2) 如果不允许缺货,其他条件不变,求 Q_0、t_0 和 $C(Q_0)$,并与允许缺货的结果比较。

解 (1) 允许缺货时,按式(10.15)~式(10.18)计算,可得

$$Q_0=\sqrt{2\times1\,040\times2\,040}\sqrt{\frac{1}{170}+\frac{1}{500}}=183\text{ t}$$

$$q_0=\sqrt{2\times1\,040\times2\,040}\sqrt{\frac{170}{500(500+170)}}=46\text{ t}$$

$$t_0=\frac{Q_0}{D}=\frac{183}{1\,040}=0.176\text{ a}$$

$$C(Q_0,q_0)=\sqrt{2\times1\,040\times2\,040}\sqrt{\frac{500\times170}{500+170}}=23\,202\text{ 元/a}$$

(2) 不允许缺货时,按式(10.6)~式(10.8)计算,可得

$$Q_0=\sqrt{\frac{2\times 2\ 040\times 1\ 040}{170}}=158\ \text{t}$$

$$t_0=\frac{Q_0}{D}=\frac{158}{1\ 040}=0.152\ \text{a}$$

$$C(Q_0)=\sqrt{2\times 1\ 040\times 2\ 040\times 170}=26\ 858\ 元/\text{a}$$

不允许缺货与允许缺货比较，允许缺货时，订购量虽然增加了，但订货到达后要补足缺货，从而使实际平均存储量减少了，同时订货周期也延长了，因此总的费用有所下降。这样对于某些企业来说，如果缺货损失不十分严重，允许缺货在经济上还是合算的。

10.3.3　模型3——连续性进货 不允许缺货模型

在实际订货过程中，有时所订货物不能瞬间全部入库，还需要一段时间陆续入库。如在实际生产过程中，有很多零件是工厂自己生产的，但在生产一段时间，有了一定数量的储备后，就停止生产，相关设备转产其他零件，等到该种零件的储量快要用完时，再重新生产。每种零件的生产期产量要大于需求量。这样，存储量的变化就如图10.6所示。

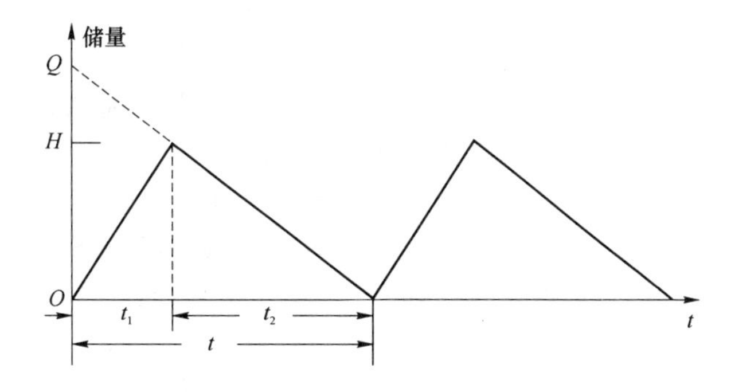

图10.6　连续性进货　不允许缺货模型

以零件生产为例，图10.6中 t_1 是零件生产期，储量上升；t_2 是零件停产期，储量下降；到储量用尽时立即恢复生产，生产周期是 $t=t_1+t_2$。

在这种模型中，每次改变生产品种时，要支出一定的费用，称为准备费，这种费用包括停产损失、改换刀具、调整设备等所需费用，这一类费用是改换产品品种时的一次性费用，基本上与生产的数量无关，所以其相当于订购费 C_d。下面我们来计算这个模型的经济订货量。

设单位时间内零件需求量为常数 D，生产期间单位时间的产量为 K，零件的存储费用为 C_s，生产期 t_1，停产期 t_2。

在生产期 t_1 内，存储量以 $(K-D)$ 速度增加，在停产期 t_2 内，存储量以速度 D 减少。每次生产的总产量为 $Q=K\,t_1$，当生产期 t_1 终了时，达到最大存储量 H，则有

$$H=(K-D)t_1=\frac{K-D}{K}Q$$

设物资的平均存储量为 $\overline{Q}$，则有 $\overline{Q}=\frac{H}{2}=\frac{K-D}{2K}Q$，由此我们可以求得平均存储费用为

$$\overline{C}_s=C_s\overline{Q}=\frac{(K-D)C_s}{2K}Q$$

我们还可以用 Q 的函数来表示时间 t_1、t_2：

$$t_1=\frac{Q}{K},\quad t_2=\frac{H}{D}=\frac{K-D}{KD}Q$$

由此,可以得到平均订购费为

$$\overline{C}_d=\frac{C_d}{t_1+t_2}=\frac{DC_d}{Q}$$

单位时间总平均费用为

$$C(Q)=\frac{DC_d}{Q}+\frac{(K-D)C_s}{2K}Q \tag{10.19}$$

用求导的方法确定上式的最小值以及取最小值时的 Q 值,由此确定经济订购量和最小费用为

$$Q_0=\sqrt{\frac{2C_d}{C_s}\cdot\frac{DK}{K-D}} \tag{10.20}$$

$$C(Q_0)=\sqrt{2C_dC_sD\left(1-\frac{D}{K}\right)} \tag{10.21}$$

我们可以计算出最大存储量 $H=\frac{K-D}{K}Q_0$。显然 $K<D$ 是不能允许的,因为这时单位时间所生产的零件数不足以供应当时生产需求。当 $K\gg D$ 时,$H=Q_0$,说明开工后很快就能达到最大存储量。当 K 大于 D 但接近于 D 值时,要达到最大存储量 H,Q_0 将是很大值,与此同时 $C(Q_0)$值也将很大。此外,比较模型 3 和模型 1 的计算结果,可以得到如下结论:

(1) 当进货率 $K\to\infty$时,$(K-D)/K\to 1$,模型 3 退化为模型 1;

(2) 当进货率 $K\to D$ 时,$Q_0\to\infty$,$T_0\to\infty$,$C(Q_0)\to 0$;这种极限反映的是签订这样一种长期供货合同,需要多少供给多少,没有库存,也不需要周期订货,因此,单位时间平均费用趋于 0。这正是 JIT 的理想状态。

例 10.3 某机床厂装配车间每月需要 A 零件 $D=400$ 件。该零件由厂内生产,生产率为每月 $K=800$ 件,每批生产准备费为 $C_d=100$ 元,每月零件的保管费为 0.5 元/个。求最佳生产批量和最小费用。

解 按照式(10.20)与式(10.21),求得

$$Q_0=\sqrt{\frac{4\times100}{0.5}\times\frac{400\times800}{800-400}}=566\text{ 件}$$

$$C(Q_0)=\sqrt{2\times100\times0.5\times400\left(1-\frac{400}{800}\right)}=141.4\text{ 元/月}$$

10.3.4 模型 4——两种存储费 不允许缺货模型

在实际存储问题中,常常会受到种种限制,如仓库容量的限制等,使得我们求得的经济订货量无法在一个仓库中满足,这种限制使我们只能在不同的仓库存储,这就涉及不同的存储费的问题。在这个模型中我们讨论自由仓库容量补足时可临时租用仓库存储的不允许缺货模型。

设:W 代表自由仓库容量;

C_s 代表自由仓库单位存储费;

C_r 代表租用仓库存储费,且 $C_r>C_s$。

当根据 C_s、C_d 和需求量 D 算出经济订货量(Q_0)后,如果

$$Q_0=\sqrt{\frac{2DC_d}{C_s}}>W \tag{10.22}$$

就应考虑临时租用仓库存放多余的物资。由于 $C_r>C_s$,所以,提取物资供给需求时,必须先提取占用租用仓库的那一部分物资。存储量的变化如图10.7所示,图中阴影部分表示租用仓库的存储量,t_1 是临时性仓库的时间。

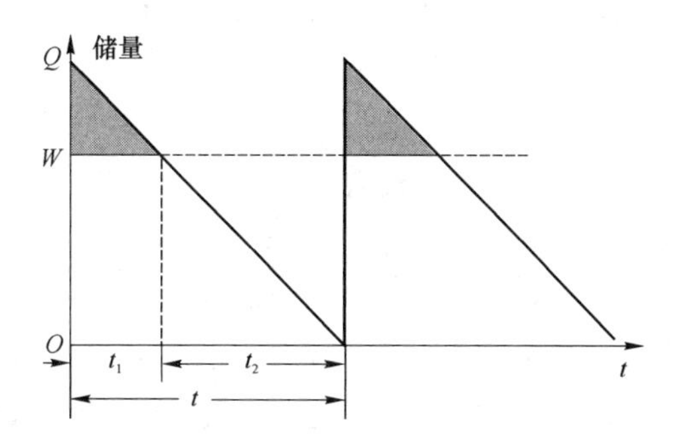

图10.7　两种存储费　不允许缺货模型

从图10.7可知:

订货周期为 $$t=t_1+t_2=\frac{Q}{D}$$

平均订购费为 $$\overline{C}_d=\frac{C_d}{t}=\frac{DC_d}{Q}$$

租用仓库存储时间为 $$t_1=\frac{Q-W}{D}$$

租用仓库的平均储量为 $$A=\frac{1}{2}(Q-W)\frac{t_1}{t}=\frac{1}{2}\frac{(Q-W)^2}{Q}$$

自由仓库的平均储量为 $$B=\frac{1}{2}Q-A=\frac{1}{2}Q-\frac{1}{2}\frac{(Q-W)^2}{Q}$$

这样我们就可以求出不同仓库的存储费用:在租用仓库时的平均存储费为 AC_r;在自由仓库时的平均存储费为 BC_s。所以平均总费用为

$$\begin{aligned}C(Q)&=\frac{DC_d}{Q}+AC_r+BC_s\\&=\frac{DC_d}{Q}+\frac{C_sQ}{2}+(C_r-C_s)\frac{(Q-W)^2}{2Q}\end{aligned} \tag{10.23}$$

对上式求导并令导数为零,解出经济订货量为

$$Q_{0W}=\sqrt{\frac{2DC_d}{C_r}+W^2\left(1-\frac{C_s}{C_r}\right)} \tag{10.24}$$

式(10.24)只有在满足式(10.22)的条件下才有意义,因为当 $W=Q_0$ 时,根本不需要租用仓库。可以看出,自由仓库容量 W 越小,或者 C_r 越大,经济订货量 Q_{0W} 就越小。当 $C_r=C_s$ 时,租用仓库与自由仓库实际上就没有区别了,即模型4退化为模型1。

从上面4种确定存储模型的分析过程可以看出,确定型存储模型求解的基本思路是,列出单位时间内总的可变费用与订购量等的函数表达式,然后利用高等数学中求极限值的方

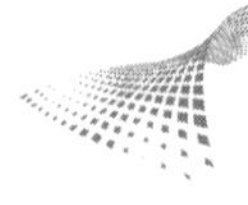

法求解最优订购量等指标。另外,建议读者注意4种模型是如何转换的。

10.3.5 模型5——批量折扣 不允许缺货模型

前面的几个模型所讨论的货物单价是常数,得出的存储策略都与货物单价无关。如果物资的单价与订购数量或订购时间有关,那么在确定订购策略时就必须考虑单价变动的影响。在实际生活中,我们常看到一种商品有零售价、批发价和出厂价,购买同一种商品的数量不同,商品单价也不同。一般情况下购买数量越多,商品单价降低。例如,物资出售部门为了能迅速尽可能多地推销产品,往往规定:一次性订购量较大时可以降低单价,即给予一定折扣。在这个模型中我们讨论这种"订价有折扣"的模型。所谓"订价有折扣"的模型,是指根据订货量的大小规定不同的购价,换言之,购价为关于订货量 Q 的分段函数 $K(Q)$。

假定:单价折扣等级共有 n 级,一次订购量越大,单价越低。第一级允许的订购量最小(订价可以从第一级开始),单价最高,以后各级允许的订购量逐级增加,而单价逐级降低。令 k_j 代表第 j 级的物资单价,M_j 代表第 j 级的最小一次性订购量,则订购量在 M_j 与 M_{j+1} 之间时(不包括 M_{j+1})单价是 k_j。

由此我们可以得出 $K(Q)$ 的一般形式为

$$K(Q)=\begin{cases} c_1, & Q\in[0,Q_1) \\ c_2, & Q\in[Q_1,Q_2) \\ \vdots & \vdots \\ c_n, & Q\in[Q_{n-1},\infty) \end{cases} \tag{10.25}$$

下面我们仅就模型1为例加以分析,这个方法也同样适用于模型2~4。根据不缺货模型的平均总费用式(10.5),再加上单位时间所订货物的总价值 Dk_j,就得到本模型的单位时间平均总费用,即

$$C_j(Q)=\frac{1}{2}C_sQ+\frac{DC_d}{Q}+Dk_j \tag{10.26}$$

其中,式(10.26)等式右边第1项是存储费,第2项是订购费,第3项是货物的价值。

我们根据某一个 k_j 绘制出整个 $C_j(Q)$ 的曲线。由于 k_j 只有当订货量 Q 落在 M_j 与 M_{j+1} 之间才有意义,所以我们只取 $C_j(Q)$ 曲线在 M_j 与 M_{j+1} 之间的一段(不包括 M_{j+1} 点)。用同样的方法,可以绘制出 $j=1,2,\cdots,n$ 各种条件下的 $C_j(Q)$ 曲线。图10.8中给出3条曲线,曲线的实体部分表示有用范围。可以看出:订购量 Q 越大,单价越低,曲线 $C_j(Q)$ 也越低。

下面我们考虑如何求最小费用 $\min C(Q_m)$ 和最优订购量 Q_m。

首先,由于 C_d 和 C_s 可确定物资原价不打折扣时 Q_0 值,而与订购量大小 Q 无关,所以每条曲线上的最小费用点都对应与同一经济订货量 Q_0。但对各条曲线来说,Q_0 不一定在它的有用范围内,如果 Q_0 点不在有用范围内,那么这条曲线上的最小费用点将位于有用范围两端点之一上。当有用范围在 Q_0 左侧时,右端点费用最低,如曲线 $C_1(Q)$ 上的 A 点;当有用范围在 Q_0 右侧时,左端点的费用最低,如曲线 $C_3(Q)$ 上的 D 点。根据这一规律,求最优订货量 Q_m 和最小费用的步骤如下。

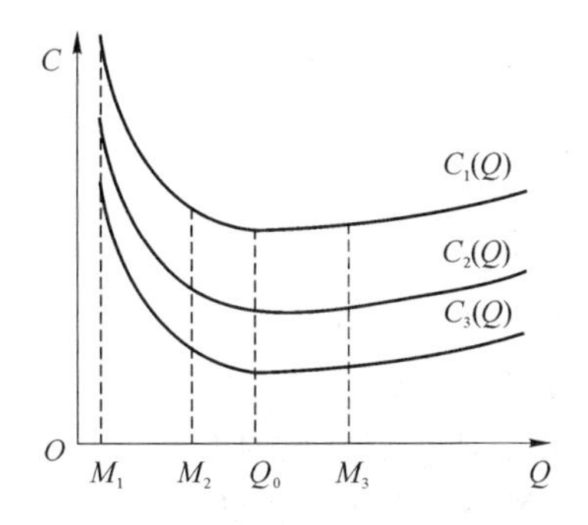

图 10.8 批量折扣模型 $C_j(Q)$曲线

(1) 先不考虑单价，求经济订货量 Q_0：

$$Q_0=\sqrt{\frac{2DC_d}{C_s}}$$

考查 Q_0 位于哪条曲线的有用范围内，如果位于单价最低的曲线的有用范围内，则 Q_0 就是所求的最优订货量 Q_m，因为它所对应的总费用是最低曲线上的最低点。

(2) 如果 Q_0 位于较高曲线（设为 k 曲线）上的有用范围内，则按式(10.26)计算出 Q_0 点的总费用 $C_k(Q_0)$，再与所有较低曲线上有用范围左端点的费用逐一比较，最后，可得到最小费用 $\min C(Q_m)$和最优订购量 Q_m，如图 10.8 中的 D 点。

当在 k 曲线上找到最小费用 $\min C(Q_m)$和最优订购量 Q_m 后，对于较 k 曲线高的曲线就可以不再计算，因为较高曲线上的最小费用必然大于 Q_0 点的费用，如图 10.8 中，曲线 $C_1(Q)$上 A 点的费用高于 B 点，而 B 点的费用又高于 Q_0 点的费用。

例 10.4 某仪表厂今年拟生产某种仪表，该仪表中的一个元件需向仪表元件厂订购，已知每月需这种零件 2 000 件，每次订购费 $C_d=100$ 元，每件每月存储费 $C_s=0.1$ 元。一次订购量 Q 与零件单价如下：

订购量/件	价格/(元·件$^{-1}$)
$0\leqslant Q<1\,000$	$K_1=1.2$
$1\,000\leqslant Q<3\,000$	$K_2=1.15$
$3\,000\leqslant Q<5\,000$	$K_3=1.1$
$5\,000\leqslant Q$	$K_4=1.05$

试求：最优订购量 Q_m 和最小费用 $\min C(Q_m)$。

解 (1) 不考虑单价时的经济订货量

$$Q_0=\sqrt{\frac{2\times 2\,000\times 100}{0.1}}=2\,000\text{ 件}$$

Q_0 在 1 000 件与 3 000 件之间，总费用为

$$\begin{aligned}C_2(Q_0)&=\frac{1}{2}\times 0.1\times 2\,000+\frac{2\,000\times 100}{2\,000}+2\,000\times 1.15\\&=2\,500\text{ 元/月}\end{aligned}$$

(2) 由于 Q_0 落在 1 000～3 000，所以

$$C_3(3\,000)=\frac{1}{2}\times 0.1\times 3\,000+\frac{2\,000\times 100}{3\,000}+2\,000\times 1.1$$
$$=2\,416.7\text{ 元/月}$$
$$C_4(5\,000)=\frac{1}{2}\times 0.1\times 5\,000+\frac{2\,000\times 100}{5\,000}+2\,000\times 1.05$$
$$=2\,390\text{ 元/月}$$

故 $Q_m=5\,000$ 件，$\min C(Q_m)=2\,390$ 元/月。

通常存储费中包括有存储物资所占资金的利息，因而存储费随单价改变。在这种情况下，每种单价下的费用曲线上的经济订货点 Q_0 将随着单价的下降向右移动。求最优订购量时，必须计算每种单价下的经济订货量 Q_0，再确定最小费用点，这时可从单价最低的曲线开始计算，逐步比较。如果单价的等级较多，可编写计算机程序计算。

10.4 随机存储模型

实际存储过程中，需求量和备运期受各种因素的影响，往往是随机的。随机型存储模型的重要特点是需求为随机的，其概率或分布为已知。如果需求量的平均值和备运期的平均值按确定型模型求解，就可能出现缺货现象，所以对具有随机性的存储问题应建立更合理的模型。例如商家对某种商品进货 500 件，这 500 件商品可能在一个月内售完，也有可能在两个月之后还有剩余。商家如果想既不因缺货而失去销售机会，又不因滞销而过多积压资金，这时必须采用新的存储策略，可供选择的策略有 3 种。

除了我们在本章开头提到的“定期订货法”和“定点订货法”以外，我们还可以采用“综合订货法”，即把定期订货与定点订货综合起来的方法。每隔一定时间检查一次存储，如果存储数量高于一个数值 s，则不订货；小于 s 时则订货补充存储，订货量要使存储量达到 S，这种策略可以简称(s,S)存储策略。

此外随机型模型与确定型模型不同的特点还有：不允许缺货的条件只能从概率的意义方面理解，如不缺货的概率为 0.9 等。存储策略的优劣，通常以营利的期望值的大小作为衡量的标准。

10.4.1 报童问题

报童问题是具有代表性的随机存储模型之一。它指的是报纸零售商店与报纸发行单位签订每天的报纸定量供应合同问题。此后，报纸零售商每日从报纸发行单位按合同规定领取所预定的报纸数，当日出售。在一定时期内，如一季、半年，零售商所订的报纸数是固定的，而每日出售的实际数量显然是随机的，所订报纸如果是当日出售，则售出的一份可得纯收入 a 角钱。如果当日不能售出，则将按旧报纸处理，这样每份会亏损 b 角钱。问报纸零售商应如何确定合同的报纸订购量，从而使合同期间的纯收益最大？

这个问题可以看成为一个随机需求，定量订货的存储模型。它的订货费可不再考虑，备运期为零。签订合同后，即一次订购以后，每日进货量长期固定不变。当某天市场需求量小于进货量时，多余报纸所造成的折价处理后的损失费可看作为存储费。当某天市场需求量大于进货量时，由于失去销售机会而减少了纯收入，这时可把所造成的单件纯收入看成为缺货损失费，要求确定合同的最佳订货量，使这两种损失费总和最小，或者每天两种损失的平均数最小。

设：Q 为按合同规定的每日订货量，假定较长时间内不变；

x 为每日需求量，是随机变量；

$P(x)$为随机变量 x 的概率分布。

对于报纸零售商，其损失有两种可能：

(1) $x>Q$，供不应求，由于出现脱销而造成的机会损失费为 $a(x-Q)$；

(2) $x<Q$，供过于应，由于部分报纸未能售出进行折价处理的损失费为 $b(Q-x)$。

由此我们可以得到费用函数 $C(Q)$为分段函数：

$$C(Q)=\begin{cases}a(x-Q), & x>Q\\ b(Q-x), & x\leqslant Q\end{cases} \tag{10.27}$$

为了计算较长时期内售报损失的每天平均值(期望值)，必须事先进行调查，并预测今后每日需求量 x 的概率分布 $P(x)$，它一般是根据统计资料来确定。当 $P(x)$已知，由于是离散型，则每日损失的平均值 $E[C(Q)]$为机会损失与折价处理损失费总和，即

$$E[C(Q)]=b\sum_{x=0}^{Q}(Q-x)P(x)+a\sum_{x=Q+1}^{\infty}(x-Q)P(x) \tag{10.28}$$

上式中 Q 值的变化将影响总收入。因为当 Q 值过大时第 1 项损失变大，而第 2 项损失变小；反之当 Q 值变小时第 1 项损失变小，而第 2 项损失变大。

当 Q_0 为最优值时，则应满足

$$E[C(Q_0)]\leqslant E[C(Q_0+1)] \tag{10.29}$$

$$E[C(Q_0)]\leqslant E[C(Q_0-1)] \tag{10.30}$$

以上两式说明，订购 Q_0 份报纸的损失，比订购(Q_0+1)份和订购(Q_0-1)份都小，所以当 Q_0 满足上两式时，总的损失最小。当订报份数等于(Q_0+1)和(Q_0-1)时，仿照式(10.28)，可得

$$E[C(Q+1)]=b\sum_{x=0}^{Q+1}(Q+1-x)P(x)+a\sum_{x=Q+2}^{\infty}(x-Q-1)P(x) \tag{10.31}$$

$$E[C(Q-1)]=b\sum_{x=0}^{Q+1}(Q-1-x)P(x)+a\sum_{x=Q+2}^{\infty}(x-Q+1)P(x) \tag{10.32}$$

将式(10.28)和式(10.31)代入式(10.29)，整理后可得

$$\sum_{x=0}^{Q}P(x)\geqslant\frac{a}{a+b}$$

将式(10.28)和式(10.32)代入式(10.30)，整理后可得

$$\sum_{x=0}^{Q-1}P(x)\leqslant\frac{a}{a+b}$$

所以，当 Q 满足式(10.33)时，$E[C(Q)]$最小，即

$$\sum_{x=0}^{Q-1}P(x)\leqslant\frac{a}{a+b}\leqslant\sum_{x=0}^{Q}P(x) \tag{10.33}$$

首次满足式(10.33)右端求和项的上限值 Q 就是最优订购量。式(10.33)中，$a/(a+b)$称为临界比。

采用期望收益最大分析，也可以得到式(10.33)相同的结果。

例 10.5 设报纸零售商售出一份报纸的净收入为 $a=1$ 角,售不出去时,每份亏损 $b=3$ 角,已知需求量 x 的概念分布如表 10.2 所示。

求:(1) 零售商应订多少份报纸才能使纯收入期望值最高?纯收入期望值是多少?

(2) 当 $a=b=2$ 角时,应订多少份报纸才合适,相应的纯收入期望值是多少?

(3) 如果担心亏损而只订 30 份,$a=b=2$ 角,这时的纯收入期望值是多少?

表 10.2 概率分布表

需求量 x/份	30	31	32	33	34	35	36	37
$P(x)$	0.05	0.08	0.15	0.20	0.30	0.12	0.07	0.03
$\sum P(x)$	0.05	0.13	0.28	0.48	0.78	0.90	0.97	1.00

解 (1) 已知 $a/(a+b)=0.25$,根据式(10.33),可得

$$\sum_{x=0}^{Q-1} P(x) \leqslant 0.25 \leqslant \sum_{x=0}^{Q} P(x)$$

从表 10.2 查得 $x=Q^*=32$。

因收入的期望值等于 32,报纸全部售出的净收入减去售不出的净损失,所以,当订购量 $Q^*=32$ 份时,收入的期望值为

$$\sum_{30}^{31} aP(x) - \sum_{x=30}^{31}(32-x)bP(x) + \sum_{32}^{37} 32aP(x) + \sum_{30}^{31} 32aP(x) - \sum_{30}^{31} 32aP(x)$$

$$= 32a - (a+b)\sum_{x=30}^{31}(32-x)P(x)$$

当 $a=1,b=3$ 时,有

$$32 \times 1 - (3+1)\sum_{x=30}^{31}(32-x)P(x) = 4 \times (2 \times 0.05 + 0.08) = 31.28 \text{ 角}$$

(2) 当 $a=b=2$ 时,$a/(a+b)=0.5$,从表 10.2 查得 $x=Q^*=34$,收入的期望值为

$$2 \times 34 - 4\sum_{x=30}^{34}(34-x)P(x) = 68 - 3.76 = 64.24 \text{ 角}$$

(3) 当 $a=b=2$,只订 30 份时,每人的报纸都将全部出售,没有售不出去的损失费,纯收入期望值$=2\times30=60$ 角。显然,这时的纯收入低于 34 份时的纯收入。

如果需求量 x 是连续随机变量,而且概率密度 $f(x)$已知,那么式(10.28)中的损失期望值变为

$$E[C(Q)] = b\int_0^Q (Q-x)f(x)\mathrm{d}x + a\int_Q^\infty (x-Q)f(x)\mathrm{d}x \tag{10.34}$$

令$\dfrac{\mathrm{d}E[C(Q)]}{\mathrm{d}Q}=0$,可得

$$\int_0^Q f(x)\mathrm{d}x = \frac{a}{a+b} \tag{10.35}$$

最优订货量 Q^* 可由上式确定。

若采用期望净收益 $E[R(Q)]$作为目标函数,则有

$$E[R(Q)] = \int_0^Q [ax - b(Q-x)]f(x)\mathrm{d}x + aQ\int_Q^\infty f(x)\mathrm{d}x \tag{10.36}$$

式(10.38)经过整理可得

$$E[R(Q)] = aQ - (a+b)\int_0^Q (Q-x)f(x)\mathrm{d}x \tag{10.37}$$

利用含有参变量积分的求导公式

$$\frac{\mathrm{d}}{\mathrm{d}t}\int_a^{b(t)} f(x,t)\mathrm{d}x = \int_a^b f'_t(x,t)\mathrm{d}x + f(b,t)\frac{\mathrm{d}b(t)}{\mathrm{d}t}$$

由一阶条件有

$$\frac{\mathrm{d}E[R(Q)]}{\mathrm{d}Q} = a - (a+b)\int_0^Q f(x)\mathrm{d}x - (a+b)[(Q-Q)f(Q)] = 0$$

解得

$$\int_0^Q f(x)\mathrm{d}x = \frac{a}{a+b} \tag{10.38}$$

其结果和采用损失期望值为目标的结果是一样的。

记 $F(Q) = \int_0^Q f(x)\mathrm{d}x$，则有

$$F(Q^*) = \frac{a}{a+b} \tag{10.39}$$

例 10.6 某书报亭经营某种期刊，每册进价 0.80 元，售价 1.00 元，如过期，处理价为 0.50 元。根据多年的统计表明，需求服从均匀分布，最高需求量为 1 000 册，最低需求量为 500 册，问应进货多少，才能保证期望收益最高？

解 由概率论可知，均匀分布的概率密度函数为

$$f(x) = \begin{cases} \dfrac{1}{c-d}, & d \leqslant x \leqslant c \\ 0, & \text{其他} \end{cases}$$

累计概率分布为

$$F(x) = \frac{x-d}{c-d}$$

其中，c 为最高需求量，$c=1\,000$；d 为最低需求量，$d=500$。

因为，$a=1.0-0.8=0.2$，$b=0.8-0.5=0.3$，所以临界比为

$$\frac{a}{a+b} = \frac{0.2}{0.2+0.3} = 0.4$$

由式(10.39)，可得

$$F(Q^*) = \frac{Q^*-d}{c-d} = \frac{Q^*-500}{1\,000-500} = 0.4$$

由此解得最优订购量 $Q^*=700$ 册。

应用式(10.37)可得最大期望收益为

$$\begin{aligned} E[R(Q)] &= aQ - (a+b)\int_0^Q (Q-x)\frac{1}{c-d}\mathrm{d}x \\ &= aQ - \frac{a+b}{c-d} \times \frac{(Q-d)^2}{2} \\ &= 0.2 \times 700 - \frac{0.2+0.3}{1\,000-500} \times \frac{(700-500)^2}{2} = 120 \text{ 元} \end{aligned}$$

10.4.2 随机需求的缓冲储备量

另一种随机需求模型是缓冲储备量模型。假定存储系统的需求是随机,备运期(即从订货到实际供货时间间隔)是确定的,而储备期内的需求仍是随机的。规定订货策略采取定点订货法。下面介绍采用缓冲存储量的随机需求模型的算法。

图 10.9 表示具有缓冲存储量的随机需求模型。图 10.9 中 s 点为订货点。$t_2=t_2'$ 为常数,即备运期,时间固定;B 为缓冲储备量。由于备运期内需求是随机的,备运期内总需求量为随机变量,以 y 表示。

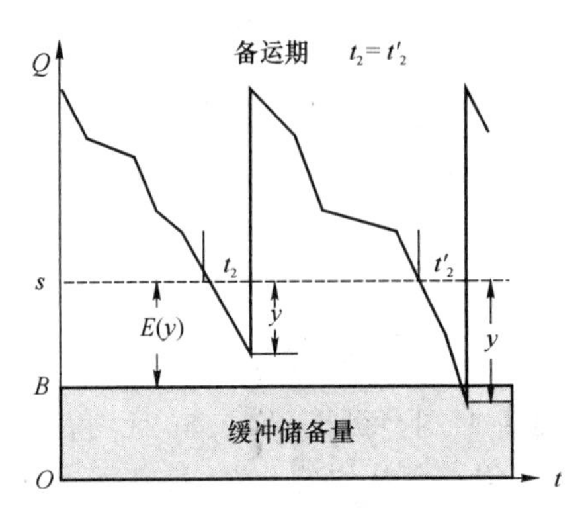

图 10.9 随机需求缓冲存储模型

当 y 的概率分布 $P(y)$ 已知时,就可计算出备运期内总需求量的期望值(平均值):

$$E(y)=\sum_{y=1}^{\infty}y\cdot P(y) \tag{10.40}$$

如果规定订货点的存储量为 $s=E(y)$,那么从长远来看,似乎可满足总需求。但是由于需求的随机性,就某个周期来说,仍可能发生缺货现象。为使缺货现象尽可能减少,办法是适当提高订货点 s 的订货量,也即适当增加备运期的存储量。我们称所增加的那一部分存储量为缓冲存储量或安全存储量。设缓冲存储量为 B,则

$$B=s-E(y) \tag{10.41}$$

设所需物资的随机变量是离散性的,且备运期中的需求量 y 的概率分布 $P(y)$ 已知,则备运期内不缺货概率

$$R=\sum_{y-0}^{s}P(y) \tag{10.42}$$

备运期缺货概率

$$1-R=\sum_{y=s+1}^{\infty}P(y) \tag{10.43}$$

其中,s 为具有缓冲存储量的订货点存储量,$s=E(y)+B$。当给定不缺货概率 R 后,就可确定相应的 s 点存储量,进而得出存储量 B;计算出缓冲物资的存储费 $C_s(B)$ 等有关指标。单位时间的缓冲物资的存储费为

$$C_s(B)=C_sB \tag{10.44}$$

每一周期内的期望缺货量为

$$G(y)=\sum_{y=s+1}^{\infty}(y-s)P(y) \tag{10.45}$$

例 10.7 某物资供应单位与工厂签订合同，供应相关电信使备，按套计量。采用定点订购策略，物资的备运期是确定的。备运期 $L=1$ 月，备运期内的需求量的概率分布见表 10.3。规定必须保证不缺货概率大于或等于 90%，若在此范围内不罚款，试求：

(1) 具有缓冲存储量时的订货点 s 的存储量；

(2) 缓冲存储量 B。

表 10.3 备运期内的需求量的概率分布表

单位时间需求量 y	概率分布 $P(y)$/(%)	累计概率/(%)	$yP(y)$
8	10	10	0.8
9	20	30	1.8
10	25	55	2.5
11	20	75	2.2
12	15	90	1.8
13	10	100	1.3

解 (1) 由于规定不缺货概率不得小于 90%，故按表 10.3 的概率分布，可以选订货点 s 的存储量为 12 件。

(2) 由于备运期内需求量的期望值为

$$\begin{aligned}E(y)&=\sum_{y=8}^{13}y\cdot P(y)\\&=8\times0.10+9\times0.20+10\times0.25+11\times0.20+12\times0.15+13\times0.10\\&=10.4\text{ 件}\end{aligned}$$

$$B=S-E(y)=12-10.4=1.6\text{ 件}$$

如果所需物资是连续的随机变量，则上述各指标的计算可用备运期需求量 y 的概率密度函数 $\varphi(y)$，并以积分代替求和项。

例 10.8 某单位经常使用汽油，采用定点订购策略。已知采购期的备运期 $L=1$ 月，在备运期内需求量 y 近似正态分布，平均需求量 $E(y)=50$ kg/月，标准差 $\sigma_y=10$，存储费 $C_s=0.5$元/(月·kg)，当不缺货概率分别为 80%、90%、95%、98%时，试求：

(1) 订货点 s；

(2) 缓冲储备量 B；

(3) 缓冲物资存储费。

解 设需求量 y 是正态分布，概率密度为

$$\Phi(y)=\frac{1}{\sqrt{2\pi}\sigma_y}\exp\frac{[y-E(y)]^2}{2\sigma_y^2} \tag{10.46}$$

在一般统计书籍中，正态分布表示按 $N(0,1)$ 标准正态分布计算：

$$\Phi(z)=\frac{1}{\sqrt{2\pi}}e^{-z^2/2} \tag{10.47}$$

$$\Phi(z)=\frac{1}{\sqrt{2\pi}}\int_{-\infty}^{z}\mathrm{e}^{-\frac{u^2}{2}}\mathrm{d}u \tag{10.48}$$

计算时需变换参数,对比式(10.46)和式(10.47),可得

$$z=\frac{y-E(y)}{\sigma_y} \tag{10.49}$$

根据不缺货概率 R 求订货点,将式(10.42)化为积分形式

$$R=\int_0^s \Phi(y)\mathrm{d}y \tag{10.50}$$

给定不缺货概率 R,通过查得标准正态分布表上百分位点 z,由此得到订货点为

$$s=y=z\sigma_y+E(y)$$

当 $R=0.8$ 时,由标准正态分布表 10.4 可知,z 落在 0.8~0.85,应用线性内插法求当 $R=0.8$ 时的 z 为

$$z=0.8+(0.85-0.8)\times(0.8-0.788)/(0.802\,338-0.788\,145)=0.842$$

(1) 订货点

$$s=z\sigma_y+E(y)=0.842\times10+50=58.42\text{ kg}$$

(2) 缓冲储备量

$$B=s-E(y)=58.42-50=8.42\text{ 元}$$

(3) 缓冲物资存储费

$$C(B)=C_sB=0.5\times8.42=4.21\text{ 元/月}$$

表 10.4 标准正态分布表

Z	$\Phi(Z)$	Z	$\Phi(Z)$	Z	$\Phi(Z)$
0.00	0.500 000	0.95	0.828 944	1.70	0.955 434
0.50	0.691 463	1.00	0.841 345	1.80	0.964 070
0.60	0.725 747	1.10	0.864 334	1.90	0.971 283
0.70	0.758 036	1.20	0.884 930	2.00	0.977 250
0.75	0.773 373	1.30	0.903 200	2.25	0.987 776
0.80	0.788 145	1.40	0.919 243	2.50	0.993 790
0.85	0.802 338	1.50	0.933 193	2.75	0.997 020
0.90	0.815 940	1.60	0.945 201	3.00	0.998 650

利用同样方法计算 $R=0.9,0.95,0.98$ 的有关数据结果如表 10.5 所示。

表 10.5 不同不缺货概率的订货点等数据

不缺货概率 R	0.8	0.9	0.95	0.98
订货点 s/kg	58.4	62.8	66.5	70.5
缓冲物资存储量 B/kg	8.4	12.8	16.5	20.5
缓冲物资存储费 C/(元・月$^{-1}$)	4.2	6.4	8.25	10.25

虽然 10.4.1 节和 10.4.2 节描述的是两种不同的模型,但它们的求解方法是一样的,即求累积概率等于已知给定的值的积分上限值。对于报童问题,这个给定的值就是临界比,而对于缓冲存储问题,这个给定的值就是不缺货概率。

10.5 习题讲解与分析

习题 10.1 某工厂每月需要某种零件 2 000 件，零件供应按批量定价，且订购费 C_d 和存储费率 C_s 都与批量 Q(单位：件)有关，已知

$0 \leqslant Q \leqslant 999, K_1 = 1.20$ 元/件，$C_{d1} = 80$ 元，$C_{s1} = 0.20$ 元/(月·件)；

$1\,000 \leqslant Q \leqslant 2\,999, K_2 = 1.15$ 元/件，$C_{d2} = 100$ 元，$C_{s2} = 0.15$ 元/(月·件)；

$3\,000 \leqslant Q, K_3 = 1.10$ 元/件，$C_{d3} = 120$ 元，$C_{s3} = 0.10$ 元/(月·件)；

工厂采用不允许缺货模型，试求最佳经济订货量 Q_m。

解 习题 10.1 主要考核具有多种订购费和存储费批量折扣存储模型计算相关知识，根据允许缺货模型，可得最佳订货量公式及费用函数为

$$Q_0 = \sqrt{\frac{2DC_d}{C_s}}, \quad C_j(Q) = \frac{1}{2}C_{sj}Q + \frac{DC_{dj}}{Q} + Dk_j$$

(1) 当 $0 < Q \leqslant 999$ 时，$Q_{01} = \sqrt{2 \times 2\,000 \times 80 / 0.2} = 1\,264.911$，落在该批量段之外，故该批量的最经济订购量为批量区间右端点 999 件，有

$$C_1(999) = \frac{999 \times 0.2}{2} + \frac{2\,000 \times 80}{999} + 1.2 \times 2\,000 = 2\,660.06 \text{ 元/月}$$

(2) 当 $999 < Q \leqslant 2\,999$ 时，$Q_{02} = \sqrt{2 \times 2\,000 \times 100 / 0.15} = 1\,632.993$，落在该批量段之内，故

$$C_2(1\,632.993) = \sqrt{1\,632.993 \times 0.15 \times 100} + 1.15 \times 2\,000 = 2\,544.95 \text{ 元/月}$$

(3) 当 $3\,000 \leqslant Q$ 时，$Q_{03} = \sqrt{2 \times 2\,000 \times 120 / 0.10} = 2\,190.890$，落在该批量段之外，故该批量的最经济订购量为 3 000 件，有

$$C_3(3\,000) = \frac{3\,000 \times 0.1}{2} + \frac{2\,000 \times 120}{3\,000} + 1.1 \times 2\,000 = 2\,430 \text{ 元/月}$$

由此可见 $C_3(3\,000)$ 最小，故取最佳订货量 $Q_m = 3\,000$ 件。

习题 10.2 某连锁超市经过统计，发现散装可乐每日销量 x 为一负指数分布，即 x 的概率密度函数为 $f(x) = \mu e^{-\mu x}$，每日平均销售 2 000 L。该连锁超市需从可乐厂家每日进货，进价为 2 元/L，当日出售价为 3 元/L。为了保证可乐口味，散装可乐不得次日销售给顾客，只能内部作价处理。超市与可乐厂家签订有长期供货合同(订购费不计)，每日进货量正好为 2 000 L，问内部处理价格为多少时，该进货量才是最优的？

解 这是连续变量的报童问题。由于负指数分布 $f(x) = \mu e^{-\mu x}$ 的均值为 $1/\mu$，因此有日均销售量 $1/\mu = 1\,000$。由题意知 $a = 1$ 元/L，设 b 为处理后的损失费，由临界比公式有

$$\int_0^x \mu e^{-\mu t} dt = 1 - e^{-\mu x} = \frac{a}{a+b}$$

将 $a = 1$ 和 $1/\mu = 1\,000$，$x = 1\,000$ 代入上式，可得

$$1 - e^{-1} = 1/(1+b)$$

解得
$$b = \frac{1}{1 - e^{-1}} - 1 = 0.582$$

故内部处理价应为 $2 - 0.582 = 1.418$ 元/L。

习　题

第 1 章习题

1. 某织带厂生产 A、B 两种纱线和 C、D 两种纱带，纱带由专门纱线加工而成。这 4 种产品的产值、成本、加工工时等资料列表如下：

项目	产品			
	A	B	C	D
单位产值/元	168	140	1050	406
单位成本/元	42	28	350	140
单位纺纱用时/h	3	2	10	4
单位织带用时/h	0	0	2	0.5

工厂有供纺纱的总工时 7200 h，织带的总工时 1200 h。

(1) 列出线性规划模型，以便确定产品的数量使总利润最大；

(2) 如果组织这次生产具有一次性的投入 20 万元，模型有什么变化？对模型的解是否有影响？

2. 将下列线性规划化为极大化的标准形式。

$$\max f(x)=2x_1+3x_2+5x_3$$

$$\text{s.t.}\begin{cases} x_1+x_2-x_3\geqslant -5 \\ -6x_1+7x_2-9x_3=16 \\ |19x_1-7x_2+5x_3|\leqslant 13 \\ x_1,x_2\geqslant 0,x_3\pm\text{不限} \end{cases}$$

3. 用单纯形法解下面的线性规划。

$$\max f(x)=2x_1+5x_2+3x_3$$

$$\text{s.t.}\begin{cases} 3x_1+2x_2-x_3\leqslant 610 \\ -x_1+6x_2+3x_3\leqslant 125 \\ -2x_1+x_2+0.5x_3\leqslant 420 \\ x_1,x_2,x_3\geqslant 0, \end{cases}$$

4. 用两阶段法解下面问题。

$$\min f(x)=4x_1+6x_2$$
$$\text{s. t.}\begin{cases}x_1+2x_2\geqslant 80\\3x_1+x_2\geqslant 75\\x_1,x_2\geqslant 0\end{cases}$$

5. 用大 M 法解下面问题,并讨论问题的解。

$$\max f(x)=10x_1+15x_2+12x_3$$
$$\text{s. t.}\begin{cases}5x_1+3x_2+x_3\leqslant 9\\-5x_1+6x_2+15x_3\leqslant 15\\2x_1+x_2+x_3\geqslant 5\\x_1,x_2,x_3\geqslant 0,\end{cases}$$

第 2 章习题

1. 写出下列线性规划问题的对偶问题。

(1) $\max f(x)=2x_1+3x_2-5x_3$

$$\text{s. t.}\begin{cases}x_1+x_2-x_3+x_4\geqslant 5\\2x_1+x_3\leqslant 4\\x_2+x_3+x_4=6\\x_1\leqslant 0,x_2,x_3\geqslant 0,\ x_4\pm\text{不限}\end{cases}$$

(2) $\min f(x)=4x_1-3x_2+8x_3$

$$\text{s. t.}\begin{cases}-2\leqslant x_1\leqslant 6\\4\leqslant x_2\leqslant 14\\-12\leqslant x_3\leqslant -8\end{cases}$$

2. 写出下问题的对偶问题,解对偶问题,并证明原问题无可行解。

$$\max f(x)=-4x_1-3x_2$$
$$\text{s. t.}\begin{cases}x_1+x_2\leqslant 1\\-x_2\leqslant -1\\-x_1+2x_2\leqslant 1\\x_1,x_2\geqslant 0,\end{cases}$$

3. 用对偶单纯形法求下面问题。

$$\min f(x)=4x_1+6x_2$$
$$\text{s. t.}\begin{cases}x_1+2x_2\geqslant 80\\3x_1+x_2\geqslant 75\\x_1,x_2\geqslant 0\end{cases}$$

4. 下表是一线性规划最优解的单纯形表。

		$C_j\to$	21	9	4	0	0	0
$\boldsymbol{C}_B$	$\boldsymbol{X}_B$	b	x_1	x_2	x_3	x_4	x_5	x_6
21	x_1	4	1	0	1/3	2/3	0	1/3
0	x_5	2	0	0	−2/3	−4/3	1	1/3
9	x_2	23	0	1	1/3	−1/3	0	−2/3
		z_j	21	9	10	11	0	1
		c_j-z_j	0	0	−6	−11	0	−1

原问题为 max 型,x_4,x_5为松弛变量,x_6为剩余变量,回答下列问题:

(1) 资源 1、2、3 的边际值各是多少?(x_4,x_5是资源 1、2 的松弛变量,x_6是资源 3 的剩余变量)

(2) 求 C_1,C_2和 C_3的灵敏度范围;

(3) 求Δb_1,Δb_2的灵敏度范围。

第3章习题

1. 分别用西北角法、最低费用法和运费差额法,求下面运输问题(见表)的初始可行解,并计算其目标函数。(可不写步骤)

产地	销地					产量
	B_1	B_2	B_3	B_4	B_5	
A_1	6	9	4	8	5	20
A_2	10	6	12	8	7	30
A_3	6	5	9	20	9	40
A_4	2	13	6	14	3	60
销量	25	15	35	45	30	

2. 以上题中最低费用法所得的解为初始基础可性解,用表上作业法(踏石法)求出最优解。(要求列出每一步的运费矩阵和基础可行解矩阵)

第4章习题

1. 有 4 个工人。要指派他们分别完成 4 项工作。每人做各项工作所消耗的时间(单位:h) 如下表,问如何分派工作,使总的消耗时间最少?

工人	工作			
	A	B	C	D
	消耗/h			
甲	3	3	5	3
乙	3	2	5	2
丙	1	5	1	6
丁	4	6	4	10

2. 学生 A、B、C、D 的各门成绩如下表，现将此 4 名学生派去参加各门课的单项竞赛。竞赛同时举行，每人只能参加一项。若以他们的成绩为选派依据，应如何指派最有利？

学生	课程			
	数学	物理	化学	外语
	得分			
A	89	92	68	81
B	87	88	65	78
C	95	90	85	72
D	75	78	89	96

第 5 章习题

1. 某公司有 9 个推销员在全国 3 个不同市场里推销货物，这 3 个市场里推销员人数与收益的关系如下表，做出各市场推销人员数的分配方案，使总收益最大。

市场	推销员									
	0	1	2	3	4	5	6	7	8	9
1	20	32	47	57	66	71	82	90	100	110
2	40	50	60	71	82	93	104	115	125	135
3	50	61	72	84	97	109	120	131	140	150

2. 设某工厂要在一台机器上生产两种产品，机器的总运转时间为 5 h。生产这两种产品的任何一件都需占用机器 1 h。设两种产品的售价与产品产量呈线性关系，分别为$(12-x_1)$和$(13-2x_2)$。这里 x_1 和 x_2 分别为两种产品的产量。假设两种产品的生产费用分别是 $4x_1$ 和 $3x_2$，问如何安排两种产品的生产量使该机器在 5 小时内获利最大。（要求用连续变量的动态规划方法求解）

第 6 章习题

1. 求下图中 v_1 到所有点的最短路径及其长度。（要求最短路用双线在图中标出，保留

图中的标记值)

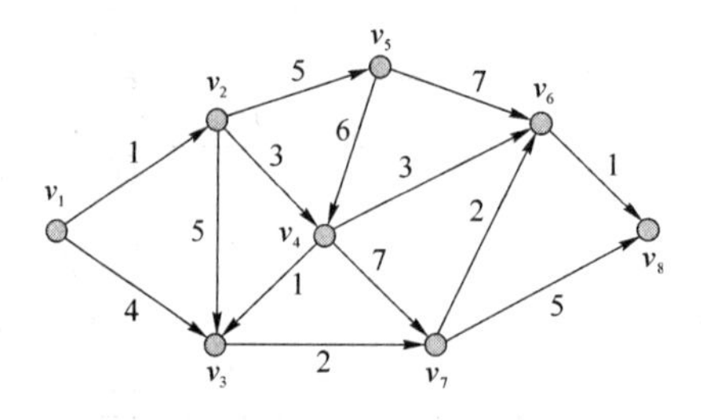

2. 将上图看作无向图,写出边权邻接矩阵,用 Prim 算法求最大生成树,并画出该树图。

3. 求下面网络 s 到 t 的最大流和最小截,从给定的可行流开始标号法。(要求每得到一个可行流后,即每次增广之后,重新画一个图,标上增广后的可行流,再进行标号法)

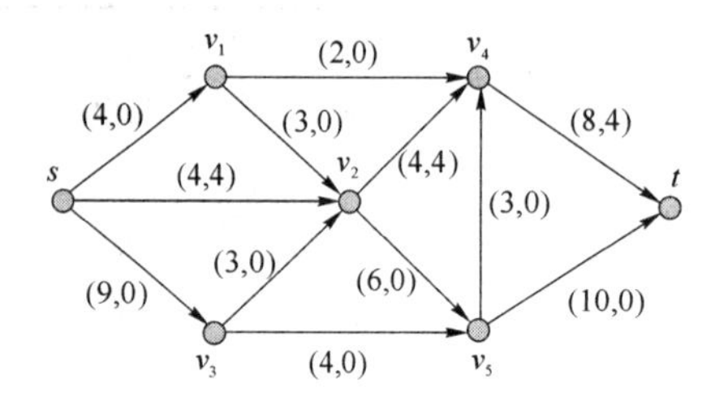

第7章习题

1. 对一服务系统进行观察,总观察时间为 102.7 min,到达系统的累计人数为 40 人,顾客累计的排队等待时间为 44.8 min,顾客累计的服务时间为 79.6 min,求

(1) 系统中平均排队长度;

(2) 平均同时接受服务的人数。

2. 某选举站对甲、乙二人进行选举,选票中只能选其中一人才有效。假设投票的人流服从泊松分布,投甲票的人的到达率为 $\lambda_1=4$ 人/h,投乙票的人的到达率为 $\lambda_2=2$ 人/h;再假设所有投票人的票都是有效的,而选举结果的统计是在一个与选民不见面的屋里与投票过程同时进行的。问选举开始后半小时统计结果为:

(1) 甲得 3 票,乙得 1 票的概率;

(2) 总票数为 5 的概率;

(3) 甲得全票的概率。

第8章习题

1. 某自动交换台有 4 条外线,打外线的呼叫强度为 2 次/min,为泊松流,平均通话时长为 2 min。当 4 条外线全忙时,用户呼叫将遇忙音。假设用户遇忙音后立即停止呼叫。问

(1) 用户拨外线遇忙的概率为多大?

(2) 一小时内损失的话务量为多少?

(3) 外线的利用率为多少?

(4) 过负荷为100%时,外线的利用率为多少?

2. 某车间机器发生故障为一泊松流,平均4台/h。车间只有一名维修工,平均7 min处理一台故障。若为该维修工增加一特殊工具可使平均故障处理时间降到5 min,但这一特殊工具的使用费用为5元/min。机器故障停工每台每分钟损失5元,问购置这台特殊工具是否合适?

3. 有$M/M/n:\infty/\infty/$FIFO(先到先服务)系统,输入业务量为ρ,求:

当$n=1, 2, 3$时的等待概率D,和平均逗留队长L_d的公式。

第9章习题

1. 有一小型工程,共有7个作业,它们之间的先后关系用节点编号表示如下:

节点编号	作业代号	紧前作业	作业需要时间
①→②	A	--	2
①→③	B	--	4
①→④	C	—	5
③→⑥	D	B	1
④→⑤	E	A, C	1
④→⑥	F	A, C	3
⑤→⑥	G	E, B	7

(1) 绘制网络图;(2) 求关键路线及其工期。

2. 设某工程网络图如下图所示,图中,每一作业旁边用"—"联结的3个数字分别表示该作业的最乐观、最可能和最悲观的作业完成时间。

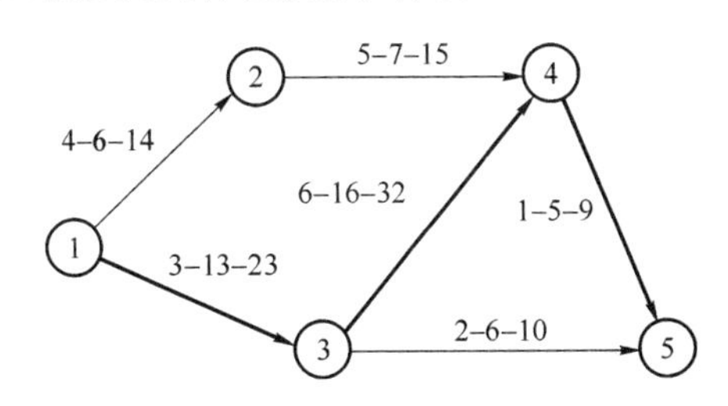

试求:

(1) 各作业的平均作业时间和方差;

(2) 根据每个作业的平均作业时间求该工程的关键路线及其工期;

(3) 试计算该工程在40天完成的概率;

(4) 如果完成的概率要求达到98%,则工程的工期应规定为多少天?

第10章习题

1. 某工厂每年需某种原料1 000 kg,一次订购费为200元,订购量Q(单位:kg)与单价

k(单位:元/千克)的关系为

$$0 \leqslant Q < 500,\ k_1 = 2$$

$$500 \leqslant Q < 1\,000,\ k_2 = 1.5$$

$$1\,000 \leqslant Q,\ k_3 = 1.2$$

已知原料存储费 C[单位:元/(千克·年)]也与 Q 有关,关系为

$$0 \leqslant Q < 500, C_{s1} = 2$$

$$500 \leqslant Q < 1\,000, C_{s2} = 1.5$$

$$1\,000 \leqslant Q,\ C_{s3} = 1.2$$

求最佳订货量 Q_m,并求该订货量下的全年总费用 $C(Q_m)$。

2. 某商店对某产品的需求量服从正态分布,已知每月平均需求量为 150 个,均方差(标准差)为 25。又已知每个产品的进价为 8 元,售价为 15 元,如果当月售不出去,按每个 5 元退货,问该商店对该产品的最优月订货量为多少?

参 考 文 献

[1] 亢耀先,翁龙年,张翼. 运筹学. 北京:北京邮电大学出版社,1998.

[2] 毛厚高. 系统工程. 北京:北京邮电大学出版社,1988.

[3] 胡运权. 运筹学教程. 3 版. 北京:清华大学出版社,2007.

[4] 胡运权. 运筹学习题集. 4 版. 北京:清华大学出版社,2010.

[5] 熊伟. 运筹学. 北京:机械工业出版社,1990.

[6] 张建中,许绍吉. 线性规划. 北京:科学出版社,1988.

[7] 李宗元主编,徐向阳副主编. 运筹学 *ABC*. 北京:经济管理出版社,2000.

[8] 张文杰,李学伟. 管理运筹学. 北京:铁道出版社,2000.

[9] 肖位枢. 图论及其算法. 北京:航空出版社,1993.

[10] 徐光辉. 随机服务系统. 2 版. 北京:科学出版社,1988.

[11] 林齐宁. 运筹学. 北京:北京邮电大学出版社,2003.

[12] 林齐宁. 运筹学教程. 北京:清华大学出版社,2011.

[13] 忻展红,林齐宁. 运筹学教程. 北京:北京邮电大学出版社,2010.